케이컬처 시대의
배우 경영학

이 도서의 국립중앙도서관 출판시도서목록(CIP)은 서지정보유통지원시스템 홈페이지(http://seoji.nl.go.kr)와 국가자료 공동목록시스템(http://www.nl.go.kr/kolisnet)에서 이용하실 수 있습니다. (CIP제어번호 : CIP2014013058)

Artist Management for Actor

케이컬처 시대의
배우 경영학

—

자기경영의 과학화와 전문화가 가능한
아티스트 완성하기

| 김정섭 지음 |

한울
아카데미

▌서문▐

　우리나라 문화계는 2000년대 초반부터 형성되기 시작한 '드라마 한류'로 인해 '문화적 할인율(Cultural Discount Rate)'이란 개념이 희석될 정도로 문화예술 콘텐츠의 글로벌 전파와 유통 면에서 새로운 전기를 마련했다. 드라마 한류는 여러 차례 변곡점을 거치면서 '케이팝(K-Pop) 한류'로 다시 불타올라 대중문화뿐만 아니라 음식, 스타일, 의류 등 한국문화 전반에서 세계 수용자들의 관심을 받는 '케이컬처(K-Culture) 시대'를 맞이하게 되었다. 케이컬처가 한국산 소비재 상품의 수출에 기여하는 바가 높다는 연구들도 속속 제시되고 있다. 드라마, 영화, 팝 등 서구에서 들여온 대중예술의 씨앗을 우리 땅에 싹틔워 우리의 정서를 가미한 예술상품으로 길러내 재수출함으로써 세계인들의 가슴을 울린 것이다.

　케이컬처 시대 우리 문화예술에 대한 외국 수용자들의 열광과 선호는 무조건 이어지는 것이 아니다. 연관된 모든 분야에서 끊임없이 높은 수준의 변화와 혁신이 수반되어야 한다. 정부와 관련 기관의 정책적 지원도 뒤따라야 한다. 최근 10여 년간 우리나라 대중문화 콘텐츠에 대한 외국 수용자들의 수용 태도와 평가를 볼 때 우리나라에서 만들어내는 영화, 드라마, 가요의 감각과 기술은 국제적 수준에 도달했다고 판단된다. 특히 슈퍼스타 엔터테이너, 스타급 프로듀서, 스타급 작곡가가 합심해 창출하는 협업(collaboration)의 결과물은 타국의 추종을 불허한다고 할 수 있다. 문제는 케이컬처 시대에 맞는 대중문화의 질적 저변 확대와 인력 양성 시스템의 전문화 및 과학화가 이뤄지고 있느냐는 것이다. 안타깝지만 이 부분은 냉정하게 진단할 경우 '한류의 종주국'답지 않게 매우 뒤처져 있음을 자인할 수밖에 없다. 우리 대중문화와 문화산업은 몇몇 스타에 의존하는 '엘리트 산업'과 같은 구조라서 그 저변을 확대하는 데 필요한 시스템은 빈약하기 그지없다. 문화생태계도 잘 조성되어 있지 않다.

배우를 길러내는 우리나라 교육기관들도 저마다 커리큘럼을 혁신하면서 연기교육에 정성을 다하고 공연의 수준을 높이면서 '배우의 산실'로서 열정을 이어가고 있다. 너무나 고마운 일이다. 그런데 배우의 활동영역과 연계된 자기경영에 대한 입체적이고 체계적인 교육은 연기교육과 병행하여 짜임새 있게 이뤄져야 하나 미흡한 것이 현실이다. 지금까지 배우는 연기만 잘하면 되는 것으로 알고 연기교육만 시켰지 한 인간과 배우로서 예술활동을 하면서 살아가는 데 필요한 다양한 요소에 대한 교육을 도외시한 것이다. 그러한 교육은 작품활동을 하면서 주먹구구식으로 자연스럽게 체득하는 것으로 치부했다.

그렇다 보니 오늘날 배우나 배우 지망생들은 안타깝게도 연기자로서의 인생설계나 자기관리가 체계적이지 못하다. 아울러 내적으로도 상당수가 우울증, 무대공포증, 스트레스 등의 정신장애나 심리적 어려움을 겪고 있다. 이러한 증상과 특수한 개인사가 복합되어 스스로 목숨을 끊은 경우도 여러 번 있었다. 경제적 또는 법적 권리를 침해당하거나 법적 분쟁에 휘말리는 일도 비일비재해졌다. 자기관리를 잘못해 성추문이나 도박, 마약의 늪에 빠진 경우도 있었다. 언론, 팬, 네티즌, 제작진 등과 소통을 매끄럽게 하지 못해 배우 생활을 일찍 마감한 경우도 적지 않았다.

이러한 문제는 단순히 연기를 못해서 벌어진 일이 아니다. 전적으로 배우로서의 자기경영과 관리의 문제이다. 배우나 연기 전공자들, 더 포괄적으로 말해 연예인들에게 닥치는 이러한 문제와 난관을 지혜롭게 극복하려면 전문적인 교육 콘텐츠를 통해 자신에 대한 입체적인 경영이 가능하도록 융합적인 교육을 받아야 한다. 배우의 경우 연기실습 및 교육과 조화를 이뤄 체계적으로 수행하는 것이 바람직하다. 케이컬처 시대에는 배우나 배우 지망생들이 연기교육의 기반 위에서 자기관리의 전문화와 과학화를 통해 자신의 예술적 이상을 실현할 수 있도록 '배우의 자기경영'에 대한 교육이 가미되어야 한다는 뜻이다.

문화예술 트렌드의 급속한 변동과 관련 산업의 환경 변화 속에서 아티스트를 육성하는 우리나라의 연극영화 관련 교육기관과 엔터테인먼트 기업은 교육과정의 혁신을 요구받고 있다. 바로, 유기체인 배우를 길러내는 데 필요한 '필수 영양분'을 중단 없이 체계적으로 공급하는 입체적인 교육이 추가되어야 한다는 뜻이다. 복잡다기한 사회를 살아가는 '인간'이라는 자아(自我)와 한층 수준이 높아진 수용자들과 매끄럽게 교감하는 '연기자'라는 또 다른 자아, 이 두 가지 측면에서 자기경영이 모두 가능한 '건강하고 스마트한 배우'를 길러내기 위함이다.

이를 위해 다양한 연기수업 외에 이론 분야에서 연극사, 영화사, 예술비평, 예술론 등의 전통적 범주를 뛰어넘어 배우경영, 심리관리, 엔터테인먼트법, 미디어영상산업, 미디어 대응 등 배우의 성장과 완성에 필요한 모든 분야에 대한 학습이 가능하도록 교육시스템을 업그레이드 하는 것이 필요하다. 오늘날과 같은 엔터테인먼트산업 시대에는 일을 하는 패턴으로 보아 아티스트나 엔터테이너를 자유 직업인으로 규정할 수 있지만 그 영향력과 규모를 살펴보면 '1인 기업'으로서의 기능을 하는 경우도 많다. 과거처럼 주먹구구식으로 자기관리와 경영을 하거나 기본적인 자기

관리를 남에게 맡겨서는 안 되는 상황이 된 것이다. 오늘날에는 수용자들의 지식과 감각의 수준이 크게 높아졌기 때문에 아티스트들은 더욱 깊고 폭넓은 학습과 훈련을 통해 실력을 키우며 지혜롭고 명민해져야 그들의 눈높이에 부응할 수 있다.

이 같은 문화예술 분야의 시대적 요구와 필요에 따라 필자는 이 책을 쓰게 되었다. 연기예술 분야와 영상산업에 대한 취재, 영상산업 관계자와 배우 등 아티스트에 대한 인터뷰와 평론, 문화예술 현장에서의 경험과 정보, 관련 분야의 연구 노하우를 집필의 주된 재료로 삼았다. 지난 3년간 자료를 모으고 문헌을 정밀 분석해 원고를 작성했다. 이 책은 연극학, 영화학, 예술철학, 경영학, 교육학, 심리학, 언론학, 법학 등을 모두 망라한 융합적 연구의 산물이다.

이런 특성을 충족하기 위해 연구 및 집필 과정에서 법률, 세법, 경영, 심리, 정신의학, 철학, 예술사, 교육, 언론, 영상제작, 엔터테인먼트 경영 분야의 전문가들로부터 많은 조언을 청취함으로써 각 분야에 대한 정확하고 깊이 있는 이해를 추구했다. 이를 토대로 배우의 정체성과 배우철학, 배우에게 필요한 감정학습과 심리관리, 배우자원의 자질 및 경쟁력 분석과 성장전략 수립, 배우의 권리와 예술활동 관련 법제, 배우의 과학적 자기경영과 예술활동의 실제 등 배우로 살아가는 데 반드시 필요하며 꼭 학습해야 할 내용을 입체적으로 담았다.

무엇보다도 신세대의 눈높이에 맞도록 가급적 최신 자료를 활용했으며, 현시대와 산업의 동향에 맞는 현대적 접근 방식을 취해 어렵지 않게 이해하고, 쉽게 현실 세계에 적용하도록 했다. 가급적 쉬운 언어를 사용해 간결하게 기술하고 주제에 맞는 적절한 사례를 덧붙이는 한편, 토론에 필요한 논쟁적 이슈를 포함해 교육 분야에서의 활용성을 높였다. 따라서 이 책은 배우, 가수 등 엔터테이너, 연극영화 및 연기 전공자, 배우 지망생, 그리고 배우를 마케팅하고 관리하는 엔터테인먼트 기업과 전문 매니저, 영상 콘텐츠 제작자, 방송사 관계자, 관련 분야 연구자 등 전문가들에게 큰 도움이 될 것이라 생각한다. 마지막으로 이 책이 '케이컬처 시대'를 맞아 우리나라 한류의 시스템을 한 단계 드높이는 데 도움이 되고 적합한 문화예술 교육 콘텐츠로 활용되길 기대한다. 내용이 알차고 격조 높은 책이 완성되도록 지원과 배려를 아끼지 않으신 도서출판 한울의 김종수 사장님과 기획, 편집 전문가님들께 감사의 말씀을 드린다.

2014년 4월
김정섭

▌차례 ▌

01

배우의 정체성과
예술철학의 확립

1. 배우란 어떤 존재인가

1) 배우에 대한 정의

배우(俳優)는 한 인간으로서의 '나'와 극중 캐릭터로서의 또 다른 '나'라는 이중적 자아를 갖고 살아가는 직업이다. 그 두 가지 자아 가운데 무엇으로부터 연기의 영감과 에너지를 얻으며 배우 생활을 하느냐만 다를 뿐이다. 액터스 스튜디오(Actors Studio)는 엘리아 카잔(Elia Kazan), 로버트 루이스(Robert Lewis), 셰릴 크로퍼드(Cheryl Crawford) 등이 연기자를 길러내기 위해 1947년 뉴욕에 설립한 그룹이다. 같은 액터스 스튜디오 출신 메서드 배우(method actor)이지만 연기 생활을 할 때 로버트 드 니로(Robert De Niro, 1943~)는 배우가 배역보다 자기 자신에 충실하는 것을 크게 경계하는 반면, 알 파치노(Al Pacino, 1940~)는 자신으로부터 인물이 드러나는 방식을 취한다(김준삼 · 김학민, 2012).

이렇듯 배우는 다양성을 지녔기 때문에 정체성을 찾는 데 어려움을 겪기도 한다. 따라서 배우에 대한 학습, 즉 배우 만들기의 시작은 "배우란 어떤 존재인가?"란 물음에 대해 명쾌한 답을 찾는 것에서부터 출발해야 한다. 배우는 사전적으로 '연극이나 영화 따위의 예술 장르에서 등장하는 인물로 분장하여 연기를 하는 사람' 또는 '가면극, 인형극, 줄타기, 땅재주, 판소리 따위를 직업적으로 하는 민속적 의미의 광대(廣大)'를 일컫는다.[1] 고전극에서 배우는 '우스갯짓과 소리를 하는 사람'이란 뜻이 강했으며 '연회(宴會)에 참여한 연행자'란 뜻의 '우인(優人)'이나 '노래와 춤을 선보일 때 판소리를 하는 광대'란 의미에서 '창우(倡優)'로도 불리었다(임지희, 2005).

'배우(俳優)'란 한자어는 언어의 조어적 측면에서 '사람'이란 뜻을 나타내는 사람인변(亻=人) 부(部)와 '배'란 음(音)을 나타내는 非(비→배)가 합쳐져 이루어진 '배(俳)', 그리고 사람이란 뜻을 나타내는 사람인변(亻=人) 부와 '우'란 음을 나타내는 '우(優)'가 결합되어 형성되었다. '우(優)'는 가면(假面)을 쓴 무인(舞人)을 나타내기도 한다. 배우란 말에 대해 어떤 이는 원래 '배(俳)'는 희극적 몸짓으로 관객을 웃기는 사람(희극배우), '우(優)'는 슬픈 모습으로 관객의 눈물을 자아내는 사람(비극배우)이라고 지칭했으나 현대에 이르러서는 일반적인 연기자를 가리키는 말이 되었다고 주장하기도 한다. 연출가들과 배우들은 배우란 말에 대해 일반적인 사람이 아닌 '천(千)의 얼굴', 즉 여러 가지 배역을 소화할 수 있는 다양한 얼굴을 지닌 존재라고 철학적으로 해석하기도 한다.

연극배우 손숙은 "배우(俳優)는 '사람 인(人)' 변에 '아닐 비(非)' 자를 쓰

---

1) 국립국어원 표준국어대사전, '배우' 검색.

니 인간도 아닌데 인간을 걱정하니 고대 그리스에서 신과 소통하는 역할을 맡은 제사장이라 할 수 있다"고 의미를 부여했다(정다훈, 2013). 영어로 배우는 '행동(actus)하는 인간(actor)'이라는 뜻을 내포하고 있는 '액터'[(남자배우는 액터(actor), 여자배우는 액트리스(actress)]라 칭해진다. 배역의 중요도에 따라 주연배우(star, leading or main actor/actress), 조연배우(supporting actor/actress), 단역배우(bit actor/actress), 엑스트라(extra)로 나뉜다.

영화 〈베를린〉(2013), 〈파파로티〉(2013) 등에 출연했던 영화배우 한석규는 "배우가 영어로 '액터(actor)'지만 뭔가 반응을 보고 받아들이는 쪽에서 연기에 대한 답을 찾는다는 측면에서 '리액터(reactor)'이며, 가짜의 시간을 살고 있는 사람이라는 측면에서 '언리얼타임 리버(unrealtime liver)'"라고 해석했다(모신정, 2013). 우리나라의 대표적인 여배우로서 〈관상〉(2013), 〈도둑들〉(2012) 등에 출연한 김혜수는 "배우도 엄밀히 말하면 계약직이고 누군가의 선택을 받아야 하는데, 그중에서도 저는 매우 축복받은 소수"라고 표현했다(김지영, 2013). 배우 겸 영화감독 하정우는 "배우는 하늘에서 배정을 해준 직업"이라며 "관객들에게 재미를 줘야 하는 의무를 갖고 태어났기 때문에 연기를 잘하려면 삶이 더 나은 연기를 하는 데 집중되어야 한다"고 강조했다(연승, 2013)

배우 가운데 작품을 통해 연기력과 정체성에 대한 주목을 받아 인기와 희소성을 바탕으로 팬덤(fandom)을 형성해 스타(star)의 지위에 오른 사람을 '스타 배우'라 한다. 스타는 '별처럼 빛나는 사람'이란 비유적 의미를 갖고 있다. 사전적으로 스타는 특정 분야에서 주도적인 역할을 하거나 뛰어난 수행능력 및 업적을 보이는 예술가나 스포츠 선수를 의미한다. 스타의 신분이나 지위를 스타덤(stardom)이라 하는데, 이 말은 인기 배우 등 인기 연예인을 뜻하는 명사 'star'와 지역, 나라 등을 뜻하는 접미사 '-dom'의 합성어이다. 배우 등 인기 연예인을 스타라고 부르게 된 것은 19세기 초

극단들이 유럽과 미국을 순회 공연하면서 하나의 작품으로 많은 돈을 벌자 여유가 생겨 주연배우들을 배려하기 위해 독방을 배정하면서 방문에 별표를 붙인 것에서 유래되었다고 전해진다.

2) 배우의 매력과 가치

배우는 자신이 출연한 작품을 통해 동시대를 살아가는 수용자들에게 공감과 감동을 불러일으키고 카타르시스를 유발해 그들의 삶을 정서적으로 또는 문화적으로 충만하게 한다는 점에서 대단히 매력적인 직업이다. 세기의 여배우로 평가되는 미국의 마릴린 먼로(Marilyn Monroe, 1926~1962)는 "여배우가 되길 꿈꾸는 것은 여배우가 된 것보다 더 박진감이 있다(Dreaming about being an actress, is more exciting then being one)"라고 말했다. 배우는 다른 사람들과 외형이나 세상사에 대해 공유하는 관념은 비슷하지만 그것이 실현되길 꿈꾸는 순간부터 보통 사람들과는 다른 삶이 펼쳐진다.

배우로 성장해 배우로 살아가려면 가장 먼저 그 직업에 대한 정체성을 명확하게 인식하는 것이 중요하다. 연극학에서 배우는 '희곡', '관객'과 함께 연극의 3대 요소 가운데 하나이며, '희곡', '관객', '무대(극장)'와 함께 연극의 4요소 가운데 하나라는 높은 위상을 차지하고 있다. 엔터테인먼트 경영의 측면에서도 배우는 드라마, 연극, 영화, 뮤지컬 등의 콘텐츠를 생산하는 필수적인 주체인데다, 콘텐츠의 가치를 규정하고 콘텐츠 브랜드의 가치를 높여주는 중요한 인적자원(human resources)에 속한다. 문화경제학과 매체경제학적 측면에서 보면 배우는 현실적으로 시장에서 생산, 거래되는 자원(resource)인 동시에 상품(commodity)이다(김호석, 1998).

배우는 작가가 그려낸 스토리나 사건을 자신의 몸을 통해 표현하고 전달함으로써 관객의 간접 체험을 이끌어내어 교감을 하고 관객들에게 감동을 준다. 따라서 배우는 연기를 통해 과거, 현재, 미래를 구현하며 작품의 세계와 사상을 시각적으로 해석하는 데 그치지 않고 시청자에게 공감을 불러일으킬 수 있는 특별한 존재인 것이다(유수열, 2007). 배우는 동작을 통해 구현되는 해석적인 예술(interpretative artist)의 주체이기도 하다. 배우에 대한 고전적 정의는 윌리엄 셰익스피어(William Shakespeare, 1564~1616)의 비극 〈햄릿(Hamlet)〉의 2막 2장에 나오는 "배우는 시대의 축도(압축판)이자 짧은 연대기(they are the abstract and brief chronicles of the time)"[2]란 구절로 집약할 수 있다(안치운, 2008; 김미혜, 2011). 연극의 본질은 '사물의 본성을 비추는 거울(mirror up to nature)'이라 했던 셰익스피어의 연극관과 배우관이 드러나는 대목이다.

러시아의 연출가로 1914년 모스크바에 카메르니 극장(Kamerny Theatre)을 창립했던 알렉산드르 타이로프(Alexander Tairov, 1885~1950)는 자신의 저서 『해방된 연극(Das Entfesselte Theater)』(1923)에서 "극장예술은 동작의 예술이기 때문에 무대예술은 동작을 하는 자인 배우에 의해 실현되며, 결

---

2) 셰익스피어의 〈햄릿〉 2막 2장에서 햄릿은 엘시오어 궁에 도착한 배우가 즉석에서 요청받은 연기를 해내는 모습에 감탄하며 "배우란 참 대단해. 꾸며낸 이야기에 몰입해 저토록 감정을 토해내다니. 창백한 얼굴에 눈물 고인 눈, 미친 듯한 표정, 비탄에 잠긴 목소리, 일거수일투족을 자신이 상상하는 모습으로 형상화하다니……"라고 독백을 계속한다. 햄릿은 또한 "어느 죄지은 자가 연극을 보다 가슴에 와 닿는 무대에 감동하여 바로 그 자리에서 죄과를 털어놨다지 않는가. 살인 그 자체는 말이 없지만 신비로운 힘의 작용으로 말문을 연다든가" 하며 인간의 영혼 깊은 곳을 움직일 수 있는 연극의 힘도 피력한다. 여기에 모두 인용하진 못했지만 햄릿의 이 긴 독백을 통해 셰익스피어는 연극과 배우를 거의 같은 의미로 사용하고 있다. "배우는 시대의 축도(縮圖: 작게 압축하여 그린 그림), 짧은 연대기"라고 햄릿의 입을 통해 전달되는 배우 역시 극찬한다(김미혜, 2011).

국 배우는 극장예술의 유일하고 절대적인 존재"라고 강조했다. 또한 배우는 자신의 인지체계와 감성을 바탕으로 극본이나 시나리오에 그려진 다양한 인생을 해석하고 이를 예술적으로 완벽하게 구현해야 하기 때문에 연기에 대한 열정 외에도 부단한 노력과 고된 수련이 요구되는 직업이다.

1900년대 중후반 여성 영화팬들의 우상이었던 미국 영화배우 제임스 딘(James Dean, 1931~1955)은 "배우는 인생을 해석해야 하고 그러기 위해 그 인생이 제공하는 모든 경험을 기꺼이 수용할 줄 알아야 하는 직업이며, 자신의 발치에 있는 인생 이상의 것들을 찾아내는 노력을 기울여야 한다"라고 말했다. 2013년 제85회 아카데미 여우주연상 수상자로 〈실버라이닝 플레이북〉(2013)에 출연했던 여배우 제니퍼 로렌스(Jennifer Lawrence, 1990~)는 배우는 시대를 초월해 연기로 말하는 직업이란 측면에서 "나는 여배우이기 때문에 나이를 매겨서는 안 된다(I'm an actress, don't age me)"라고 강조했다. 영국 태생의 배우 겸 영화제작자인 찰리 채플린(Charles Chaplin, 1889~1977)은 "배우는 거부당하기 위해 애쓴다. 거부당하지 않으면 스스로를 거부하기 때문이다"라고 말했다. 그 이유는 배우는 오디션, 캐스팅 등에서 매번 거부당한다는 생각을 애써 해야 부단히 노력하여 성공하기 때문이다. 그런 생각을 하지 않으면 결국 나태해지고 두려워져 자신이 먼저 배우로서의 존재를 거부하게 된다는 것이다.

유명 작가, 배우, 감독들의 '배우론'

✓ "여배우가 되길 꿈꾸는 것은 여배우가 된 것보다 더 박진감이 있다."
Dreaming about being an actress, is more exciting then being one.

미국 배우 마릴린 먼로(Marilyn Monroe, 1926~1962).

✓ "배우는 시대의 축도이자 간략한 연대기이다."

They are the abstract and brief chronicles of the time.

영국의 극작가 윌리엄 셰익스피어(William Shakespeare, 1564~1616), 〈햄릿(Hamlet)〉 2막 2장.

✓ "배우는 매우 행복한 존재이다. 비극에 나올지 희극에 나올지, 고통을 겪을지 흥겹게 즐길지, 웃을지 눈물을 흘릴지 선택할 수 있기 때문이다. 그러나 실제의 삶은 다르다. 대부분 일반인들은 그렇게 할 요건을 갖추지 않은 배역들을 억지로 수행하고 있다."

Actors are so fortunate. They can choose whether they will appear in tragedy or in comedy, whether they will suffer or make merry, laugh or shed tears. But in real life it is different. Most men and women are forced to perform parts for which they have no qualifications.

아일랜드의 소설가 오스카 와일드(Oscar Wilde, 1854~1900),
『아서 새빌 경의 범죄와 다른 이야기들(Lord Arthur Savile's Crime and Other Stories)』(1891).

✓ "배우가 되는 것은 세상에서 가장 외로운 일이다. 배우가 가진 것이라곤 집중력과 상상력뿐이다."

Being an actor is the loneliest thing in the world. You are all alone with your concentration and imagination, and that's all you have.

미국 배우 제임스 딘(James Dean, 1931~1955).

✓ "배우의 언어로 해석하면, 안다는 것은 느끼는 것과 같다"

In the language of an actor, to know is synonymous with to feel.

러시아의 배우 겸 연출가 콘스탄틴 스타니슬랍스키(Constantin Stanislavski, 1863~1938),
『역할 창조(Creating a Role)』(2002).

✓ "배우도 같은 인간이라는 것을 기억해야 한다. 그런데 사람들은 배우를 보통 사람들보다 더 나은 존재로 인식하기 때문에 종종 이런 생각을 하기 어렵다."

You have to remember that actors are human beings. Which is hard sometimes because they look so much better than human beings.

미국의 작가 겸 희극배우 티나 페이(Tina Fey), 회고록 『보시팬츠(Bossypants)』(2011).

✓ "연기라는 것은 생각하는 것만큼 어렵지 않다. 사람들은 누구나 천생 배우이며 인생이라는 무대에서 많은 역할을 수행한다. 누구나 계속 관객 앞에 서거나 혼자 독백연기를 한다."

Acting is not as difficult as you may think. People are born natural actors and play many parts on the stage of life. Everyone is constantly in front of an audience — or performing monologues when alone.

캐나다의 영화제작자 브라이언 마이클 스톨러(Bryan Michael Stoller),
『필름메이킹 포 더미스(Filmmaking for Dummies)』(2003).

✓ "배우란 직업은 선망의 대상이나 사실 아픔도 크다. 행동반경도 작고 사생활도 없다. 하지만 이왕 뛰어든 일이니 다 헤쳐나간다는 각오로 덤벼야 한다. 인생의 마지막에 어떤 향기로 남을지를 생각하며 연기를 해야 한다. 각기 다른 색깔을 보여줘야 한다."

우리나라의 배우 고두심(1951~), ≪한국일보≫ 인터뷰(2008.5.20).

✓ "배우라는 직업은 내가 선택한 게 아니라 선택받은 것이다. 연기는 아무나 할 수 있는 게 아니기 때문이다. 그래서 힘들어도 소명의식(召命意識)을 가져야 한다."

우리나라의 배우 김갑수(1957~), ≪헤럴드경제≫ 인터뷰(2010.4.1).

✓ "나는 배우가 내 직업이라고 절대 생각하지 않는다. 배우는 직업이 아니다. 연기는 내가 살아가는 존재의 이유일 뿐이다."

우리나라의 배우 김혜자(1941~), ≪스포츠경향≫ 인터뷰(2009.5.21).

2. 배우의 기원과 역사

1) 배우의 탄생과 유래

배우는 최초에는 직업적인 예술가가 아니라 생활과 생산에 결부된 제사 의례와 주술 등을 관장하는 사람들이었다. 이들은 각종 제례에서 신과 소통하거나 교감하기 위해 무의식적인 변신술, 기도 행위, 모방 동작, 신과 만나는 무용 동작 등을 선보였던 존재였다. 배우란 직업적 명칭의 기원은 기원전 6세기~5세기 고대 그리스의 '히포크리테스(hypokrites)'에서 시작한다. 고대 그리스 연극에서 히포크리테스는 원래 '코러스(chorus)'를 이끄는 주연배우'를 뜻했으나 이후 '그리스 연극에 출연하는 모든 배우'를 일컫는 일반 명칭이 되었다(한국언론연구원, 1993). 여기에서 코러스는 고대 생활과 제전의식에서 군무(群舞)를 의미하는 '코레이아(choreia)'에서 유래한 말로 나중에는 '합창'을 뜻하는 말로 어의가 변했다(오병남, 2003).

많은 연구자들은 히포크리테스란 말이 원래 대지의 풍요를 주재하는 신(神)이자 술의 신인 디오니소스(Dionysos)를 기리는 제전과 같은 전통적이고 주기적인 의식에서 신화와 전설상의 이야기를 사람들에게 전달한다 해 '해설자' 또는 '문답자'로, 그리고 픽션이나 풍자성 이야기를 선보인다 해 '사이비 군자' 또는 '위선자'란 뜻으로 통용되었다고 설명한다(김홍우, 2007). 일반적으로는 '대답하는 사람'이란 뜻으로 풀이한다. 디오니소스 신을 모시는 원무합창에서 중앙의 지휘자인 히포크리테스가 합창단의 물음에 답하는 형식으로 신의 수난기를 노래했기 때문이다. 히포크리테스는 로마 시대에 이르러서는 '히스토리오(historio)'로 불리게 되었다. 이처럼 디오니소스 축제에서 비롯된 의식을 흉내(imitatio)와 이야기(narratio)로 전환시킨 것이 '극(drama)'의 원류가 되었으며 이러한 극의 상연

주체가 바로 배우였던 것이다.

예술의 역사상 최초의 배우는 고대 그리스의 '테스피스(Thespis, 기원전 585~미상)'로 전해진다(김정수, 2005). 테스피스는 배우가 극과 관련된 여러 가지 일을 겸하던 당대의 특성으로 인해 비극 시인이자 연출가, 무대장치가의 역할도 병행했다. 테스피스는 전쟁이 치열했던 아테네 동북 지방의 마라톤 인근에서 태어났으며 활약상과 활동 시기가 정확하게 밝혀지지 않았으나 19세기 말에 그의 묘가 발견되면서 그의 연극사적 가치가 조명되기 시작했다(김흥우, 2007). 테스피스는 기원전 534년에 처음으로 광장이자 시장의 기능을 했던 아고라(Agora)의 노천 무대에서 극을 상연했으며(임종엽, 2005) 그리스 비극의 아버지로 불린다. 당시에는 춤추는 공간으로 기능했던 오케스트라에 올라서 처음으로 독백과 대화를 시도했으며 포도주 껍질로 얼굴에 분장을 하던 단계를 벗어나 하얀 가면을 쓰고 무대에 등장함으로써 극중 가면을 처음 사용한 인물로 기록되고 있다(김흥우, 2007).

2) 배우상의 변천 과정

그리스 시대에는 연극이 신과 소통을 하는 제례 의식으로서 종교적인 축제의 일부로 기능했다. 따라서 배우의 위상과 역할은 자연스럽게 신과의 소통이나 제례를 주관하는 제사장이나 지휘자로 자리 잡았다. 배우가 온 시민이 공동체로서 하나의 감성과 사상을 교감하면서 신의 존재와 높은 질서를 체험하는 의식의 장을 직접 설계하고 이끌었던 것이다. 따라서 그리스 배우들은 법적으로 신분보장을 받아 국가에서 고용하고 병역면제 등의 특권을 누렸다.

로마의 연극은 그리스의 것을 모방하면서 출발해 나중에 독자적인 양식을 갖췄다. 그리스와 달리 로마의 연극은 수많은 종교 행사나 황제와 귀족들의 연회에서 선보이는 다양한 오락물 가운데 하나로 인식되는 경우가 많았다. 로마 시대의 배우는 로마로 이주한 그리스의 하층민이나 노예들이 주축이 되었기 때문에 그리스의 배우와 달리 특권은커녕 사회적 신분조차 보장받지 못했다. 그러나 귀족들의 관람이 늘어나는 등 연극의 인기가 높아지자 배우들은 많은 재산을 모아 노예 신분에서 해방되기도 했다. 중세의 배우들은 수도사나 기독교인인 일반 시민들이 주축이 되어 구성되었다. 이들은 주로 하층계급이었으며 왕성한 연극 공연 활동을 전개하면서 르네상스의 원동력을 제공했다. 초기에는 교회 제단이나 마차와 같은 이동식 임시 무대에서 종교적 메시지를 대화 형식의 연극을 통해 전파하는 역할을 하다가 시민들이 있는 시장 등으로 무대를 확대했다.

배우가 제례나 종교의식을 주관하는 역할에서 완전히 벗어나 예술적인 견지에서 직업적 전문배우로서 그 위상이 확립된 것은 문예부흥운동이 일어난 르네상스 초기이다. 16세기에서 17세기 사이에 이탈리아에서 '코메디아 델라르테(Commedia dell'arte)'란 즉흥 가면희극을 상연하면서부터 배우들이 직업적으로 독립하고 정기적인 급료와 세금을 내는 사회적 지위를 갖게 된 것이다. 코메디아 델라르테는 배우들이 가면을 쓰고 준비한 줄거리를 바탕으로 즉흥적으로 기지를 발휘해 우스꽝스러운 연기를 하는 것이다. 이탈리아에서는 이렇게 가면극과 즉흥연기 방식의 연극이 유행했는데, 남편, 부인, 아들까지 배우로 활동하면서 일가족이 하나의 유랑극단을 이루는 경우가 많았다.

그러나 현대풍의 대형극장이 생기면서 내면과 외면을 겸비하는 것을 추구하는 내용 중심의 성격극이 성행하게 되었다(김홍우, 2007). 이 시기 영국에서는 연극이 성행하면서 명배우 리처드 버비지(Richard Burbage, 1576~1619)를 배출한 '체임벌린 극단'과 에드워드 알레인(Edward Alleyn,

1565~1625)을 배출한 '애드미럴 극단', 배우로 출발해 극작가로 성장한 셰익스피어를 배출한 '펨브룩 극단' 등 많은 극단이 생겼다. 배우가 극작이나 연출을 겸하기도 했으며 지식인층 출신의 배우들도 등장했다. 당시 영국 배우들의 활동상은 기네스 팰트로(Gwyneth Paltrow)와 조지프 파인스(Joseph Fiennes)가 주연한 존 매든(John Madden) 감독의 영화 〈셰익스피어 인 러브(Shakespeare in Love)〉(1998)를 통해 살펴볼 수 있다. 프랑스에서는 아드리엔 르쿠브뢰르(Adrienne Lecouvreur, 1692~1730)란 미모의 여배우가 등장해 여배우의 지위를 크게 향상시켰다(김홍우, 2007).

중세를 지나면서 남녀 배우의 위상이 조금씩 변했다. 르네상스 시대까지는 연극 현장에서 여자배우가 무대에 서는 일이 허용되지 않았다. 남자인 선교사나 기독교 신자 등 일반인들만이 할 수 있었다. 그리스 말기부터 로마에서 번성했던 극단이 중세에 이르러 기독교 지배로부터 탄압을 받아 활성화되지 못했기 때문이다. 16세기 무렵 유럽에서는 남자역과 여자역을 구분해 남우, 여우가 생겨났으나 영국에서는 여전히 여자가 무대에 설 수 없었다. 같은 시기인 엘리자베스 여왕 때의 셰익스피어 극에서는 여전히 여배우를 허용하지 않았다. 배우의 정치적·사회적 지위는 동양이나 서양이나 모두 매우 낮았는데, 19세기 말부터 예술가로 인정받으면서 그 위상이 격상되기 시작했다.

아울러 이때부터 '연출'이라는 독립적인 영역이 등장해 '사실주의 연극'이 풍미했던 20세기에 비로소 확립되면서, 연출가의 권위에 눌려 배우의 역할이 축소되는 등 연극을 이끄는 주체로서 배우의 자율성이 크게 훼손되었다(김균형, 2004; 김미혜, 2011). 감상주의적인 낭만주의 연극에 대한 반발로 탄생한 사실주의 연극은 관찰과 객관성을 기초로 논리적 사건을 담은 극이다. 대사는 운문이 아닌 산문으로 전개하고, 연기 지도와 무대 지시라는 연출이 가미되며 연기능력을 극대화하기 위해 무대장치를 사용한다. 따라서 즉흥연기가 사실상 불가능하고 배우가 연출가에 의해 간섭받거나 지배되는 상황이 발생한다.

셰익스피어가 활동하던 르네상스 시대에는 연출의 개념도 연출가란 직업도 없었기 때문에 한 극단에서 연출가에 해당하는 작업은 늘 경륜이 많은 배우들의 몫이었다(김미혜, 2011). 연출가라는 직업의 확립으로 배우는 연출가의 통제를 받으면서 예술적 갈등과 긴장을 나누는 상황이 되었다. 이런 현상은 자연스러운 분업화의 과정으로 이해할 수도 있지만 배우들은 자신의 창조적 예술활동에 제약을 받는다고 느끼는 경우도 많았다. 현대에 이르러서는 조물주와 같은 역할을 하는 연출가 외에 배우와 연기적 표현 방식의 변화, 음향효과, 조명, 영상매체 등 시청각적인 표현 도구의 동원 등으로 배우가 상상력을 발휘할 수 있는 예술적 자율성이 크게 침해되고 있다(김균형, 2004).

최근에는 이러한 정서를 반영해 어느 정도 성과를 달성한 배우가 자신의 창작 욕구를 실현하기 위해 연극에 이어 영화에서도 배우와 감독을 겸하는 경우가 늘어나고 있다. 영화계에서는 클린트 이스트우드(Clint Eastwood), 조지 클루니(George Clooney), 벤 애플렉(Ben Affleck), 유지태, 박중훈, 하정우, 구혜선, 추상미 등이 대표적이다. 특히 배우 하정우는 "배우는 감독의 오브제(objet, 객체나 대상물)로 국한되며, 열정과 창조적인 것을 뿜어내고 싶어도 뭘 할 수가 없다"(박경은, 2012)라고 토로하면서 그의 롤 모델인 클린트 이스트우드를 따라 배우와 영화감독의 길을 병행하고 있다.

우리나라에서도 배우는 원래 천인(賤人) 출신이 담당했기 때문에 창우(倡優), 희명(戱名), 광대 등으로 불렸으나 1900년대에 들어서면서 이러한 명칭은 '배우'로 대체되었다. 1908년 국내 최초의 서양식 극장인 '원각사(圓覺社)'가 세워지면서 '배우'란 명칭이 보편화되었기 때문이다. 원각사는 서울 종로의 새문안교회 자리에 있었던 한국 최초의 서양식 사설극장으로 당시 신극운동의 요람으로 기능했다. 이때부터 현대적 의미의 배우상이 확립되어갔으며 신분에 대한 비하나 차별에 대한 의식도 조금씩 사라지게 되었다.

우리나라 최초의 영화는 1919년 연극 공연에 영화 장면 일부를 삽입한 변형된 연극 형식의 연쇄극인 〈의리적 구토(義理的 仇討)〉인데, 여기에 출연한 김도산, 이경환, 윤화, 강원형, 최일, 양성현, 김영덕 등의 신극좌(新劇座) 단원들이 근대적 의미의 초기 배우들이라 할 수 있다. 1923년 일본인에 의해 제작된 무성영화 〈춘향전〉에 기생 출신의 한용이 춘향 역으로 출연하면서 우리나라에서도 여배우 캐스팅이 본격화되었다. 1926년에는 춘사 나운규가 감독과 주연을 맡은 무성영화 〈아리랑〉이 흥행하면서 인해 나운규와 최영희 역의 신일선은 최초로 스타덤을 누린 남녀 배우로 평가되고 있다.

3. 배우의 자질과 조건

1) 배우가 갖춰야 할 조건

배우가 갖춰야 할 필수적인 조건은 미학적으로 아름다운 신체 조건, 뛰어난 감성과 연기능력, 연기자로서의 매력, 조화로운 인성(人性)이다. 이 같은 네 가지 조건은 동서고금을 막론하고 극예술 및 연기예술 분야에서 통용되고 있으며, 예술성보다 수익성을 강조하는 오늘날의 상업화된 작품 제작 환경에서도 변화되지 않고 있는 요건들이다. 배우 매니지먼트 사업을 하는 엔터테인먼트 기업들은 이런 조건들을 두루 갖춘 배우 유망주를 발굴하는 데 주력하고 있다. 각 대학의 연기예술 교육 관련 학부에서도 이런 조건을 갖춘 배우들을 체계적으로 육성하여 배출하기 위해 노력하고 있는 셈이다.

첫째, 배우의 조건으로서 '아름다운 신체'는 아름다움의 의미 및 기준과 결부되어 해석되기 때문에 먼저 '아름다움'이란 말의 정의를 먼저 고찰해야 한다. '아름답다(beautiful)'라는 말은 고대의 '칼론(kalon)'이란 말에서 유래되어 '마음을 즐겁게 해주고 감탄을 유발시키는 일체의 것이나 상태'를 일컬으며 폭넓게 통용되었으나, 현대에 이르러서는 '보이는 대상이나 음향, 목소리 따위가 균형과 조화를 이루어 눈과 귀에 즐거움과 만족을 줄 만한 상태'로 축소되었다(오병남, 2003). 시각예술의 기준에 맞춰 해석할 경우 미학적으로 아름다운 신체 조건은 균형(balance)과 비례(proportion)의 원리가 충족되어 조화로움이 엿보이는 경우를 말한다.

배우는 신체적인 측면에서 미학적으로 조화미를 갖춰야 매력적이라고 평가할 수 있다. 여기에서 '조화(harmony)'는 피타고라스와 그의 제자들이 수, 척도, 비례에 입각한 수적 배열을 의미하는 '하모니아(hamonia)'란 개념을 제시하면서 유래되었으며, 이후 조화미는 시각예술이 준수해야 할 규범적 특성으로 강조되었다(오병남, 2003). 신체적인 조화미는 얼굴의 크기와 이목구비의 배치, 상체와 하체의 비율, 팔과 다리의 길이 등 각 부분에서 비례가 확립되고 균형이 잡힌 상태를 말한다. 전통적으로 아름답다고 칭송되는 비너스상과 다비드상의 경우 실존하기 어려운 이상적인 비례의 원리를 반영해 신체를 재현한 것이다.

둘째, 감성과 연기능력은 작품의 내용을 있는 그대로 전달하는 것을 초월해 새로운 캐릭터를 창조하는 능력을 말한다. 배우라면 자신의 지식, 감각, 감성, 끼를 토대로 작품과 작품 속 캐릭터를 적확(適確)하게 해석해 관객들이 잘 받아들일 수 있도록 재현하는 능력을 갖춰야 한다. 톱스타 배우라도 연기능력이 부진하면 오랫동안 활동하기 어렵다. 활동할 수 있는 작품영역이나 장르가 크게 축소되면서 배우로서의 수명이 끝나게 되는 것이다. 미국 영화배우 빈센트 프라이스(Vincent Price, 1911~1993)는 생전에 "배우에게 중요한 것은 그의 연기이지 인생이 아니다"라면서 연기 능력을 배우의 주요 요건으로 꼽았다. 〈키드〉, 〈모던 타임즈〉 등의 작품을 통해 할리우드 스타로 명성을 떨친 영국 태생의 영화배우이자 제작자인 찰리 채플린은 미디어의 발달에 따라 할리우드 영화로 쏠리는 배우들의 시선을 경계하며 무대 위에서 살아 있는 연기를 보여줄 수 있는 연기 능력의 수련을 강조했다. 채플린은 "영화는 일시적 유행(fad)이다. 관객들은 진정으로 무대 위에서 살아 있는 배우를 보고 싶어 한다"라고 말했다.

셋째, 연기자로서의 매력은 연기자가 배역을 제대로 소화함으로써 연기적 에너지를 발산하는 카리스마와 관객들로 하여금 몰입하도록 하는 공감유발능력을 말한다. 매력(charm)은 미학적인 관점에서 그리스어의 '카리스(charis)'가 어원이다. 카리스는 '시적 영감이나 신명을 발산하거나 마술을 걸듯이 살아 있는 연기나 퍼포먼스를 통해 관객이나 청중을 사로잡는 무언의 힘'을 의미한다. '초인적(超人的) 또는 초자연적 능력과 자질을 가진 것처럼 보이게 만드는 성격상의 신비로운 특질' 또는 '대중을 심복시켜 따르게 하는 능력이나 자질'로 풀이되는 '카리스마(charisma)'도 '카리스(charis)'와 '어떤 행위나 작용의 결과 혹은 나타남'을 의미하는 '마(ma)'의 합성어다. 따라서 배우는 카리스마란 매력을 갖춰야 한다. 평소 단조롭거나 무채색과 같은 성격을 갖고 있거나 무대 위 또는 카메라 앞에서 극중 캐릭터의 성격으로 전환이 되지 않을 경우 연기에 자신감을 잃어 슬럼프나 무대공포증, 그리고 이로 인한 우울증에 빠지거나 관객들과 시청자들로부터 매력이 없는 배우로 외면받게 된다.

넷째, 조화로운 인성은 예술가로서 성장하고 생활인으로서 배우 활동을 하는 데 매우 중요한 요소이다. 배우는 작품 공연이나 출연을 전제로 존재하는 예술가이기 때문에 다른 여러 배우나 스태프와 소통하고 교감하며 호흡을 맞출 수 있어야 한다. 드라마를 촬영할 경우 배우는 본 촬영에 앞서 많은 연습 과정을 거치게 된다. 연출자와 스태프, 그리고 나머지 다른 연기자가 참여한 가운데 가벼운 평상복 차림으로 대본을 읽으면서 서로 배역을 맞춰보는 '독회(reading rehearsal)', 스태프와 카메라 없이 연기자들만이 모여 대사와 동작선(blocking line)을 맞춰보는 '드라이 리허설(dry rehearsal)', 복장을 제대로 갖추고 카메라를 사용해 촬영하는 연습을 하는 '카메라 리허설(camera rehearsal)'의 순서로 연습을 되풀이하기 때문에 인간관계가 중요하다. 배우와 배우, 배우와 제작 스태프 간의 인간관계가 흐트러지고 호흡이 맞지 않으면 잦은 엔지(NG)로 영상이 마음에 들지 않아 다시 촬영하는 일이 많아지고 상대 배우나 스태프들은 그런 상황을 유발한 배우를 기피하게 된다.

배우에게 적극적이고 친근감이 있으며 진정성과 이해심이 우러나오는 성격은 자신의 활동 및 수익과 직접 관련된 유무형의 네트워크 자원을 확장시키는 데 필수적이다. 연기능력에 앞서 인간적인 측면에서 일을 함께할 사람들의 마음을 사로잡는 것이 더 중요하다는 의미이다. 또한 배우는 스타로 성장하기 전까지는 많은 제작자와 연출가, 투자자들의 선택을 받아야 하며 언론의 조명을 받는 것조차 어려운, 우월적이지 못한 위치에 처해 있다. 따라서 조화로운 성격에 바탕을 둔 정서적 교감을 통해 제작자와 투자자들, 언론의 인정을 받는 것이 캐스팅에 결정적 요소로 작용한다.

2) 배우의 자질과 수련 방법론

이상적인 배우의 자질은 극예술 분야에서 일가를 이룬 유명 연출가, 극작가, 배우마다 견해가 조금씩 다르지만 앞에서 제시한 네 가지 조건의 범주를 크게 벗어나지 않는다. '근대 연기 이론의 아버지'로 불리며 모스크바 예술극장을 세우고 안톤 체호프(Anton Pavlovich Chekhov)의 작품을 연출한 러시아의 배우이자 연출가인 콘스탄틴 스타니슬랍스키(Konstantin Sergeyevich Stanislavsky, 1863~1938)는 배우의 조건을 제시했는데, 이러한 조건들은 사실적인 연기를 구현하는 데 집중되어 있다. 스타니슬랍스키가 강조한 '메서드 연기(Method Acting)'는 배우가 자신의 생각과 감정을 극중 배역에 완전히 몰입시켜 실물과 똑같이 연기하는 기법을 말한다. 몰입의 방법으로 선(禪)을 권하는 이도 있다. 조준희(2013)는 선의 수행은 배우를 모든 기술이 융합된 하나의 통합된 존재로 만들어줄 수 있는 가장 과학적인 방법이라 강조했다.

메서드 연기는 '연기(演技) 메서드'와 '화술(話術) 메서드'를 기초단계부터 고급단계까지 순차적으로 익히고 이를 결합해 함께 공연하는 파트너들과의 협동심, 친밀성, 유대감 등을 높임으로써 수준이 높은 연기를 구사하는 것을 목표로 구성되어 있다. 연기 메서드는 무대 위에서의 주의집중, 근육의 이완과 조절에 따른 신체감각 배양, 오감(五感)을 활용한 감각의 숙달, 정서에 대한 기억과 심리적 자극, 제시된 상황에 대한 상상력 가미, 행동의 일관성 인지, 상대 배우와의 소통과 교감을 훈련한다. 화술 메서드는 효과적인 발성을 위한 올바른 자세, 신체 근육과 몸 풀기, 음성기관의 구조 이해와 음색 및 음역 확대 훈련, 조음기관 훈련을 통한 유려하고 명쾌한 발성 개발, 공명음(sonorant)과 전달력을 강화하는 발성법, 발음의 악센트(accent), 속도, 억양 등을 활용한 논리적 화술 전개 등을 종합적으로 연계해 수련한다.

이런 단계를 적용해 배우를 양성해온 스타니슬랍스키는 첫째, 자연스럽고 설득력이 있는 행동과 전달력이 있는 음성, 둘째, 등장인물이 지닌 내적 진실의 표현능력, 셋째, 캐릭터의 삶을 현실적이도록 지속적이고 역동적으로 표현하는 능력, 넷째, 다른 연기자와의 호흡능력이 배우의 이상적인 조건이고, 배우라면 꼭 갖춰야 한다고 강조했다(Wilson, 1998). 스타니슬랍스키는 배우에게 마음속으로 처음엔 철저히 자기 주변의 사물만을 담고, 점차 동료 연기자가 포함되도록 '집중의 원(circle of attention)'을 크게 그려나가는 이른바 '앙상블(ensemble) 연기'를 수련하길 조언했다(Wilson, 1998). 한꺼번에 모든 캐릭터나 상황에 집중하기 어려운 인간의 심리적 한계를 반영해 배우가 연기 훈련을 할 경우 개인, 상대역, 조연급 주변 인물, 단역과 엑스트라로 점차 외연을 넓혀가면서 연기적인 조화를 이루도록 한 것이다.

스타니슬랍스키의 전통을 계승하고 있는 러시아의 연극학교에서는 이러한 스타니슬랍스키의 배우론에 입각해 좋은 배우자원을 발굴하기 위해 낭독과 이해력 측정, 즉흥연기, 장면연기 등 3단계로 입학시험을 치른다. 구체적으로 살펴보면, 1단계에서는 쉬운 내용의 우화, 시, 산문 등의 문학작품을 낭독하게 함으로써 외모, 체형, 목소리, 발성, 무대적 매력, 작품선택 취향, 작품에 대한 이해력을 평가하고, 2단계에서는 화술과 무대동작 전문가들이 참여해 간단한 연습과제를 즉흥적으로 선보이도록 함으로써 음색과 발음, 율동성, 리듬성, 음악성, 교양을 평가한 뒤 건강상태, 체격의 결함, 청각 등 의학적 신체검사를 완료한다. 3단계에서는 무대에서 분장과 의상을 갖추고 장면연기를 선보이도록 함으로써 파트너와의 상호행동을 점검해 배우의 잠재력과 가능성을 타진한다(크리스티, 2012).

미국의 극작가 시어도어 해틀린(Theodore. W. Hatlen)은 배우가 갖추어야 할 최소한의 요건으로 어떠한 역할이라도 능숙하게 소화할 수 있는 신체적 조건, 진폭이 넓고 정확한 음성, 풍부한 상상력과 예리한 감수성 등 네 가지를 제시했다(Hatlen, 1991). 해틀린이 강조한 목소리의 조건은 음성의 진동폭, 발성 속도, 강세와 강조점, 표준 발음 여부, 억양과 음조, 음률 등이 배역의 소화와 전달력의 측면에서 종합적으로 우수한 것을 말한다. 풍부한 상상력과 예리한 감수성은 작품을 이해하고 배역을 수준 높게 소화하는 데 필수적인 요소이다.

스타니슬랍스키와 함께 모스크바 국립극장을 공동 설립한 러시아의 극작가 블라디미르 네미로비치단첸코(Vladimir Ivanovich Nemirovich-Danchenko, 1953~1943)는 "훌륭한 배우는 인위적이지 않은 인격 도야와 경험을 통해 수양된 인간적인 매력인 인격, 무리와 억지 및 과장이 없는 자연스러움, 연습과 경험을 통해 얻어진 연기 기술을 갖춰야 한다"라고 강조했다(유수열, 2007 재인용). 오랜 연기활동을 통해 한국적인 모성을 상징하는 '국민 어머니' 배우 고두심은 "배우는 내면에 불같은 정열이 얼마나 있느냐가 중요한 것 같다"며 연기에 대한 열정을 가장 중요한 요소로 꼽았다(공희철, 2012).

연출가 박진은 배우가 될 수 있는 네 가지 조건으로 첫째, 역할을 적절히 수행하고 매력을 발산할 수 있는 '용모와 건강', 둘째, 작품의 복잡성을 이해할 수 있는 수준의 '학력과 지성', 셋째, 작품과 캐릭터를 소화할 수 있는 '이해력과 표현력', 넷째, '신체 동작능력'을 꼽았다(박진, 1956). 미국의 연출가 겸 극작가로 캘리포니아 대학교(2012)의 연극과를 창설한 로버트 코헨(Robert Cohen)은 동료와 함께 쓴 저서 『연기자론(Acting Professionally)』(1983)에서 배우가 갖춰야 할 조건으로 재능, 개성, 신체적 특징, 트레이닝 정도, 인생 및 작품 출연 경험, 인간관계, 의지, 건전한 자세와 현장 적응력, 자유로운 사상과 의식, 연기에 대한 올바른 정보와 자신에 대한 정당한 평가, 운을 제시했다(Cohen and Calleri, 2009). 이 책을 박지홍이 번역한 『액팅 원(Acting One)』(2012)은 국내에서도 연기 입문서로 많이 활용되고 있다. 앙드레 드 빌리에(André de Villiers)는 『배우의 예술(L'art du comedien)』(1962)에서 이상적인 배우는 신체적인 면에서 균형 잡힌 몸매를 갖추고 개성과 매력으로 관객의 인상을 사로잡는 존재감이 있고, 기능적인 면에서 좋은 신체적 조건을 바탕으로 사상, 감정, 감각, 의지, 공상, 지성 등에 대한 훈련 정도가 높은 수준이어야 한다고 강조했다.

연기예술이 더욱 발달한 현대적 관점에서 배우의 이상적인 조건은 주연, 조연, 단역, 무협 연기자, 특수 연기자, 엑스트라 등 극의 역할과 비중에 따라 달라질 수 있다. 현대의 드라마 제작 환경에서 주연의 경우 작품 배역과 이미지의 적합성, 팬덤과 인기도, 연기능력과 풍부한 감성, 연기자 자체로서의 매력과 인간관계, 안티팬이나 부정적 이미지가 없을 것, 출연료와 스케줄의 적합성 등이 고려된다(유수열, 2007).

한편, 1910년 영화를 산업적으로 성장시키기 위해 자본가들이 할리우드에서부터 형성하기 시작한 스타시스템(star system) 체계에서는 자본력과 매니저의 능력, 네트워크 파워 등이 좋은 배우를 만들어내는 변수가 되기도 한다. '스타시스템'이란 스타를 기획, 제작, 마케팅해 수익을 창출하는 일련의 과정(장규수, 2011) 또는 스타를 만들어내는 조직적이고 체계적인 작업체계, 그리고 그것을 통해 경제적 이윤과 명성을 얻는 시스템을 말한다.

관객들이 평가한 우리나라 영화배우들의 경쟁력 (한국 배우들의 연기력과 선호도 조사자료)					
연기력 평가					
남자배우			여자배우		
배우	2013년(순위)	2012년(순위)	배우	2013년(순위)	2012년(순위)
황정민	16.6%(1위)	2.7%(10위 미만)	전도연	18.5%(1위)	23.3%(1위)

최민식	12.0%(2위)	10.8%(3위)	김혜수	18.2%(2위)	7.7%(4위)
하정우	9.7%(3위)	10.0%(4위)	하지원	10.0%(3위)	17.7%(2위)
송강호	7.9%(4위)	18.0%(1위)	김혜숙	3.8%(4위)	--(10위 미만)
안성기	7.5%(5위)	10.8%(2위)	문소리	3.5%(5위)	6.1%(5위)
류승룡	6.1%(6위)	--(10위 미만)	윤여정	3.3%(6위)	3.8%(6위)
이병헌	5.7%(7위)	--(10위 미만)	손예진	3.2%(7위)	8.4%(3위)
한석규	5.4%(8위)	3.4%(9위)	장영남	2.4%(8위)	--(10위 미만)
설경구	4.0%(9위)	3.7%(8위)	공효진	2.3%(9위)	3.1%(7위)
김윤석	3.7%(10위)	3.8%(6위)	전지현	2.0%(10위)	--(10위 미만)

선호도 평가					
남자배우			여자배우		
배우	2013년(순위)	2012년(순위)	배우	2013년(순위)	2012년(순위)
하정우	15.2%(1위)	10.1%(1위)	김혜수	14.8%(1위)	8.7%(4위)
황정민	11.5%(2위)	--(10위 미만)	하지원	10.7%(2위)	13.7%(1위)
안성기	6.1%(3위)	8.7%(3위)	전지현	8.9%(3위)	--(10위 미만)
이병헌	4.8%(4위)	3.1%(10위 미만)	손예진	7.6%(4위)	10.3%(2위)
류승룡	4.5%(5위)	--(10위 미만)	전도연	6.5%(5위)	9.8%(3위)
송강호	4.2%(6위)	8.8%(2위)	공효진	4.6%(6위)	7.4%(5위)
한석규	4.1%(7위)	3.5%(10위)	임수정	3.5%(7위)	--(10위 미만)
강동원	3.9%(8위)	3.6%(9위)	한효주	3.0%(8위)	--(10위 미만)
원 빈	3.8%(9위)	5.2%(5위)	김태희	2.3%(9위)	4.1%(8위)
신하균	3.2%(10위)	3.0%(10위 미만)	이나영	2.1%(10위)	4.8%(6위)

국내 최대 영화 예매 사이트 맥스무비(maxmovie.com)와 조선일보가 공동으로 진행한 2013년 영화 관객의 관람 성향 조사 결과, '가장 연기력이 뛰어난 남녀 배우'는 배우 황정민과 전도연, '가장 좋아하는 남녀 배우'는 하정우와 김혜수로 나타났다.

이 조사는 영화정보 사이트 맥스무비가 한 번이라도 극장 관람 경험이 있는 회원을 대상으로 총 2만 3,336명에게 4월 16일부터 23일까지 "가장 연기력 뛰어난 한국 남자배우는?", "가장 연기력 뛰어난 한국 여자배우는?", "가장 좋아하는 한국 남자배우는?", "가장 좋아하는 한국 여자배우는?"이란 네 가지 질문을 제시하여 주관식으로 답하도록 하여 이메일로 답변을 받아 '톱(Top)

10'을 집계, 분석하는 방식으로 진행했다.

"가장 연기력 뛰어난 한국 남자배우는?"이란 질문에는 영화 〈신세계〉, 〈전설의 주먹〉 등에 출연한 황정민이 16.6%의 지지를 얻어 1위를 차지했다. 황정민은 〈신세계〉를 통해 능청스러우면서도 카리스마가 넘치는 조폭 연기로 관객에게 강한 인상을 남겼으며 〈전설의 주먹〉에서는 자상한 아버지이자 파이팅 넘치는 복서 파이터의 모습을 보여주었다. 최민식은 12.0%로 2위, 하정우는 9.7%로 3위에 올랐다. 황정민과 함께 〈신세계〉에 출연한 최민식은 2012년 3위에서 한 단계 상승해 2위를 기록했으며 하정우는 〈베를린〉을 통해 몸을 사리지 않은 거친 액션을 완벽하게 소화하여 3위로 상승한 것으로 분석되었다. 송강호는 7.9%로 4위, 안성기는 7.5%로 5위, 류승룡은 6.1%로 6위, 이병헌은 5.7%로 7위, 한석규는 5.4%로 8위, 설경구는 4.0%로 9위, 김윤석은 3.7%로 10위를 차지했다. 지적장애인 연기로 관객들의 눈물을 쏙 빼놓은 류승룡과 〈광해: 왕이 된 남자〉에서 1인 2역의 안정된 연기를 선보인 이병헌은 올해 처음 톱 10에 진입했다.

지난해까지 연기력 1위를 달리던 송강호는 4위로 떨어졌다. 안성기는 최근 활발한 활동을 하고 있는 30대, 40대 배우에 밀려 5위로 순위가 하락했다. 김윤석 역시 지난해 6위에서 10위로 떨어졌다.

"가장 연기력 뛰어난 한국 여자배우는?"이란 질문에는 전도연이 18.5%의 지지를 얻어 1위를 차지했다. 뒤를 이어 김혜수가 18.2%로 2위를 차지했으며, 하지원이 10.0%로 3위에 올랐다. 김해숙은 3.8%로 4위, 문소리는 3.5%로 5위, 윤여정은 3.3%로 6위, 손예진은 3.2%로 7위, 장영남은 2.4%로 8위, 공효진이 2.3%로 9위, 전지현이 2.0%로 10위를 차지했다. 전도연은 2012년에 이어 1위를 차지했지만 비율은 4.8%포인트 하락했다. 2012년 8위를 기록했던 김혜수는 10.5%포인트 상승하며 2위로 상승했다. 김해숙, 장영남, 전지현은 올해 조사에서 새롭게 톱 10에 진입했다. 특히 윤여정, 김해숙, 장영남, 문소리 등 중견 여배우들이 톱10에 새롭게 포함된 것은 연기 경력과 그들이 그간 보여준 신뢰감의 결과로 풀이된다. 2012년 8위였던 수애와 9위를 차지했던 김혜자, 10위였던 김윤진은 올해 조사에서는 톱 10 안에 들지 못했다.

"가장 좋아하는 한국 남자배우는?"이라는 질문에는 하정우가 15.2%의 지지도로 1위를 차지했다. 지난 2012년 선호도 1위를 차지한 하정우는 1년 사이 지지도가 5.1% 포인트 상승했다. 2012년 주연을 맡은 작품마다 흥행을 성공시킨 데 이어 올해 〈베를린〉의 흥행을 이끌어서 1위를 차지하게 된 것으로 분석된다. 뒤를 이어 〈신세계〉, 〈전설의 주먹〉 등에서 남성미 넘치는 모습으로 강한 인상을 남긴 황정민이 11.5%로 2위, 안성기가 6.1%로 3위, 이병헌이 4.8%로 4위를 차지했다.

류승룡이 4.5%으로 5위, 송강호가 4.2%으로 6위, 한석규가 4.1%로 7위, 강동원이 3.9%로 8위, 원빈이 3.8%로 9위, 신하균이 3.2%로 10위를 기록했다. 안성기는 지난해에 이어 3위 자리를 굳건히 지키며 '국민 배우'의 명성을 이어갔다. 황정민 외에 이병헌, 류승룡은 올해 톱 10에 새롭게 진입했다. 이병헌과 류승룡은 〈광해: 왕이 된 남자〉에 함께 출연했으며, 이병헌은 〈광해: 왕이 된 남자〉로, 류승룡은 〈7번방의 선물〉로 '1천만 배우'라는 타이틀을 얻었다. 2012년 2위에 오른 송강호는 점유율이 4.6%포인트 하락해 6위로 내려앉았다. 2012년까지 상위권에 머물렀던 원빈은 차기작 발표가 늦어지면서 순위가 9위로 하락했다.

"가장 좋아하는 한국 여자배우는?"이라는 질문에는 김혜수가 14.8%로 1위를 차지했다. 김혜수는 1,298만 명의 관객을 동원하며 역대 한국 영화 흥행 2위에 오른 〈도둑들〉에서 '팹시' 역으로 열연을 펼친 2012년 8.7%로 4위를 차지했던 것에 비해 6.1%포인트가 상승하며 1위를 차지했다. 2013년에는 KBS-2TV 드라마 〈직장의 신〉에 출연하여 인기를 재확인했다. 뒤를 이어 하지원은 13.7%로 2위, 〈도둑들〉로 제2의 전성기를 맞이한 전지현은 〈베를린〉의 흥행까지 이뤄지면서 8.9%로 3위에 올랐다. 손예진이 7.6%로 4위, 전도연이 6.5%로 5위, 공효진이 4.6%로 6위, 임수정이 3.5%로 7위, 한효주가 3.0%로 8위, 김태희가 2.3%로 9위, 이나영이 2.1%로 10위를 기록했다. 전지현 외에 임수정과 한효주가 올해 첫 톱 10에 진입했다. 2012년 조사에서 7위를 기록했던 김하늘과 9위를 차지했던 수애, 10위를 기록했던 이민정은 톱 10 안에 들지 못했다.

≪맥스무비≫, 2013년 5월 3일자 재구성, 요약.

4. 배우의 예술철학

1) 예술철학과 예술론

배우는 예술가로서 분명한 철학을 가져야 한다. 그래야 예술적 감성과 에너지, 아이디어를 반영해 작품을 아름답게 창조하고 더욱 발전, 승화시킬 수 있는 배우라 할 수 있다. 철학을 가져야 한다고 해서 너무 무겁거나 거창하게만 생각할 필요는 없다. 배우를 꿈꿀 때 가졌던 배우 생활에 대한 소신부터 소소한 자세나 가치관까지 모두 철학이 될 수 있다. 배우가 가져야 할 예술철학은 예술철학자들의 기존 논의를 종합할 때 '현실의 재창조를 통한 미적 가치의 구현'이란 예술의 본성을 이해하는 것이 가장 우선되어야 한다. 이어 작품 활동을 통해 미적 가치를 창출 및 고양하고, 자유로운 사상과 표현에 바탕을 둔 생명력 있는 작품과 이미지를 창조하며, 예술성과 사회성을 조화시키고, 관객을 존중해 공감을 흡인하는 등 예술가로서 소임을 다하는 것으로 집약된다.

예술은 인간의 정신활동의 토대 위에서 구현된다. 따라서 예술의 본성은 '놀이하고 싶은 욕망', 즉 '유희적 충동'에서 비롯되는(Schiller, 1795) '인간 최초의 원초적이고 기본적인 정신활동'(Collingwood, 1964)으로써 '현실을 재현하거나 재생산하는 활동'이라 정의할 수 있다. 일찍이 네덜란드의 문화사학자 요한 하위징아(Johan Huizinga)는 자신의 저서『호모 루덴스(Homo Ludens)』에서 "인간은 놀이하는 동물(Homo Ludens)로 유희의 본성을 지녔으며, 문화 그 자체가 놀이"라고 규정했다(Huizinga, 1938). 이런 본성에 비춰 연주가는 악기를 통해 놀이하고 싶은 욕망을 구현하고 성악가는 노래를 통해 놀이하고 싶은 욕망을 발산한다. 배우는 연극이나 드라마, 영화에서 연기를 통해 놀이하고 싶은 욕망을 구현한다.

플라톤과 아리스토텔레스는 각각『국가(Politeia)』와『시학(Poetica)』을 통해 예술을 '모방의 산물'(18세기 전)로, 조슈아 레이놀즈(Joshua Reynolds)와 장 자크 루소(Jean Jacque sRousseau)는 각각『예술론(Discourse on Art)』과『신 엘로이즈(Nouvell Heloise)』를 통해 예술을 감정적 반응에서 비롯된 '상상의 산물'(18세기 후반)로, 에른스트 카시러(Ernst Cassirer)는『인간론(An Essay on Man)』에서 예술을 통찰력에서 기인한 '상징성의 산물'(19세기 이후)로 정의했다(조요한, 2003). 하위징아도 놀이 즉, 문화예술은 자유라는 본질에 의해서 즐거움을 추구하고 어떤 대상을 이해관계나 목적의식 없이 바라보는 무관심성을 지니며 투사, 모순, 암시, 환상 등의 상상력을 전제로 하는 활동이라 규정했다(Huizinga, 1938).

플라톤과 아리스토텔레스가 주장한 모방설에서 '모방(模倣)'은 있는 그대로를 본뜬 복사(複寫)나 모사(模寫)가 아닌 개인의 주관과 개성이 반영된 창조적 표현을 의미한다. 레이놀즈와 루소의 견해는 예술은 자연의 모방에 그치지 않고 인간의 상상력과 감수성, 그리고 인상이 결합되어 창조되거나 내면의 감동과 열정이 분출되어 비롯된다는 것이다. 카시러의 상징설은 예술이라는 것은 상상력의 분출이 아니라 깊이 있는 통일성과 연속성을 나타내는 상징적인 언어라는 견해이다(김길웅, 2003).

따라서 예술은 대상을 그대로 복사하는 재현을 의미하는 것이 아니라 개인의 주관성을 투영시켜 재구성하는 창조적 표현의 과정이라 할 수 있다. 조제프 랄랑드(Joséph Lalande)는 『철학용어사전(Vocabulaire technique et critique de la philosophie)』(1926)에서 예술은 지각이 있는 존재자인 인간이 작품을 통해 창조해내는 모든 미적 제조품이라 규정했다(Lalande, 1926). 카를 마르크스(Karl Mark)는 인간의 예술활동은 동물과 달리 미의 법칙에 따라 의식적으로 창조하는 활동이라 했다(Mark, 1844). 결국 예술가는 현실을 실재와 유사하게 재현하거나 자신의 개성과 감성을 통해 새롭게 변형함으로써 자신의 철학과 주관성을 표출한다고 할 수 있다.

2) 예술가로서의 배우철학

예술가로서 배우는 첫째, 작품을 통해 자신의 예술 세계를 구현함으로써 미적 가치를 고양해야 한다. 그리하여 예술성을 실현하고 사람들에게 생기와 기쁨을 불어넣어야 한다. 폴란드 태생의 철학자이자 미학자인 블라디슬로프 타타르키비츠(Wladyslaw Tatarkiewicz, 1886~1980)는 "예술작품은 기쁨과 흥분, 나아가 충격을 불러일으킬 정도로 사물을 재현하거나 형식을 구성하거나 경험들을 표현한 것이어야 한다"라고 강조했다(김요한, 2007 재인용).

아리스토텔레스는 예술가가 미적 세계를 일궈가는 토대로서의 삶이 매우 중요하며 그 삶이 인간의 능력을 향상시킨다고 강조했다. 건강하고 안정된 삶이 뒷받침되어야 자연스러운 연기와 수준 높은 작품이 나온다는 뜻이다. 예술가의 경우 삶의 토대가 안정적으로 갖춰지지 않으면 작품을 통해 자신의 예술세계를 온전하게 구축할 수 없으며 예술을 빙자한 바람직하지 않은 세계에 빠져들 수 있다. 플라톤은 『국가』제10권에서 예술의 자율성보다 윤리성을 강조하는 도덕주의적 입장에서 단순한 놀이나 유희에 불과한 예술, 성정이 안정되지 못해 영혼의 하찮을 것 없는 부분에 호소하는 예술, 남의 불운을 즐기는 것과 같은 인간의 심성을 나약하게 하는 예술, 성욕이나 격정 등 인간의 감각적 본능을 해방시키는 예술은 추방되어야 한다고 주장했다.

둘째, 배우는 심신이 어느 누구로부터도 구속되지 않고 지극히 자유로운 입장에서 자신의 개성과 정서를 바탕으로 표현함으로써 생명력이 있는 작품과 매력적인 이미지를 창조해야 한다. 토마스 만(Tomas Mann, 1953)은 예술가의 임무는 사람들에게 활력과 생기를 주는 것이라고 했다. 그러기 위해서는 어디에도 예속되지 않는 영혼과 사상의 자율성이 보장되어야 하는 것이다. 많은 국가의 「헌법」에서 '표현의 자유'와 '예술 창작의 자유'를 최상의 가치로 여기고 학문과 사상, 그리고 창작의 자유를 보장하고 있는 것도 이러한 점을 고려한 것이다. 예술가의 특징을 논할 때 '자유로운 영혼'이란 수식어가 항상 따라다니는 것도 이 때문이다. 특히 독일의 문호 요한 볼프강 괴테(Johann Wolfgang Goethe)는 예술가의 자율성을 강조했다. 괴테는 예술적 산물은 도덕적인 효과를 발휘하지만 그렇다고 예술가에게 목적적 수단으로서 도덕을 요구해 구속하는 것은 예술가를 파멸로 이끈다고 경계했다(조요한, 2003).

셋째, 배우는 작품 활동이나 개인의 사회적 활동에서 '예술성'과 '사회성'의 균형과 조화를 추구해야 한다. 아울러 예술성과 사회성의 조화는 예술가 개인의 마케팅을 위한 의도된 행위가 아니라 진정한 깨달음에서 비롯되어야 한다. 사회참여는 진정성(authenticity)이 매우 중요하다는 뜻이다. 과거 예술지상주의의 입장에서 예술가들은 '예술을 위한 예술'에

✔ 작품을 통해 자신의 예술 세계를 구현함으로써 미적 가치를 고양해야 한다.
✔ 지극히 자유로운 입장에서 자신의 개성과 정서를 바탕으로 표현해 생명력이 있는 작품과 매력적인 이미지를 창조해야 한다.
✔ 작품 활동이나 개인의 사회적 활동에서 '예술성'과 '사회성'의 균형적인 조화를 추구해야 한다.
✔ 배우는 관객을 존중해야 하며 관객으로부터 공감을 이끌어내야 한다.

몰입해 사회에 관심을 두지 않고 예술활동에만 집중해도 무방했다. 그러나 예술이 인간 및 삶에 대한 이해와 공동체의 조화에 바탕을 두고 생각이 다른 집단과의 화해를 이끌어야 한다는 인식이 확산되면서 예술이 사회적 관심을 다루어야 한다는 견해가 힘을 얻고 있다. "당대의 예술가들은 도대체 누구를 위한 예술을 하느냐?"라는 질문에 적절한 답을 내놓을 수 없게 되었기 때문이다. 배우 등 예술가가 사회적 관심을 도외시하는 것은 예술가의 현실도피라 할 수 있다.

따라서 현실에서 존재하는 사회적 계층과 경제적 계급의 격차 및 갈등 문제, 정치·사회적 모순, 소외의 문제, 소수자와 병자·약자의 인권 등에 대해 예술가는 관심을 기울여야 한다. 나아가 새롭게 부각되고 있는 환경 문제와 디지털 시대의 정보격차 문제 등에 대해서도 통찰력을 발휘해야 한다. 이러한 관심은 직접적인 발언과 참여 행위, 경제적 지원 행위, 재능 기부, 사회봉사 등을 통해 실현할 수 있다. 이러한 문제를 다룬 드라마, 영화, 연극 등의 작품 출연을 통해서도 얼마든지 간접적으로도 사회 참여가 가능하다.

사회참여는 적극성을 띠는 게 바람직하다. 러시아의 소설가 레프 톨스

토이(Lev Tolstoy, 1897)와 프랑스의 철학자이자 작가인 장 폴 사르트르(Jean Paul Sartre, 1948)는 예술가의 사회성 강화에 초점을 두어 예술가는 적극적인 사회참여와 사회봉사를 해야 한다고 강조했다. 프리드리히 니체(Friedrich Nietzsche)는 예술성을 뜻하는 '꿈의 상태'와 사회성을 의미하는 '위풍 있는 태도'가 하나의 구조적인 통합체로 수렴될 때 비로소 위대한 예술작품이 만들어진다고 강조했다(Nietzsche, 1871). 1920년 김우진, 조명희 등과 함께 극예술협회를 결성해 서구에서 고골의 〈검찰관〉, 어빙의 〈관대한 애인〉, 체호프의 〈기념제〉, 입센의 〈인형의 집〉 등의 연극을 들여와 공연했던 연출가 홍해성(1893~1957)은 "예술가는 진실된 삶을 찾는 사람이며, 배우는 사회적 기능을 가진 데 의의가 있는 것"이라며 사회에 기여하는 예술가로서의 배우의 위상과 역할을 강조했다(홍해성, 1931).

각국에는 사회참여에 적극적인 아티스트들이 많다. 미국 할리우드를 풍미했던 원로 영화배우 제인 폰다(Jane Fonda, 1937~)는 베트남전이 한창이던 1972년 당시 북베트남의 수도 하노이로 건너가 반전운동에 적극 참여한 데 이어 2007년 1월 워싱턴 내셔널 몰에서 열린 이라크전 반대 시위에도 참여했다. 영화배우 안젤리나 졸리(Angelina Jolie, 1975~)는 유엔난민고등판무관실(Office of the United Nations High Commissioner for Refugee: UNHCR) 친선대사로 활동하면서 파키스탄 북서부 아프가니스탄 국경지방에 있는 아프가니스탄 난민촌에 직접 찾아가 수백만 명의 난민에 대한 국제사회의 지원을 호소하는 등의 난민구호 활동을 전개하고 있다.

TV 시리즈 〈다크 엔젤(Dark Angel)〉(2000~2002), 영화 〈슬리핑 딕셔너리(The Sleeping Dictionary)〉(2002), 〈판타스틱 4(Fantastic Four)〉(2007)에 출연한 톱스타 제시카 알바(Jessica Alba, 1981~)는 재미동포 브라이언 리와 함께 친환경용품 기업 '어니스트 컴퍼니(honest.com)'를 세워 공동대표로 활동하고 있다. 화학물질의 영향으로 소아암 등 어린이 질병이 늘어나는 것에 우려를 느껴 관련 정보를 수집하고 환경운동가 크리스토퍼 개비건(Christopher Gavigan) 등을 만나면서 사업에 뛰어든 것이다. 영화 〈해리 포터(Harry Potter)〉 시리즈의 헤르미온느로 잘 알려진 영국 배우 엠마 왓슨(Emma Watson, 1990~)도 환경보호 운동에 앞장서며 인도, 방글라데시, 네팔의 공정무역 인증 면화 등 100% 유기농 소재로 수제품 의류를 제작하는 브랜드 '피플트리(www.peopletree.co.uk)'와 협업하고 있다. 아울러 이 옷이 자신의 또래 세대에게 잘 팔릴 수 있도록 '크리에이티브 고문'을 맡기도 했다.

1957년 일본 라디오 소설에 출연한 것을 시작으로 50여 년간 영화와 드라마 100여 편에서 주연을 맡은 일본의 여배우 요시나가 사유리(吉永小百合)는 후쿠시마 원전 사고를 계기로 핵무기와 원자력 발전소를 반대하는 '반핵 및 반원전 운동'을 펼치고 있다. 우리나라 배우 고두심은 고향 제주에서 '김만덕기념사업회'의 상임대표를 맡아 소외된 이웃들에게 따뜻한 나눔을 전하고 있다. 김만덕은 제주의 거상으로 조선 정조 시대 제주도민들이 계속되는 재해로 기근에 시달리자 자신의 전 재산을 털어 육지에서 쌀을 구입해 무료로 나눠준 인물이다. 배우 박주미는 유방암 예방을 위한 의식 개선 캠페인의 홍보대사로 활동하고 있다. 배우 김효진은 동물 보호를 위해 천연모피 사용 반대운동에 적극 참여하고 있다. 가수 이효리는 유기견 보호운동에 앞장서고 있다. 가수 김장훈은 우리나라의 영토인 '독도 수호 캠페인'과 '불우이웃 돕기'를 위한 기부활동에 적극적이다.

넷째, 배우는 관객을 존중해야 하며 관객으로부터 '공감(共感, sympathy)'을 이끌어내야 한다. 공감이란 타인의 감정, 의견, 주장 따위에 대해 자기 자신도 그렇다고 느끼는 상태나 기분을 뜻한다. 배우는 영화, 드라마, 무대 공연, 뮤지컬 등을 통해 작품에 설정된 배역을 제대로 해석하고 표현함으로써 자신을 충분히 설명하는 노력을 기울여야 한다. 그것이 가장 기본적인 관객에 대한 존중이자 소통의 행위이다. 아울러 연기 외에도 관객들의 구미와 취향, 예술가에 대한 요구와 바람을 파악하기 위해 관객들과 충분히 소통해 공감을 나누는 노력을 동시에 해야 한다. 그러기 위해 먼저 예술가는 최선의 노력을 통해 미적 가치를 발휘해 자신의 작품 세계를 관객들에게 선보임으로써 감동을 선사해야 한다.

아리스토텔레스는 감정을 정화하고 정서적 수준을 고상하게 이끄는 예술적 감동을 '카타르시스(catharsis)'라 표현했다. 배우는 관객에게 카타르시스를 제공할 의무를 갖고 있다. 그러기 위해서는 관객들이 무엇을 원하고 무엇에 공감하는지 자신의 직관과 통찰력을 발휘해 간파해야 한다. 관객들의 예술적 안목과 예술을 이해하는 수준은 매우 다양하다. 예술가의 명성에 대한 인지도나 주목도도 매우 다르다.

프랑스의 작곡가 모리스 라벨(Maurice Ravel, 1875~1937)의 사례를 보자. 라벨은 자신이 작곡한 왈츠 곡을 발표하면서 작곡가 이름을 빼고 발표했을 때는 청년들이 휘파람을 불며 무시했으나, 나중에 작곡가가 라벨이란 것이 밝혀지자 사람들이 매우 놀라며 열광하는 반응을 보였다고 한다 (Huisman, 1954). 예술에서 명성이나 인지도가 얼마나 중요한지 보여주는 장면이다. "아티스트는 모두 처음에는 아마추어였다(Every artist was first an amateur)"라는 미국의 시인 겸 사상가인 랄프 에머슨(Ralph Waldo Emerson)의 말처럼 예술 입문 시기나 무명 시절에는 미숙함과 실수, 그리고 불인정과 이로 인한 스트레스로 어려움을 겪기 마련이다. 그러나 이를 극복하고 예술가로서 자유로운 상상력을 통해 미적 가치를 창출하고 명성을 높이기 위해 부단히 노력하는 것은 자신을 위하는 것일 뿐만이 아니라 그를 기억하는 관객에 대한 정성과 예의로 인식된다는 점을 알아야 한다.

✓ "예술가의 목표는 아름다움을 창조하는 것이다. 이것은 아름다움이 무엇인가와는 별개의 문제이다"

The object of the artist is the creation of the beautiful. What the beautiful is another question.

아일랜드의 작가 제임스 조이스(James Joyce, 1882~1941),
『젊은 예술가의 초상(Portrait of the Artist as a Young Man)』(1916)에서

■ ■ ■ 참고문헌

국내문헌

국립국어원 표준국어대사전. 2008.

고승길. 1993. 『동양연극연구』. 서울: 중앙대출판부.

김균형. 2004. 「배우의 위상회복에 대한 고찰」. ≪드라마학회지≫, 23, 107~136쪽.

김길웅. 2003. 「상징, 기호학, 그리고 문화연구: 카시러의 『상징형식의 철학』을 중심으로」. ≪독일문학≫, 87집, 253~273쪽.

김미혜. 2011.11.4. "배우의 힘, 관객의 힘". ≪웹진 아르코≫, 180호. 서울: 한국문화예술위원회.

김준삼·김학민. 2012. 「배우의 자아발견을 향한 여정과 인물구축을 위한 도전」. ≪한국콘텐츠학회논문지≫, 12권 9호, 57~67쪽.

김지영. 2013.7.1. "난 축복받은 비정규직 엄살 부리지 않겠어요: '연기의 신' 미스 김 김혜수". ≪신동아≫, 2013년 7월호(646호).

김요한. 2007. 『예술의 정의』. 서울: 서광사.

김정수. 2005. 『서양 배우의 역사: 그리스에서 현대까지』. 서울: 살림출판사.

김호석. 1998. 『스타시스템』. 서울: 삼인.

김홍우. 2007. 『배우술 핸드북』. 서울: 지성의샘.

마르크스, 칼(Karl Mark). 1991. 『1844년의 경제학 철학 초고』. 최인호 옮김. 서울: 박종철출판사.

모신정. 2013.4.6. "[인터뷰] 한석규, 내 천직 '배우'에 대해 23년째 분석 중". ≪한국일보≫.

박경은. 2012.3.1. "김제동의 똑똑똑 (41) 배우 하정우". ≪경향신문≫.

박진. 1956. 「한국 연극계를 장식한 여배우 군상」. ≪여성계≫, 5호 7권.

브로케트, 오스카 G(Oscar. G. Brockett). 2009. 『연극개론』. 김윤철 옮김. 서울: HSMEDIA.

블라디슬로프, 타타르키비츠(Tatarkiewicz Wladyslaw). 1993. 『예술개념의 역사:

테크네에서 아방가르드까지』. 김채현 옮김. 서울: 열화당.

사르트르, 장 폴(Jean Paul Sartre). 1972. 『문학이란 무엇인가』. 김붕구 옮김. 서울: 문예출판사.

안치운. 2008. 「놀이와 배우」. 영남대학교 인문과학연구소 학술대회 자료집(2008.5), 55~65쪽.

양회석. 1994. 『중국희곡』. 서울: 민음사.

연승. 2013.7.29. "노련하고 감독하는 배우로 … 이스트우드 같이 늙고 싶어요 - '더 테러 라이브' 주연 하정우". 《서울경제》.

오병남. 2003. 『미학강의』. 서울: 서울대학교 출판부.

유수열. 2007. 『PD를 위한 텔레비전 연출 강의』, 서울: 커뮤니케이션북스.

윌슨, 에드윈(Edwin Wilson). 1998. 『연극의 이해』. 채윤미 옮김. 서울: 예니.

이주영. 2007. 『예술론 특강』. 서울: 미술문화.

임종엽. 2005. 『극장의 역사: 상상과 욕망의 시공간』. 서울: 살림출판사.

임지희. 2005. 「1910년대 근대적 배우 개념의 형성과정 연구」. 《어문학》, 86호, 389~416쪽.

장규수. 2011. 『한류와 스타시스템』. 서울: 스토리하우스.

정다훈. 2013.7.5. "'우리 삶에는 각자의 대본이 있다' 손숙의 '안녕, 마이 버터플라이'". 《오티알》.

조요한. 2003. 『예술철학』. 서울: 미술문화.

조준희. 2013. 「배우의 연기훈련 과정에서 선(禪)의 활용 가능성」. 《한국콘텐츠학회논문지》, 13권 11호, 106~118쪽.

크리스티, 지(G. Christie). 2012. 『스타니슬랍스키 배우교육』. 박상하·윤현숙 옮김. 서울: 동인.

파비스, 파트리스(Patrice Pavis). 1999. 『연극학 사전』. 신현숙·윤학로 옮김. 서울: 현대미학사.

한국문화예술진흥원. 1981. 『연극사전』, 서울: 한국문화예술진흥원.

한국언론연구원. 1993. 『매스컴 대사전』. 서울: 한국언론연구원.

홍해성. 1931.9.26. "무대예술과 배우". 《동아일보》.

국외문헌

Brandon, James R. 1967. *Theatre in Southeast Asia*. Cambridge. Mass.: Harvard University Press.

Cohen, Robert and James Calleri. 2009. *Acting Professionally: Raw Facts About Careers in Acting*. New York: PalgraveMacMillan.

Collingwood, R. G. 1964. *Essays in the Philosophy of Art*. Bloomington: Indiana University Press.

Hatlen, Theodore W. 1991. *Orientation to the Theater*. Allyn & Bacon.

Huisman, Denis. 1960. *Die Ästhetik*. Hamburg: Hoeppner.

Huizinga, Johan. 1938. *Homo ludens: a study of the play-element in Culture*. Boston: Beacon Press.

Lalande, André. 1926. *Vocabulaire technique et critique de la philosophie*. Paris: Presses Universitaires de France.

Mann, Thomas. 1953. "The Artist and Society." in Fernando Puma(ed.). *7 Arts: Painting, Sculpture, Music, Dance, Theatre. Literature, Architecture*. Garden City: New York Permabooks.

Morin, Edgar. 1957. *Les Stars*. Paris: Le Seuil.

Nietzsche, Friedrich. 1871. *Die Geburt der Tragödie aus dem Geiste der Musik*. UnzeitgemäBe Betrachtungen.

Sartre, Jean Paul. 1948. *Situations II*. Gallimard.

Schiller, Friedrich. 1795. *Uber die ästhetische Erziehung des Mensche in einer Reihe von Briefen*. Offentliches Leban, GmbH.

Tolstoy, Leo. 1897. "What is Art?" in David H. Richter(ed.). *The Critical Tradition: Classic Texts and Contemporary Trends(1998)*. Boston: Bedford, pp. 472~480.

Villiers, André de. 1962. *L'art du comedien*. Paris: Presses Universitaires de France.

기타 자료

공희철(연출). 2012.7.18. 〈SBS 한밤의 TV연예〉, 고두심의 변신(인터뷰).

02 배우의 감정학습과 심리관리

 사전적으로 심리(心理)는 '마음의 작용과 의식의 상태', 감정(感情)은 '어떤 현상이나 일에 대해 일어나는 마음이나 느끼는 기분', 정서(情緒)는 '사람의 마음에 일어나는 여러 가지 감정 또는 감정을 불러일으키는 기분이나 분위기'를 말한다. 배우는 여러 가지 심리와 감정, 정서의 의미와 구조적 특징, 심리적 발현 구조를 정확히 이해하고 이를 연기에 과학적으로 적용할 수 있어야 한다. 몸짓은 언어가 형성되기 전에 사회적 동작 또는 상징으로 인식되었듯이(이만갑, 2004) 배우의 몸동작과 표정 등 연기 동작은 시청자, 관객 등 수용자들을 향해 다양한 심리와 상징적 메시지를 전달한다. 수용자들은 극중 배우의 연기에 감정이입(empathy)이나 공감(sympathy)을 해 마치 자신에게 일어난 것처럼 자신과 동일시(identification)하면서 대리만족을 하게 된다(나은영, 2010). 배우는 이런 원리를 알고 대본에 쓰인 스토리 전반의 내용과 배경, 각 배역의 캐릭터와 심리적 상태를 정확히 파악한 뒤 연기에 집중해야 한다. 극중 특정 캐릭터인 나와 내가 미처 알지 못했던 내면 속의 나, 상대방, 제3자, 그리고 상황을 동시에 알아야 한다는 뜻이다.

배우는 훈련과 교육을 통해 인간에게서 나타날 수 있는 모든 유형의 감정과 정서를 잘 조절하고 통제하는 능력을 갖추고 있어야 안정된 심리적 기반 위에서 좋은 연기를 펼칠 수 있다. 많은 배우가 평상시는 물론 작품 출연을 앞두고 다른 사람들보다 민감한 심리 변화를 경험한다. 배우의 심리 변화에 영향을 미치는 요인은 내적으로 배우의 경력, 연습을 통한 자신감, 성격, 불안 정도, 각성 조절력 등이며 외적으로는 무대 환경의 변화, 관객의 기대와 반응, 배역의 비중, 공연의 규모 등이다(오진호, 2012). 배우가 위기를 극복하고 안정된 정서를 유지하면서 공연을 성공적으로 마치려면 이런 상황에 대한 명확한 인지와 해석 외에 감정이나 정서의 본질에 대해 제대로 알고 대비할 줄 알아야 한다.

이런 측면에서 배우나 연기 전공자들이 감정과 정서에 대해 본격적으로 학습을 하는 것은 배우에 대한 과학적·체계적 관리를 추구하고 있는 오늘날에는 결코 이례적이지 않다. 결국 행복한 삶을 살아가는 인간(개인), 연기를 통해 관객들에게 감동을 주는 배우, 다른 작품을 감상하는 관객 등 상황과 필요에 따라 주어지는 세 가지 역할을 배우가 안정적이면서도 능숙하게 소화하기 위함이다. 특히 연기는 인간의 내면 심리를 적확하게 표현하는 과정이며 현대에 이를수록 복합적이고 다중적인 성격의 배역을 많이 소화해야 한다는 점에서 이제 배우에게 심리 학습은 필수적인 과정이 되었다. 최근 연극·영화계에서 배우에 대한 심리 상담 및 관리 체계의 필요성에 대한 인식이 확대되고 있는 것도 이와 관련이 깊다. 지금부터 각종 감정과 정서에 대해 학습하면서 관리기법을 체득하도록 한다.

1. 행복

1) 행복

세상에 태어난 사람은 어느 국가의 「헌법」에 규정된 것처럼 누구나 행복(happiness)을 추구할 권리를 갖고 있다. 본질적으로 사람은 행복을 위해 태어났고, 행복하기 위해 일하고, 행복하기 위해 살아간다는 뜻이다. 행복은 거의 모든 문화권에서 '개인이 원하는 삶'이나 '좋은 인생(good life)'을 구성하는 핵심 요소로 인정받고 있다(김주엽, 2009 재인용). 행복학 연구 전문가인 네덜란드의 뤼트 베인호번(Ruut Veenhoven)은 개인의 삶에서 지속적으로 만족을 느낄 때 '행복하다'고 표현할 수 있다고 했다(Veenhoven, 1984). 도덕적 행동을 강조했던 아리스토텔레스의 관점에서도 육체와 정신의 복합체인 인간이 누리는 '행복한 삶'이란 인간으로서 가장 만족스럽게 사는 것이다(전재원, 2012).

행복은 개인의 전체 삶에 대한 주관적 감정과 평가를 가리키는 것으로 행복의 객관적 환경 요인을 강조하는 경우에는 '안녕(well-being)', '삶의 질(quality of life)'이라는 용어를 사용하지만 주관적 측면을 강조하는 경우 '주관적 안녕(subjective well-being)', '삶의 만족(life satisfaction)'이라는 용어를 쓴다(김윤태, 2009).

정서적 측면에서 행복은 인간, 배우, 관객 구분할 것 없이 가장 빈번하게 느끼고 가장 많이 표현해야 하는 감정이다. 아울러 가장 자연스럽게 배어 나와야 하는 감정이다. 자연스러운 미소와 표정이 어우러져 행복감을 잘 표현하는 배우는 수용자들에게 기쁨과 안정감을 가져다주고 설렘까지 유발하기 때문에 금방 인기 스타로 부상할 가능성이 높고 광고 모델로 발탁되는 등 경제적 이익도 확보하기 쉽다. 행복은 심리적으로 만족스러운 상태나 전반적인 인생의 만족도를 나타낸다. 행복에 대한 가장 보편적인 정의는 '주관적인 만족감이나 안녕감'(최현석, 2011)이다. 행복은 시대와 세대에 따라 기준이 다르지만 다른 감정들보다는 더 지속적이기 때문에 정서라기보다는 성격적 특질이나 성향에 해당한다고 볼 수 있다(Kalat and Shiota, 2007). 현실 세계에서 행복한 사람들은 감정적으로 안정되고, 양심적이며, 신뢰감이 있고 상황을 잘 통제하거나 조정하는 능력이 있는 데다 긍정적인 마인드를 갖고 타인과 유연한 관계를 유지하며 인생의 목표가 뚜렷하고 자기수용성을 가지고 있는 것으로 묘사된다(Ryff and Singer, 2003).

행복한 사람은 다른 사람에게 더욱 대담하게 접근하며 위험에 대해 평소보다 덜 민감하게 반응한다(Peterson, 2000). 행복을 좌우하는 강력한 결정 요소는 천성적인 성향이나 성격이며, 이것은 일생을 살면서 오랫동안 지속되는 일관성을 나타내는 경향이 있다. 많은 연구에서 인간에게 행복함을 느끼게 해주는 요소로는 미지의 것이나 이상적인 것보다는 친구, 가족, 자연 등 현재 자신의 근처에서 가용한 것이 많이 제시되었다(Kalat and Shiota, 2007). 따라서 행복의 기준은 사람에 따라 순간순간 즐거움과 만족을 느끼는 것, 목표를 달성했을 때 느끼는 성취감, 가족 등 주변 사람들과 잘 지내는 것, 전체적으로 무탈한 것 등 매우 다양할 수 있다(최현석, 2011).

행복감에는 개인의 행동과 기질이 적지 않은 영향을 미친다. 환경적 영향보다는 유전적 영향이 크며, 특히 유전적 영향과 가장 연관이 높은 기질 및 성격적 특성에 대한 개인의 인지적 개입이 뒤따르면 개인의 행복이 증가 및 지속된다(박주언 외, 2008). 행동 면에서는 '운동', '웃음', '친절' 등이 행복에 영향을 미치는 것으로 보고되었다(Stubbe et al., 2007; Keltner and Bonanno, 1997; Magen and Aharoni, 1991). 평소에 활기찬 생활을 하고 즐거운 기분과 표정을 유지하도록 노력하는 것이 행복 증진에 필수적이란 이야기이다. 기질 및 성격적인 면에서 에먼스와 맥컬러프(Emmons and Mc-Cullough, 2003)는 용서, 자기반성, 감사 등의 인지적 개입이 있으면 행복감을 향상시키는 데 효과적이라는 연구 결과를 제시했다. 클로닝거(Cloninger, 2004)는 성격적 특성인 자기지향성, 협동성, 자기초월성 등 세 가지 요소가 모두 높은 경우, 세 가지 요소가 모두 낮은 경우에 비해 행복한 사람의 비율이 6배 정도 많았다고 분석했다. 항상 소아(小我)를 탈피해 크게 생각하며 작은 일에도 감사하고 성찰하는 자세를 견지하는 것이 행복을 증진시킨다는 의미이다. 이렇듯 행복감은 환경의 제약에도 개인의 의지에 따라 얼마든지 강화될 가능성이 있다.

2) 기쁨

기쁨(joy)은 '욕구가 충족되었을 때의 즐거운 마음이나 느낌'으로 코미디와 같은 희극에서, 즐겁거나 웃기는 상황이 생길 때 생기는 감정이다. 영화 〈시티 오브 조이(City Of Joy)〉(1993)의 포스터에서 무등을 탄 남자가 두 손을 벌리고 활짝 웃으며 환호하는 모습이 바로 기쁨에 겨운 행동일 것이다. 기쁨은 행복과 결부해 분석할 경우 행복에 필요한 중요한 요소이긴 하지만 기쁨과 행복이 동일하지는 않다(최현석, 2011). 행복과 기쁨이 같은 개념이 아니란 뜻이다. 기쁨은 행복과 관련된 감정으로서 특정한 사건이나 상황에 대해 겪는 강렬하고 유쾌한 정서적 경험을 말한다. 인간의 욕구에는 의식의 단계에 따라 세포의식, 개체의식, 사회의식, 역사의식, 절대의식 등 다섯 가지가 있는데, 기쁨은 바로 절대의식의 단계에서 느끼는 감정이며, 이를 넘어서면 희열(ecstasy)을 경험할 수 있다(전세일, 2003). 기쁨을 경험하면 땀이 분비되는 생리적인 작용과 함께 표정의 변화가 나타난다. 일례로 감성공학 연구자들이 98명의 대학생과 중고생을 대상으로 기쁨 또는 공포를 유발하는 자극을 제시하기 전과 후의 안면(이마, 눈앞, 콧등, 코끝, 뺨) 온도를 측정한 결과, 공포 자극을 제시한 조건에서는 콧등과 코끝의 온도가 낮아졌지만 기쁨 자극을 제시한 조건에서는 이마, 눈앞의 온도는 상승하고 코끝의 온도는 유의하게 낮아졌다(음영지·엄진섭·손진훈, 2012). 공포 또는 기쁨을 경험할 때 코의 온도가 낮아진 것은 각성 수준이 증가해 코 혈관의 혈류량이 감소함으로써 온도가 낮아졌기 때문이다.

행복을 가장 쉽게 측정할 수 있는 것은 미소이다. 미소는 '소리 없이 빙긋이 웃는 것'을 뜻한다. 웃음에는 눈둘레근이 수축되어 눈이 가늘어지고 눈 밑에 융기가 생기며 눈꼬리에 잔주름이 지는 '참 웃음'과 눈둘레근을 움직이지 않고 웃는 '거짓 웃음'이 있다(문국진, 2007). 참 웃음은 행복과 기쁨에 겨워 자연스럽게 우러나오는 웃음이지만 거짓 웃음은 건성 웃음, 만든 웃음과 같은 인위적이거나 겸연쩍은 웃음이다. 사진을 찍기 위해 짓는 웃음과 자신의 감정 상태를 내비치지 않기 위해 일부러 웃어 보이는 웃음도 거짓 웃음에 속한다.

표정 연구가들은 행복한 사람들이 실제 행복을 느끼며 짓는 미소와 예의상 웃는 것을 구분하려는 시도를 많이 했다. 그런 시도에서 처음 제안된 기준이 '뒤셴 미소(Duchenne Smile)'인데 이것은 처음 연구한 연구자의 이름을 따서 명명되었다(Kalat and Shiota, 2007). 뒤셴 미소는 행복이 가득한 나머지 진실성과 진정성이 있는 감정을 표출하면서 가장 자연스럽게 웃는 웃음이다. 따라서 뺨이 치켜져 올라가고 눈 주변의 주름과 입모양이 자연스러운 양태를 나타낸다. 여기에서 가장 중요한 점은 사람이 눈 주위의 근육들을 의도적으로 제어할 수 없기 때문에 뒤셴 미소와 넌뒤셴(non-duchenne) 미소는 차이가 날 수밖에 없는 것이다.

3) 희망과 낙관

행복은 희망적이고 낙관적인 경우 더욱 촉진되는 감정이라서 희망과 낙관이란 정서에 대한 탐구가 필요하다. 행복과 깊게 연관된 '희망(hope)'은 도전적인 상황에서 계획이 활발하게 산출되고 이것과 결합해 결과가 원하는 것으로 나오도록 촉진할 수 있는 강력한 동기 요인이며, '낙관성(optimism)'은 좋은 일이 일어날 것이라는 기대를 뜻한다. 미래에 대한 긍정적인 기대라는 점에서 희망은 심리학적으로 낙천주의, 낙관주의와 유사한 개념으로 사용되고 있으며, 희망, 낙관주의, 미래지향성은 미래에 대한 태도나 자세가 긍정적인 인지, 정서, 동기로 이루어진 것이라고 할 수 있다(김원, 2007). 심리 연구에서 희망은 종종 '기대(expectation)'와 같은 개념으로 여겨지는데, 이런 기대는 매개자(agency)로서 목표가 성취될 것이라는 단호한 결심, 경로(pathway)로서 목표에 도달하기 위한 성공적인 계획이 수립될 것이라는 믿음으로 나눠지기도 한다(Snyder, 2000).

희망과 낙관주의는 정서적으로 여러 가지 긍정적인 효과를 발휘한다. 불안이나 우울증을 예방해주고 몸의 건강도 유지시켜주며 인간관계도 매끄럽게 해준다(Bucahnan and Seligman, 1995). 특히 낙관적인 정서가 짙은 사람은 문제의 해결에 더욱 적극적이며 집중력이 높은 데다 기다릴 줄 아는 여유를 갖고 있으며 양심적인 성향을 나타낸다(Scheier et al., 1986). 희망과 낙관의 정서를 가진 상태에서 표면적으로 얼굴에 쉽게 나타나는 '웃음'은 행복한 상태의 표현이지만 의사소통의 한 방법으로서 대부분 사회적 상황에서 발생해 특유한 공감 및 전염 효과를 나타낸다(Provine, 2000). 같은 정서에서 쉽게 표출되는 유머는 대인관계와 같은 사회적 관계를 부드럽게 해주고 공포심을 덜어주는 역할을 하는데(Lefcourt, 2001; 2002), 인체의 건강을 더욱 좋게 한다는 과학적 증거는 미미하다(Martin, 1998; 2001).

긍정 및 부정 심리의 힘, '플라세보 효과'와 '노세보 효과'

행복은 긍정적인 마음을 갖는 것과 깊이 연관되어 있다. 긍정적인 생각과 정서가 실제로 예상하지 못한 좋은 효과를 나타내고 부정적인 생각과 정서가 예기치 못한 나쁜 효과를 초래하는 경우가 있기 때문이다. '플라세보 효과(Placebo Effect)'와 '노세보 효과(Nocebo Effect)'가 이런 원리를 잘 설명해준다.

'플라세보 효과'는 가짜 약을 먹었는데도 진짜 약을 먹은 것처럼 일정 정도 치유효과가 나타나는 심리적 현상을 말한다. 긍정적인 심리가 이끌어내는 긍정적인 효과를 나타낸 것이다. '위약효과(僞藥效果)'라고도 한다. 즉 약효가 전혀 없는 가짜 약을 진짜 약으로 가장시켜 환자에게 복용토록 했을 때 환자의 병세가 호전되는 효과를 말한다. 약물 작용과는 무관하게 질병 치료 효과를 본다는 점 때문에 의학계에서는 그동안 이 효과를 인정하지 않으려 했다. '플라세보(placebo)'는 '마음에 들도록 한다'라는 뜻의 라틴어로 '가짜 약'을 의미한다. 젖당, 녹말, 밀가루, 우유, 증류수, 생리적 식염수 등 약리학적으로 비활성인 약품을 첨가하여 정제 등으로 만들어 환자에게 투약할 경우 유익한 작용을 나타내는 경우가 많다.

현대인에게 심인성질환이 급증하면서 건강에 있어 몸과 마음의 조화가 무엇보다 중요하다는 공감대가 형성되고, 몸과 마음의 연결지대인 뇌의 역할이 크게 부각되면서 플라세보 효과에 대한 새로운 접근과 해석이 이뤄지고 있다. 플라세보 효과는 뇌과학의 관점에서 보면 일종의 '정보 요법(메시지 요법)'인데, 정보요법이란 뇌 속에 든 정보를 바꿈으로써 우리 몸의 자연치유력이 발동되어 몸이 스스로 병을 치료하고 건강하게 하는 원리를 말한다.

반대로 '노세보 효과'는 어떤 약이 효과가 있는데도 심리적으로 해롭다는 암시나 믿음이 있을 경우 실제로 약의 효과가 떨어지는 현상을 나타낸다. 부정적인 심리가 이끌어내는 부정적인 효과를 의미한다. 아무리 몸에 좋은 약이라도 환자가 믿지 못하면 약리작용이 제대로 나타나지 않아 소용이 없는 경우가 있다. '노세보(nocebo)'는 환자에게 실제로는 무해하지만 해롭다는 믿음 때문에 해로운 영향을 끼치는 물질을 가리킨다.

병원에서는 암 등 중증의 경우 오진의 우려가 있고 환자에게 병증을 너무 상세히 알려주면 노세보 효과가 작용할 수 있기 때문에 보호자와 협의해 통보에 신중을 기하는 경우가 많다. 실제로 암이 아닌데 의사가 암으로 오진해 알려줌으로써 환자가 암에 걸린 줄 알고 충격을 받아 사망한 사례도 있다.

2. 사랑

1) 사랑

배우들이 가장 많이 연기하는 감정은 아마도 사랑(love)일 것이다. 드라마, 영화 등에서 가장 많이 등장하는 소재나 주제도 사랑이다. 사랑은 인간의 본능에 가장 충실한 감정인데다 긍정을 지향하는 인간의 특성상 우리 삶을 가장 많이 지배하는 감정이기 때문이다. 사랑은 눈빛만으로도 정교하게 내비칠 수 있는 감정인데, '좋아하는 것(liking)'과는 조금 다르다. 어떤 대상을 사랑할 경우 여기에는 좋아하는 마음뿐만 아니라 걱정, 배려, 보살핌, 의존, 애착, 존중, 즐거움 등 여러 가지 감정과 정서가 복합되어 있기 때문이다(최현석, 2011). 따라서 사랑은 단일 감정이 아니다. 사랑은 종합적으로 정의해본다면 부모, 가족, 자녀, 연인, 친구 등의 친밀한 관계에서 경험되는 긍정적인 정서 가운데 하나로 고마움, 염려, 의존, 배려, 헌신, 믿음, 매력, 온정 등의 단일 정서들이 복합된 정서적 경험이라 할 수 있다(Kalat and Shiota, 2007). 스턴버그(Sternberg, 1986)의 '사랑의 삼각형 이론(Triangular Theory of Love)'에 따르면 사랑은 '친밀감(intimacy)', '열정(passion)', '결정과 개입(decision & commitment)'이란 세 가지 요소가 각각 균형을 이루며 충족될 때 완전한 상태(완전한 사랑)에 이른다(나은영, 2002). 친밀감은 서로 가깝다고 느끼며 의지하는 것, 열정은 심리적인 측면과 육체적인 측면에서 함께 있고 싶은 뜨거운 마음, 결정과 개입은 상대방을 지속적으로 사랑하기로 마음먹고 신뢰와 헌신을 바탕으로 상대방의 행동이나 생활에 관여하는 것을 말한다.

사랑에는 여러 가지 종류가 있으며 같은 마음이라도 상황에 따라 전혀 다른 의미로 해석될 수 있다. 친구, 연인, 부부, 부모와 자녀, 동료 간의 사랑이 각기 다른 느낌으로 존재한다. 또한 사랑은 개인이 속한 사회의 법과 상식의 잣대로 평가되어 '정상적 사랑'과 '일탈적 사랑'으로 나눠지기도 한다. 사랑은 기능적인 측면에서 '결혼'과 '재생산'이란 동기를 갖고 있으며 정서적인 측면에서 '헌신'과 '신뢰'를 바탕으로 하는 '친밀성'을 본질로 하고 있다. 고대에서는 '에로스(eros)'가 '남녀의 사랑' 및 '아름다운 것에 대한 사랑'을 뜻하는 말로 통용되었으나, 16세기 이후에는 '성적 매력'을 의미하는 것으로 그 어의가 축소되어 사용된다. '필리아(philia)'는 성적인 욕구가 수반되지 않는 사랑으로서 친구끼리의 우정, 동료애, 부모의 자녀에 대한 사랑, 인류애 등이 여기에 해당한다고 할 수 있다(최현석, 2011).

우리 속담에 '내리사랑은 있어도 치사랑은 없다'라는 말이 있다. '내리사랑'은 손윗사람이 손아랫사람을 사랑하는 것이고, '치사랑'은 손아랫사람이 손윗사람을 사랑하는 것을 뜻한다. 일상에서 보면 윗사람이 아랫사람을 위하는 마음이 있는 경우는 많지만, 아랫사람이 윗사람을 진정한 마음으로 모시거나 위하기는 쉽지 않다는 뜻이다. 이 말은 자식을 사랑하는 부모님의 마음은 그 깊이를 헤아릴 수 없으며, 그 어떤 로맨스보다 강력하고 위대하다는 것을 나타내는 뜻으로도 풀이된다. 그래서 어떤 이는 이러한 속뜻과 정의를 반영해 내리사랑을 '친애(親愛)', 치사랑을 '효애(孝愛)'라고도 표현한다.

2) 사랑의 행동유형

존 보울비(John Bowlby)는 관찰 연구를 통해 사랑의 행동 유형을 첫째, 부모 및 다른 양육자에 대한 애착으로서의 사랑, 둘째, 동정적 사랑과 돌봄 체계(caregiving)로서의 사랑, 셋째, 성적 욕망으로서의 사랑 등 세 가지로 구분했다(Bowlby, 1979). 이를 자세히 들여다보면 먼저 부모 및 다른 양육자에 대한 애착으로서의 사랑은 사람이 생의 초기, 즉 유아 시기부터 부모 또는 다른 양육자와 함께 있도록 동기화시키는 심리 체계가 구조화되는 것을 말한다. 이 경우 아이가 부모와 함께 있으면 즐거움을 느끼고 분리되면 슬픔이나 고통을 느끼게 된다. 즉 후손을 만들어 번식하는 본능을 가진 인간으로서 부모와 자녀처럼 피로 맺어진 직계의 관계에서 나타나는 천생적인 애착과 사랑을 의미한다.

둘째, 동정적 사랑과 돌봄 체계로서의 사랑은 부모가 자식이 어리고 독립적으로 생존하거나 삶을 지탱할 힘이 없을 때 더욱 그들을 보호하고 돌볼 수 있도록 동기화하는 것을 나타낸다. 인간이 갖는 생물학적 의무로서 헌신성이 돋보이는 사랑의 행동이다. 돌봄 체계에서 활성화되는 것은 동정과 연민과 같은 정서이다. '동정(sympathy)'이란 고통스러운 상황에 처한 사람에게 갖는 감정이입적인 슬픔, 주의 그리고 염려를 말한다. '연민(compassion)'은 타인의 안녕을 높이고자 하는 정서적 욕망이다.

마지막으로 성적 욕망으로서의 사랑은 인간이 재생산을 위해 파트너에게 성적인 관심을 촉진시키는 것을 말한다. 성적인 욕망이 커지면 교감신경계가 활성화되어 심장박동이 빨라지고 혈압이 상승하며 얼굴이 상기되고 근육이 경직된다(Masters and Johnson, 1966). 중추신경계의 물질인 도파민이 증가해 이성에게 성적인 어필을 하는 구애 행동을 촉진하고 노르에피네프린이 활성화되어 주의집중, 심장박동 촉진, 땀의 발산, 식욕감소, 기억력 상승 등의 신체 변화가 나타난다(최현석, 2011).

문화적 차이에도 각국의 사람들은 건강함, 외모상의 평균적 특징, 밝고 친절한 성격적 특징에서 공통적으로 성적인 사랑을 촉진하는 성적 매력을 얻는다고 보고되었다(Kalat and Shiota, 2007). 어떤 사람이 특정인을 좋아하게 되면 곧 그 대상에 대해 관심을 극대화하며 단점이나 허물은 과소 평가하고 장점이나 매력은 과대평가하는 현상이 나타난다(최현석, 2011). 이런 현상을 '핑크렌즈 효과(Pink Lens Effect)'라 한다. 그러나 그 사랑이 방해를 받을 경우 사랑의 열정 지수는 더욱 높아지게 되어 한층 더 적극적이고 집요한 행동을 하게 된다. 남성의 경우 시각적인 자극으로 인해 사랑의 감정이 더 많이 활성화되며, 여성의 경우 주의, 기억, 감정과 같은 요소가 사랑의 감정을 활성화하는 데 더 많이 기여한다. 보통 성적 자극과 반응도를 이야기할 때 남자들은 시각에 약하고, 여성들은 청각이나 정서에 약하다고 말하는 것은 이런 원리에서 비롯되었다고 할 수 있다.

파트너에 대한 사랑의 초기 단계는 '열정적인 사랑(passionate love)'이며 그 다음 단계는 관계의 확장과 지속으로 나타나는 '우애적인 사랑(companionate love)'이다(Diamond, 2004). 열정적인 사랑은 상대를 이상화하여 단점을 인지하지 못하는 대신 긍정적인 특징을 잘 인식하는 단계로서 타인에 대한 빈번한 생각, 함께 있고 싶은 욕망, 그리고 관심을 받으면 희열을 느끼는 것 등의 흥분적 경험을 의미한다. '우애적 사랑'은 파트너와의 인생이 하나로 통합되고 관계에 대한 헌신이 증가하면서 상호 돌봄과 보호, 그리고 안전을 강조하는 강한 애착이 형성된 것을 말한다. 열정적 사랑은 강렬한 정서적 느낌과 연관되고 우애적인 사랑은 더 큰 인생의 만족감과 결부되어 있는 경향성이 나타난다(Kalat and Shiota, 2007).

3) 상사병

남녀 관계에서 어느 일방이 원하는 사랑이 이루어지지 못하면 '상사병(相思病, lovesickness)'이란 마음의 병이 생길 수 있다. 상사병은 마음에 둔 사람을 몹시 그리워하는 데서 생기는 병이다. 상사병은 사실 정신질환의 범주는 아니며, 조증과 우울증이 교대로 반복되는 조울병과 유사한 측면이 있는 강박장애 가운데 하나이다(최현석, 2011). 상사병은 중국 송나라 말기, 강왕에게 부인을 빼앗긴 시종(하인)에게서 비롯되었다. 강왕이 시종의 부인을 빼앗아 동침을 하자 시종이 부인을 매일 그리워하다가 자살하는 일이 발생했다. 강왕은 이 사실을 알고 마음이 아파 시종의 부인이 죽은 후 시종 부부의 무덤가에 두 그루의 나무를 심어 주었다. 이후 두 그루의 나무가 서로를 그리워하듯 가지를 뻗어 다가선 모습을 보고 '상사수(相思樹)'라 칭하면서 상사병이란 명칭이 유래되었다.

당나라 때 시인 백낙천(白樂天)은 '장한가(長恨歌)'에서 부부 간의 사랑을 비유하는 표현으로 '비익연리(比翼連理)'를 사용했다. 이 말은 '비익조(比翼鳥)'와 '연리지(連理枝)'를 합친 것으로, 서로 사랑하는 남녀가 영원히 헤어지지 않기를 바라는 소망이 가득 담겨 있다. 비익조는 실제로 존재하지 않는 전설 속의 새로서 눈과 날개가 각각 하나뿐이라서 서로의 부족함을 채우듯 암수 한 쌍이 함께 합쳐져야만 양옆을 제대로 보면서 하늘을 날 수 있다. 연리지는 뿌리가 다른 나뭇가지가 서로 엉켜 마치 한 나무처럼 자라는 현상을 말한다. 배우 최지우와 조한선이 출연한 영화 〈연리지〉(2006)는 이 같은 스토리를 모티브로 삼아 창작해 젊은 남녀들의 사랑 이야기를 담았다.

4) 사랑과 성적 지향

사랑이란 감정과 연관된 성적 끌림, 행동, 정체성은 서로 일치하지 않을 수 있다. 사람은 완전히 동성애자이거나 이성애자일 필요는 없으며, 동성애와 이성애 모두를 다양한 정도로 느낄 수 있다. '성적 지향(sexual orientation)'이란 성적 정체성(sexual identity)을 말한다. '성적 정체성'이란 성적 이끌림에 대해 확립된 정체성을 의미한다. 즉 성(gender)과 성적 본능에 대한 생물학적 정체성을 말한다.

요컨대 성적 지향은 성행위에 대한 인간의 성적 욕망과 성적 행위, 이와 관련된 사회제도와 규범을 뜻하는 '섹슈얼리티(Sexuality)', 그리고 사회적인 측면에서 성에 대한 자각과 성적 역할의 인식을 의미하는 '성 정체성(gender identity)'과 구별되는 개념이다. 미국심리학회(American Psychological Association)는 "성적 지향은 생애주기의 연속선 위에 있기 때문에 인생 전체에 걸쳐 형성된다. 사람들은 자신이 이성애자, 양성애자 또는 동성애자임을 각자 다른 시기에 깨닫는다"라고 명시했다(Rosario et al., 2006).

성적 지향 가운데 '이성애(異性愛, heterosexuality)'는 이성, 즉 두 남녀 사이의 성적 이끌림을 일컫는다. 이성 간의 사랑 또는 이성에 대해 사랑을 말한다. 사람들 사이에서 가장 일반적이고 보편적인 성적 본능이다. '동성애(同性愛, homosexuality)'는 같은 성을 지닌 사람들 간의 감정적, 성적 끌림 혹은 성적 행위를 뜻한다. 그리스신화에서 제우스와 가니메데스의 유명한 에피소드는 고대 그리스나 로마의 전형적인 동성애 관계에 가까우며, 후대에 일종의 문화적 상징으로 자리 잡았다. '퀴어(queer)'는 원래 '이상한, 기분 나쁜, 기묘한' 등의 사전적 의미를 갖고 있는데, 사회에서 동성애자들을 이상하게 보는 시선을 빗대어 동성애자 스스로가 자신들을 '퀴어'라 부르면서 '동성연애자'라는 의미로 정착했다.

따라서 '퀴어시네마(queer cinema)'는 동성애자의 권익을 보호하거나 동성애를 주제로 다룬 영화를 뜻한다. 한국 사회에서는 동성애자란 뜻으로 '이반'이라는 단어를 쓰기도 한다. 동성애자 스스로 자신의 정체성을 긍정하기 위해 '일반인'인 이성애자에 대칭되는 개념으로 쓰기 시작했다. 세계적으로 동성결혼 합법화가 이슈가 되고 있는 가운데 우리나라에서는 2013년 9월 영화감독 김조광수 씨가 레인보우팩토리 대표 김승환 씨와 공개적으로 동성 결혼식을 올려 화제가 되었다.

'양성애(兩性愛, bisexuality)'는 남성과 여성을 향한 정서적 또는 성적 끌림 혹은 행동을 뜻한다. 한 성에 대해 배타적이지 않고 이성애와 동성애의 욕망을 동시에 지닌 경우를 말한다. '범성애(凡性愛, panexuality)'는 남성, 여성을 구분 짓지 않는 사랑을 말한다. 남녀 이원론의 입장에서 양성애로 분류되는 경우도 있지만 성별을 구분하는 양성애와는 전혀 다른 개념이다. 범성애를 양성애에 포함시키는 학자들은 이런 타입을 모든 성별을 향한 정서적, 성적 끌림이나 생물학적 성이나 성별과 상관없는 정서적, 성적 끌림으로 이해한다.

'무성애(無性愛, Asexuality)'는 동성과 이성 모두에게서 성적 끌림을 느끼지 않는 상태를 나타낸다. 이것은 발기부전 등 육체적 성 기능에 문제가 있다는 것을 의미하지 않으며, 성욕의 유무와도 관련이 없다. 무성애는 성욕이나 사랑을 느끼더라도 성적인 끌림을 전혀 느끼지 못하는 상태를 말한다. 무성애자 가운데 성욕이 존재하지만 성에 관한 모든 행위에 대해 필요성을 못 느끼는 부류를 '회색 무성애자(Gray-A)', 외모보다 감정적인 교류에서 성욕을 느끼는 유형을 '절반 무성애자(Demi-sexual)'라 한다.

3. 슬픔

1) 슬픔

배우는 자신이 맡은 배역이 극중 생이별이나 사이별, 좌절, 고통, 억울함을 겪었을 때 눈물을 흘리며 연기를 하게 된다. 각 배역에게 주어진 슬픔과 눈물의 종류 및 깊이는 시대, 상황, 배역에 따라 각기 다를 수 있다. 따라서 이런 정서를 정확히 연기하려면 슬픔(sadness)의 본질을 이해하고 충분히 연습을 해야 한다. 심리학적으로 '슬픔'은 무엇을 빼앗기거나 잃어버린 것과 같은 상실감에 대한 정서적 반응이며 반드시 행복과 정반대의 개념은 아니다(Kalat and Shiota, 2007). 슬픔에 빠지면 마음이 위축되고 의욕이 급격히 떨어지며 자신을 사회에서 고립시키고 타인과 어울리지 못하게 한다. 슬픔의 원인은 스스로에게서보다 보통 외부에서 찾으며, 슬픔을 유발하는 상실의 대상은 사람, 물건, 지위, 가치 등 네 가지라 할 수 있다(최현석, 2011). 또한 슬픔의 원인은 스트레스, 고통, 질병 등과 밀접하게 관련되어 있다.

우리말에는 슬픔을 나타내는 어휘가 여러 가지가 있다. 그 가운데 '비애(悲哀)'는 '슬픔과 서러움'을 뜻한다. '비통(悲痛)'은 '몹시 슬퍼서 고통스러울 정도로 아픈 마음', '애통(哀慟)'은 '슬피 울부짖거나 슬프게 한탄함'을 의미한다. '애통(哀痛)'은 '슬퍼하고 가슴 아파함', '애절(哀切 또는 哀絶)'은 '몹시 애처롭고 슬픔'을 나타낸다.

슬픔에 잠기면 신체의 변화가 나타나는데, 보통 속눈썹이 올라가고 눈썹을 찌푸리며 입술 가장자리가 내려가고 턱은 높아져 주름이 잡힌다. 시선은 아래를 내려다보며 사람들과 눈을 마주치지 않으려는 경향을 나타낸다(Adams and Kleck, 2005). 아울러 행동적 신호로서 눈물을 흘리게 된다. 슬픈 눈매와 눈초리를 가장 잘 표현한 그림은 이탈리아의 화가 미켈란젤로 카라바조(Michelangelo da Caravaggio, 1573~1610)의 '그리스도의 매장'이다. 이 그림에는 슬픈 표정을 짓고 있는 사람들이 많이 등장하는데, 특히 마리아의 얼굴에 아들을 마지막으로 보내는 체념 어린 깊은 슬픔이 담겨 있다(문국진, 2007).

눈물은 심리적 표현이지만 다양한 사회적 상징과 메시지를 담고 있다. 눈물은 슬픔이나 괴로움의 표현이지만 도움을 요청(스스로의 괴로움)하거나 도움을 제공(타인에 대한 동정)하는 의미를 갖고 있다(Murube, Murube and Murube, 1999). 슬픔에 대한 문화적 차이도 심해 미국의 남자들이 한 달간 우는 횟수는 평균 1.9회, 여자들은 3.5회이지만, 중국의 남자들은 0.4회, 여자들은 1.4회에 지나지 않는다는 연구 보고가 있다(Becht and Vingerhoets, 2002). 슬픔의 사회적 의미는 자신이 고통을 겪고 있다는 것, 슬픔을 유발하는 상황에서 벗어나도록 개입을 하지 말라는 것, 어려움에 처한 자신을 도와달라는 것 등 세 가지로 분석된다(최현석, 2011). 심리학 계에서 슬픔은 두 가지 커뮤니케이션 신호적 기능, 즉 사회적 접촉을 줄이는 기능('슬픔=저를 내버려두세요' 가설)과 사회적 관심을 높이는 기능('슬픔=저를 도와주세요' 가설)을 한다고 여겨왔다. 슬픔을 '무간섭과 방관을 통한 자연적 회복'이나 '자아성찰의 기회'로 보는 이론과 슬픔을 공감이란 일체적 정서를 통해 '도움의 요청'으로 보는 이론이다.

2) 우울

'우울(憂鬱, depression)'은 심각한 슬픔을 느낄 충분하고도 분명한 이유 가 없음에도 장기간에 걸쳐 불행한 기분이 드는 것으로, 정서라기보다는 기분이나 감정으로 분류된다(Kalat and Shiota, 2007). 우울증은 평소 절망적 인 기분에 자주 사로잡히는 사람, 비관주의적인 사고에 빠지는 사람, 자 신의 존재가치를 지나치게 비하하는 사람에게서 많이 나타난다(오진탁, 2008). 우울한 기분이 들면 분위기 전환을 함으로써 그러한 느낌에서 벗 어나야 한다. 의사들은 우울함을 탈피하는 식이요법으로 생리활성 기능 을 하는 '세로토닌(serotonin)'이 들어 있는 초콜릿(한 조각), 사과, 바나나, 푸딩 음료, 우유, 달래 생즙 등을 먹을 것을 종종 권하기도 한다.

우울증은 보통 스트레스로 시작되는 상실증인데, 환자의 대부분이 부 정적 정서에 사로잡혀 불면, 식욕 감퇴, 피곤함, 성욕 감퇴, 생활 욕구 상실 등의 증상을 수반한다. 구체적으로 말하자면 보통 식욕, 성욕, 수면욕, 의욕 등 네 가지 욕구가 사라지고 생리적으로 불면증, 기억력 감퇴, 변비, 소화불량, 기력 저하 등의 증상이, 정신적으로 피해망상, 환각, 환청 등의 증상이 수반되는 경우가 많다(오진탁, 2008). 현대사회에서 이환율(罹患率, morbidity rate, 어떤 일정한 기간 내에 발생한 환자의 수를 인구당의 비율로 나타낸 것)이 가장 높은 질병으로 꼽힌다. 조사결과에 따르면 우울증으로 고생하는 사람이 전체 인구의 5~10%이고 그중에서도 3~5%는 치료를 요하는 심각한 수준에 처해 있으며, 우울증 환자 가운데 5~10%가 자살에 이르고 있다(공보금, 2004). 여성의 경우 전체 여성 가운데 10~25%, 남성의 경우 전체 남성 가운데 5~10%가 걸릴 정도로 흔한 증상이며, 우리나라에서는 전체 인구 가운데 3~5%가 우울증에 걸린 경험이 있는 것으로 조사되었다(최현석, 2011). 우울증은 과도한 슬픔이라기보다는 즐거움이 결핍된 심리 상태로 우울한 기분, 흥미나 쾌락의 상실 등이 진단 기준이 된다(최현석, 2011).

고대 그리스의 의학자 히포크라테스(Hippocrates)는 우울증의 기준에 대해 "슬픔이 지속될 경우 그때부터 우울증이다"라고 정의했지만 정신의학계에서는 '슬픔 등으로 인해 장기간 지속되는 기분 저하와 이에 수반되는 동기, 의욕 상실, 수면 부족 등 여러 가지 장애'를 우울증으로 규정하고 있다. 미국 심리학계에서는 우울증의 기준과 정의를 더욱 구체적으로 규정했는데, 이에 따르면 '질병 또는 장애로서의 우울, 즉 주요우울장애(Major Depression Disorder: MDD 또는 주우울증, Major Depression)는 일상생활을 방해할 정도로 심각한 우울에 빠진 상태로, 적어도 2주간 매일 대부분의 시간 동안 지속적으로 즐거움과 흥미, 그리고 생산적 활동을 상실하는 것'(American Psychiatric Association, 1994)이다.

우울증은 기후 및 평소 습관과 밀접하게 연관되어 있다. 지표면에 내리

쬐는 햇빛의 양, 즉 일조량이 많으면 우울한 기분을 타파시키는 세로토닌의 분비가 활성화되지만 한겨울처럼 일조량이 적으면 그것의 분비가 감소해 우울증이 더욱 촉진된다(오진탁, 2008). 연예인의 자살이 유독 12~2월 사이에 많았다는 점도 이런 원리와 무관치 않은 것으로 보인다. 평소 습관 가운데 우울증과 연관된 행동은 '반추(反芻, rumination)'이다. 반추는 우울을 유도하기 때문에 우울증을 방지하려면 반추를 하지 않도록 가르쳐야 한다(Morrow and Nolen-Hoeksema, 1990). 원래 반추란 '되새김질'과 같은 말로 '소, 염소, 사슴, 기린 등 위를 서너 개 가진 초식성 포유류가 한번 삼킨 먹이를 위에서 다시 게워내어 씹는 것(chewing the cud)'을 뜻하는데, 이런 행동이 인간 세계에 적용되어 '어떤 일을 되풀이하여 음미하거나 생각하는 것'으로 어의가 확대되어 쓰이고 있다.

우울증에 영향을 미치는 경제 및 사회적 요인은 남녀의 구분 없이 교육 수준, 결혼 상태 및 배우자와의 관계, 직장 및 노동시장에서의 지위 변화, 소득 및 생계 수준, 건강과 심리적 만족도, 가족 및 사회관계 등에서의 만족도이다. 이런 여러 가지 요소의 수준이나 만족도가 높으면 우울증에 잘 걸리지 않지만 그 반대의 경우는 우울증을 많이 경험하게 된다. 남녀로 구분해 살펴볼 경우 우울증은 남성들보다 여성들에게 더 많이 나타나는 경향이 있다. 여성의 경우 출산과 생리, 갱년기에 따른 신체적 변화 과정에서는 물론 결혼과 출산을 하면서 일터에서 퇴출을 당하는 사회구조와 자녀의 출산과 양육, 가사 전담 과정에서 다양한 스트레스를 경험하기 때문이다(박재규 · 이정림, 2011).

또한 여성들의 경우 이혼, 별거, 배우자 사망을 경험할 때 상실감과 허탈감, 경제적 빈곤에 대한 우려 등으로 우울증이 유지되거나 심화될 가능성이 높다. 연구 결과에서는 배우자인 남성과 별거 중인 여성들이 동거 중인 여성보다 우울증이 지속될 확률이 5배 이상 높고, 우울증이 깊어질 확률이 1.5배 이상 높은 것으로 분석되었다(박재규·이정림, 2011). 여성의 경우 결혼을 앞두고 혼란과 불안감을 넘어 우울증을 겪는 경우가 허다하다. 배우 이연희, 김효진, 옥택연 등이 출연한 영화 〈결혼전야〉(2013)에는 각기 다른 상황에 처한 네 커플이 등장하는데, 결혼을 앞둔 20대의 여성이 겪는 우울증과 불안을 잘 표현했다. 이렇게 결혼 전에 겪는 우울증을 '메리지 블루(marriage blue)'라고 칭한다.

그러나 심리적 측면에서 보다 근본적으로 접근하면 여성들이 반추를 잘하기 때문에 더 우울증에 취약하다는 견해도 많다. 연구 결과, 남성들은 과거의 일이나 사건에 대해 반추를 덜하고 더 높은 성취감을 가지지만, 여성들은 과도하게 옛일을 반추하고 더 낮은 성취감을 나타내기 때문에 우울증에 더 취약성을 나타낸 것으로 분석되었다(Kalat and Shiota, 2007).

배우들의 경우 다른 사람들보다 정서가 풍부해 가변적인 기분에 따라 쉽게 우울증을 경험한다. 우울한 캐릭터를 지닌 배역을 맡게 되면 자신도 모르게 그 배역의 캐릭터에 동화되어 우울증에 빠지는 경우가 허다하다. 자신이 처한 상황이 불행하거나 외로운 상태에서 이런 배역을 맡게 되면 자살 충동을 느끼는 단계까지 이르게 된다. 아울러 연출자나 관객 또는 시청자로부터 연기를 잘 못한다는 평가를 들으면 강박관념에 사로잡혀 자신을 질책하면서 우울증에 빠지는 경우도 있다. 물의를 일으켜 네티즌 등 수용자들로부터 사회적 비난을 받거나 증권가 정보지(일명 '찌라시') 등에 의해 유포된 좋지 않은 헛소문으로 주변의 수군거림을 목격할 때도 마찬가지이다.

요컨대, 배우 등 연예인들에게 유독 자살이 많은 이유는 심리적인 면에서 일반인들과 달리 민감하고 풍부한 정서를 갖고 있는 점과 인기에 의해 운명이 좌우되는 불안정한 직업적인 특징 때문이다. 연예인의 자살 원인도 세 가지로 분류할 수 있는데, 첫째, 인기에 대한 과도한 집착과 인기

하락에 대한 불안, 둘째, 환호하는 대중 속의 고독, 셋째, 네티즌들의 악성댓글에 대한 충격과 스트레스이다(오진탁, 2008). 여기에 덧붙여 연예인의 신변이나 사생활에 대한 언론의 과도한 보도나 네티즌들의 악성댓글에 대한 무분별한 인용보도도 중요한 원인으로 지적된다. 소셜 미디어를 통해 실시간으로 전파되는 악성루머는 말할 것도 없다.

정신의학의 관점에서 배우 등 연예인의 자살은 '베르테르 효과(Werther Effect)'를 유발한다는 점에서 다른 분야의 유명인의 자살보다 더욱 심각한 사회문제로 인식되고 있다. 베르테르 효과는 유명인의 자살 소식을 접한 일반인이 그 사람과 자신을 동일시해 유행처럼 스스로 목숨을 끊는 자살의 전염 현상을 뜻한다. 유럽의 젊은이들이 괴테의 소설 『젊은 베르테르의 슬픔』(1774)에서 주인공 베르테르가 연인 로테에게 실연당한 뒤 권총으로 자살하는 내용을 접하고 이를 모방해 권총으로 자살하는 것이 유행처럼 퍼져나간 데서 붙여진 이름이다.

연기파 배우로 모성애가 짙은 어머니 이미지를 갖고 있는 김해숙은 "영화 〈깡철이〉에 출연하여 깡철이(유아인 역)의 엄마인 치매 환자 순이를 연기하면서 배역에 몰입되어 극심한 우울증을 겪었다"고 고백했다(이소담, 2013). 영화와 드라마, 그리고 광고계를 종횡무진하며 톱스타로서 한 시대를 풍미했던 배우 최진실은 MBC 드라마 〈내 생애 마지막 스캔들〉을 촬영한 뒤인 2008년 10월에 악성루머, 악성댓글 등으로 인한 우울증으로 자살해 충격을 던져주었다. 배우 이은주는 MBC 드라마 〈불새〉(2004), 영화 〈안녕! 유에프오〉(2004), 〈태극기 휘날리며〉(2004), 〈주홍글씨〉(2004) 등에 출연해 부드럽고 섬세한 감수성을 선보이면서 촉망을 받았지만 2005년 2월 개인적 문제 등으로 인한 스트레스성 우울증으로 자살해 안타까움을 더했다. 그의 나이는 불과 25세였다. 이은주의 죽음으로 베르테르 효과가 나타나 당시에 적지 않은 젊은이들이 모방 자살을 하는 등 큰 파장을 불러일으켰다.

2010년 6월에는 KBS 〈겨울연가〉 등에 출연해 많은 일본 여성 팬들을 설레게 한 '한류 스타' 배우 박용하가 자살했다. 이에 앞서 2007년 1월에는 평소 밝은 성격이었던 가수 유니가 음반 발매를 앞둔 심리적 압박감 등이 원인이 되어 26세를 일기로 스스로 목숨을 끊었다. 이어 바로 20일 후인 2007년 2월 MBC 시트콤 〈논스톱 3〉와 〈옥탑방 고양이〉를 통해 스타덤에 오른 배우 정다빈이 인기의 등락을 거치면서 얻게 된 스트레스와 우울증에 시달리다가 27세의 나이로 자살을 선택했다. 성형수술 논란, 이전 소속사와의 계약분쟁에 따른 스트레스와 우울증이 원인이 되었을 것으로 추정된다. 홍콩 영화의 전성기를 이끌었던 유명 배우 장궈룽(張國榮)도 2003년 4월 우울증을 겪다가 건물 고층에서 투신자살 함으로써 배우의 생을 마감했다.

슬픔이나 우울을 방지하려면 일단 나쁜 일이 생기지 않도록 하거나 그런 일을 피해야 한다. 또한 과거에 일어났던 부정적인 사건들을 재해석해 부드럽게 정리하거나 떨쳐내야 한다. 규칙적인 수면과 유산소 운동도 슬픔과 우울증 감소 및 방지에 도움이 된다는 것은 의학 상식이 된지 오래다. 자살을 예방하려면 생명에 대한 소중함과 외경심(畏敬心)을 올바로 인식하고 자아에 대한 존중 의식을 확립하는 것이 필요하다. 인간은 영혼의 성숙을 위해 태어났고 자살이 아니라 인간답게 죽을 권리가 있으며, 자살한다고 문제가 해결되지 않으며, 남은 사람에게 더할 수 없는 고통을 안겨다 준다는 사실을 인식해야 한다(오진탁, 2008).

4. 분노

1) 분노의 본질과 행동적 특징

'분노(憤怒 또는 忿怒; anger)'란 말은 사전적으로 '분개하여 몹시 성을 내는 것'을 뜻한다. 연기예술 분야에서 배역과 상황에 맞는 분노의 표현은 관객 등 수용자들에게 깊은 공감을 불러일으킨다. 바로 공분(公憤)의 효과이다. 영화 〈도가니〉(2011)가 흥행에 성공을 거두고 〈오로라 공주〉(2005), 〈부러진 화살〉(2011), 〈돈 크라이 마미〉(2012), 〈소원〉(2013) 등이 사회적 관심을 끈 것도 바로 이런 효과 때문이다. 이런 작품의 바탕에 깔린 분노는 누군가로부터 상처를 받았을 때 나타나는 정서적 반응으로 자율성, 즉 개인의 권리가 침해된 경우에 발생한다. 분노란 한자어에서 '노(怒)'는 '노예(奴)의 마음(心)'이라 풀이된다. 계급사회에서 핍박을 받던 노예의 신분을 고려할 때 분노가 어떤 마음일지 짐작이 간다.

분노는 근심, 괴로움, 억압, 부당, 고통으로 인한 감정 상태를 의미한다. 따라서 분노는 개인의 특유한 감정으로 어떤 다른 사람에게 상처나 해를 입히거나 그 사람을 몰아내려는 욕구와 관련된 정서를 말하는데, 많은 연구자는 분노의 원인으로 책임과 불공정의 느낌이 중요하다고 강조했다(Kalat and Shiota, 2007). 많은 사례 연구에서 대부분의 사람들은 고의적으로 유발된 불쾌하고 불공정한 상황에서 분노를 경험했다(Scherer and Wallbott, 1994). 직장인을 대상으로 한 실험 결과 사람들이 느끼는 분노의 원인은 부당한 처우를 받을 때(44%), 타인의 부도덕한 행동을 목격했을 때(23%), 원활하지 않은 나의 업무의 진척(15%), 내가 존중받지 못하는 경우(11%)의 순으로 분석되었다(Fitness, 2000).

배우들이 표현하는 데 가장 쉬운 듯하면서도 실제로는 어려운 정서나 감정이 바로 분노이다. 사람은 분노가 끓어오르면 공격적이게 되고, 남에게 해를 끼치는 행동을 하게 된다. 아울러 눈을 부릅뜨고 눈썹을 이마의 중간을 향해서 아래로 향하게 하며 아래쪽 눈꺼풀은 눈의 안쪽 중앙을 향해 끌어올려지고 입술이 팽팽해지는 변화가 나타난다. 화가 몹시 나서 격노의 수준이 되면 눈썹 머리가 밑으로 내려가 눈썹이 곤두서고 위 눈꺼풀이 위로 올라가며 아래 눈꺼풀은 조여지고 입이 벌어지게 된다(문국진, 2007). 또한, 얼굴 외에도 목소리 톤이나 신체 자세가 변한다. 분노가 빈번해지면 심장혈관계 질환을 유발할 가능성이 높다. 자주 화를 내는 사람은 덜 내는 사람보다 심장마비에 걸릴 확률이 3배나 높다는 연구 결과가 미국 심장학회 학술지인 ≪서큘레이션(Circulation)≫(2000년 5월호)에 제시되었듯이 분노는 심장 질환을 유발하는 위험 요소인데다 두통, 복통, 관절 질환, 피로감, 만성적 허리 통증과 관련되어 있기도 하다(Tibbits, 2006). 사람이 분노를 느끼게 되면 '세로토닌'이란 물질 등이 복합적으로 작용해서 정서적으로 대상에게 위협을 주기 위한 '적대적 공격성(hostile aggression)'과 직접 제압을 하기 위해 물리적 약탈을 시도하는 '도구적 공격성(instru-mental aggression)'이 나타날 수 있다(최현석, 2011). 따라서 습관적으로 버럭 화를 잘 내는 정서구조를 갖고 있는 사람들을 안정시키거나 화병에 걸린 사람들을 치료하기 위해서는 극도의 분노나 잦은 분노를 피하도록 권고해야 한다.

그러나 인간사회에서 분노란 감정은 반드시 관계나 커뮤니케이션에 나쁜 영향만 미치는 것은 아니다. 분노는 개인의 한계와 요구를 알게 해주는 감정이기 때문에 적당한 분노의 표출은 사회적 관계나 상호작용을 향상시키는 순기능을 하기도 한다(Kassinove et al., 1997; Kalat and Shiota, 2007). 그래서 자신이 속한 단체나 조직에서 종종 적정한 정도의 분노를 표출함으로써 승진도 하고 지지나 권력을 얻을 수도 있다. 표출된 분노가 조직 구성원들로부터 타당성이 있다고 인정되는 경우이다. 국가나 기업, 또는 다른 사람과 협상을 할 때도 적절하게 분노를 표시하면 원하는 것보다 더 많이 얻을 수 있는 경우도 생긴다. 분노는 분노가 갖는 사회적 영향 때문에 다른 정서들보다 도드라지며 분노한 사람의 경우 그가 전혀 알지 못하는 사람에게도 피해를 입힐 수 있어 화를 내는 행위 자체가 폭력적 행동으로 치닫지 않도록 예방과 통제가 매우 중요하다(Kalat and Shiota, 2007).

분노란 감정은 누가 표출했는지 타인이 전혀 모르는 상황, 즉 익명성이 보장되면 더욱 활성화되는 특성을 지니고 있다. 우리 속담에 '없는 데선 나라님 욕도 한다'라는 말이 있듯이 남들이 없는 곳이나 알지 못하는 공간에서 분노가 더욱 활발하게 표출된다. 최현석(2011)은 분노라는 감정의 표출과 조절에서 익명성이 주는 효과와 관련된 사례로 다음과 같은 상황을 제시했다. 첫째, 운전하다가 갑자기 끼어들기를 할 경우 경험하는 '노상 격노(road rage)', 둘째, 납치범으로부터 얼굴을 가리지 않은 인질보다 천으로 얼굴을 가린 인질이 살해당할 확률이 더 높은 것, 셋째, 사형수의 얼굴을 가리는 것은 사형수보다 사형 집행자의 고통을 덜어주기 위한 것 등이다.

2) 분노의 억제와 화병

분노를 느끼는 상태에서 상대의 행동이 자신에게 직접적인 영향을 주지 않는다면 경멸이나 혐오의 단계에 머문다(Shweder et al., 1997). 아리스토텔레스는 『시학』에서 분노와 같은 부정적 감정을 표출 또는 배설해야 '감정의 정화', 즉 '카타르시스'를 얻을 수 있다고 했다. 따라서 분노의 해소는 파괴적인 분출이나 표출로 해결하기보다 분노의 원인을 제대로 규명해 건설적으로 문제를 해결하는 과정을 거쳐야만 치유될 수 있다(최현석, 2011). 한국인에게 특징적으로 나타나는 '화병'은 마음속에 화가 과다하게 쌓여 응어리진 일종의 스트레스 경험으로 우울증, 불안증 등과 유사해 만성화되는 특징이 있다.

분노가 나타나면 여유와 내려놓는 마음을 가져야 한다. 그러나 이런 방법으로 분노가 완화되거나 사라지지 않을 경우 무조건 이성으로 통제하기보다 적절한 표출과 발산이 필요하다. 그렇지 않으면 혈압이 상승하고 그것이 지속될 경우 심장병이 발생할 우려가 있다. 아울러 화가 쌓여 나타나는 울화병(鬱火病) 등의 합병증이 나타날 수 있다. 한의학에서는 화병을 '억울한 마음을 삭이지 못해 간의 생리 기능에 장애가 와서 머리와 옆구리가 아프고 가슴이 답답하면서 잠을 잘 자지 못하는 병'으로 풀이하며 '울화병'과 같은 말로 다루고 있다. 미국 정신의학회에서는 1996년 "화병은 한국인에게 특유하게 많은 분노증후군의 하나로 분노의 억제 때문에 발생한다"라고 규정하면서 한국말 그대로 'Hwa-Byung'을 공식 병명으로 등록했다. 영국의 옥스퍼드 영어 대사전을 비롯한 대부분의 영어사전에도 공식 어휘로 등재되어 있다.

한국적 정서에서 화병은 '한(恨)'과 깊게 연관되어 있다. 한은 화를 참아 화가 축적된 결과로서 자신을 향한 후회, 슬픔, 허무, 탄식 등과 타인을 향한 증오, 저주, 복수 등의 반응으로 나타난다(최현석, 2011). 한과 같은 극단적인 분노를 잘 나타낸 영화가 있다. 방은진 감독의 스릴러 영화 〈오로라 공주〉(2005)에서 정순정(엄정화)의 소중한 딸 민아는 어느 날 매일 데리러 오는 엄마가 그날따라 늦자 택시를 타고 집에 가다가 차비가 모자란다는 이유로 길바닥에 내버려져 참혹하게 살해된다. 이 사실을 안 정순정은 분노가 극에 달해 주변 사람들을 절규하듯 연쇄적으로 살해하며 원초적인 모성에 기인한 분노를 복수로 표출한다. 김용환 감독의 〈돈 크라이

마미〉(2012)는 남편과 이혼하고 새 출발을 준비하고 있던 유림(유선)이 막 여고생이 된 하나뿐인 딸 은아(남보라)가 같은 학교 선배 남학생들에 의해 끔찍한 집단 성폭행을 당하고 또 연이은 괴롭힘으로 2차 피해에 시달리지만 사법기관의 대응과 처벌이 극히 미약하자 분노가 극에 치달아 직접 응징에 나서는 감정의 극단을 그리고 있다.

5. 혐오와 경멸

1) 혐오

혐오(嫌惡 또는 嫌忤, disgust)는 우리나라 배우가 참으로 표현하기 쉽지 않은 감정이다. 사람에 따라 이를 표현하는 편차가 크기 때문에 받아들이는 사람의 입장에서도 그것이 진정 혐오스러움의 표현인지 그냥 싫거나 기분 나쁜 느낌을 표현하는 것인지 정확히 가늠하기 어렵다. 영어권 국가에서는 'Disgusting!(역겨워!)'라는 말을 자주 쓰기 때문에 좀 더 자연스러울 수 있다. 혐오에 대한 심리학적 정의는 '기분이 나쁜 물체나 대상을 입에 넣었거나 입에 닿을지도 모르는 순간에 경험하는 극도의 불쾌감'이다(Rozin and Fallon, 1987). 즉, 청결함이나 고결함에 대해 자신이 갖고 있는 신성성이 침해된 경우에 나타나는 정서적 반응이다(Kalat and Shiota, 2007).

혐오는 소화작용이 거꾸로 되어 토할 것 같은 메스꺼운 느낌이라 할 수 있다(최현석, 2011). 다시 말해 싫어하다 못해 미움마저 드는 역겨운 감정이다. 혐오감을 유발하는 것은 맛, 냄새, 촉감, 소리, 광경(시각) 등과 같은 감각이다(문국진, 2007). 그러나 사람의 행위와 특정한 관념에 대해서도 혐오의 감정이 표출된다. '혐오'와 '역겨움'은 보통 같은 말로 취급되지만 좀 더 정확히 고찰해보면 사용되는 상황은 조금 다르다. '역겨움'은 주로 자기가 직접적으로 메스꺼움을 느끼는 상황에서 사용되며, '혐오'는 조금 거리를 유지한 채 싫어하는 의사표현을 할 때 많이 사용된다(최현석, 2011).

혐오는 불쾌감을 주는 것에 대한 정서적 반응이기 때문에 불결한 무엇인가가 나의 몸속으로 들어오거나 부도덕하고 비윤리적인 정서가 나의 정신세계에 침투해 신성함을 침해하거나 감소시키는 경우 쉽게 경험하게 된다. 따라서 혐오는 어떤 대상을 멀리하고자 하거나 어떤 대상과 접촉하는 것을 거부하고 이를 맛보는 것조차 물리치는 강력한 의지와 욕구를 수반한다. 혐오의 반응은 무언가를 입 밖으로 내뱉고 싶은 것처럼 입을 살짝 벌리고 있거나 혀를 내미는 표정으로 나타난다(Kalat and Shiota, 2007). 혐오하는 장면을 연기한다면 이런 얼굴 표정과 입 모양의 특징을 정확히 이해해야 한다. 혐오는 대상과 떨어지도록 동기를 부여한다는 점에서 분노와 유사한 특징을 지니고 있다.

2) 경멸

경멸(輕蔑, contempt)이란 말은 사전적으로 '깔보아 업신여긴다'는 뜻이다. 심리적으로는 법, 규칙, 도덕, 윤리, 상식 등 공동체에서 정한 기준을 위반한 경우에 발생하는 정서적 반응으로 해석된다. 경멸은 혐오와 관계있으나 범주가 다른 감정이다. 혐오란 감정은 사람의 행위, 맛, 냄새, 촉감에 의해서도 일어나지만 경멸은 사람의 행위에 의해서만 일어날 뿐 감각이나 촉감에 의해 일어나지 않는다는 차이점이 있다. 경멸은 어떤 대상의 행위를 하찮게 여기거나 깔보는 심리가 내포되어 있기 때문에 자신이 그 대상보다 우월하다는 것을 드러내는 정서라 할 수 있다(문국진, 2007). 경멸의 반응은 윗입술의 한쪽만을 들어 올리거나 얼굴의 한쪽 면만 이용해 표정을 짓는 모습으로 나타난다(Kalat and Shiota, 2007).

경멸이란 정서가 잘 표현된 영화는 브리짓 바르도(Brigitte Bardot)가 출연한 프랑스 영화 〈경멸(Contempt)〉(1963)과 히로키 류이치(廣木隆一) 감독의 일본 영화 〈경멸: 에고이스트〉(2011)이다. 전자는 호메로스의 「오디세이」를 현대적으로 각색한 것으로 애정이 없는 결혼 생활로 인해 남편을 경멸하는 여인 까미유의 이야기를 다루고 있다. 이 영화에서 까미유가 예술가인 남편을 경멸하는 이유는 남편의 바람기보다 남편에 대한 존경심 상실 때문이다. 후자는 할 일 없이 지내는 청년 카즈와 스트립걸 출신의 애인 마치코의 사랑 행각에서 나타나는 다양한 감정과 가족들을 둘러싸고 벌어지는 복잡한 일들을 다루고 있다.

6. 공포

1) 공포

'공포(恐怖, fear)'는 우리나라에서 많이 제작되는 스릴러 영화나 호러 영화에 자주 등장한다는 점에서 우리나라 배우나 관객들에게 매우 익숙한 감정이다. 여름철 납량특집으로 제작된 드라마나 여름방학을 맞은 청소년들을 겨냥한 〈여고괴담〉류의 호러 영화에는 반드시 잔혹한 공포의 대상이 있고, 그 대상에 의해 심리적으로 압도당해 패닉 상태에 처하게 되는 희생양이 나온다. 영화 〈악마를 보았다〉(2010), 〈케이프 피어(Cape Fear)〉(1991)와 같은 스릴러물에서는 극악무도한 범죄자가 어린아이나 여성을 타깃으로 삼아 인간으로서 경험해서는 안 되는 단계의 위협과 공포를 강요하는 장면이 많이 그려진다.

'두려움'이라 풀이되는 공포는 위험에 대한 반응으로, 불확실한 상황에서 야기되는 정서이다(Mauro, Sato and Tucker, 1992). 공포라는 감정은 타고나는 것이지만 두려움을 느끼는 대상은 대부분 경험에 의해 학습된다(최현석, 2011). 공포는 자신이나 자신이 사랑하는 사람이 위험하다고 느꼈을 때 나타나는 반응으로서 공포를 야기한 위험이 사라지면 재빨리 완화된다(Kalat and Shiota, 2007). 공포는 '불안'과 유사한 정서적 경험으로서 위험이나 무서움을 느끼거나 위협을 받는 것을 말한다. 영화 〈헨젤과 그레텔〉(2002)과 같은 오래된 이야기들은 숲 속에서 길을 잃은 어린이들의 공포를 잘 묘사한다(Kalat and Shiota, 2007). 우리나라 영화 〈여고괴담〉 시리즈와 KBS 드라마 〈전설의 고향〉 시리즈는 귀신이 주는 공포를 소재로 하고 있다.

공포는 앞에서 설명한 대로 사례나 경험을 통해 학습되는 경우가 많으며, 대상 자체에 대한 반응 때문이 아니라 전체적인 상황에 의해서 비롯된다. 따라서 공포를 느끼는 대상은 문화적으로도 큰 차이가 있을 수 있다. 어린 시절부터 구전과 체험에 의한 학습효과 때문에 우리나라는 귀신, 도깨비 등에 대해 공포심을 더 느낀다면 서양에서는 흡혈귀나 좀비, 마녀 등에 대해 더 공포심을 느낄 수 있다. 남북 대치의 상황에 따라 잦은 무력 도발의 경험으로 인해 우리나라 사람들은 '간첩'에 대한 특별한 공포심을 갖고 있지만 미국이나 일본 사람들은 단순한 '스파이'로 인식할 것이다. 문화권을 막론하고 숲 속을 지나가는 여행자나 행인을 위협하는 살인마, 한밤중에 침입하는 맹수, '13일의 금요일' 밤에 나타나는 괴한 등은 일상 사건의 스토리와 영화 등에서의 경험을 통해 형성된 공통적인 공포의 대상이라 할 수 있다.

사람이 공포를 느끼게 되면 교감신경계가 활발히 움직여 아드레날린이 급속히 증가하고 감각기관과 근육의 혈류가 증가하는 대신 소화기관의 혈류는 감소하며 의식적인 감각 경험인 지각능력이 감소한다(최현석, 2011). 신체적으로는 심장박동과 호흡이 빨라지고 땀을 흘리거나 벌벌 떨거나 도망치는 반응이 나타난다. 심할 경우 몸이 얼어붙은 것처럼 움직이지 못하는 '동결반응(freezing reaction)'이 나타난다. 이 동결반응은 배우가 공포심을 연기할 때 반드시 동작으로 표현해야 리얼리티가 확보된다. 공포를 느끼면 동결반응에 이어 얼굴이 상기되어 붉어지며 눈의 동공이 커지는 등의 변화가 나타난다. 입술 가장자리가 아래쪽으로 수축하고 아래턱의 피부는 아래와 옆쪽으로 내려가며 극단의 공포에서는 얼굴이 빨간색으로 변한다. 눈썹이 올라가고 동공이 넓어지는 반응은 놀람과 공포가 유사하지만 눈썹이 수축되고 아래턱이 움직이는 것은 공포를 경험한 얼굴에서만 나타난다(Kalat and Shiota, 2007). 실험 결과 공포를 경험하면 피부전도 수준, 피부전도 반응수, 심박률, 호흡 주기 관련 심박률, 호흡수, 심박률 분산의 고주파수 성분에서 유의하게 증가하지만 혐오를 경험하면 피부전도 수준은 감소하고 피부전도 반응의 수는 증가한다(장은혜·우태제·손진훈, 2007).

배우 감우성이 출연한 영화 〈알 포인트〉(2004)는 베트남에 파병된 우리나라 병사가 특정 지역에서 경험한 무서운 전투의 기억을 소재로 다루고 있다. 등장인물들이 연기한 공포의 표현이 매우 돋보이는 작품이다. 13일의 금요일을 '공포를 느낄법한 꺼림칙한 날'이나 '기분 나쁜 날'의 상징으로 만들어낸 마커스 니스펠(Marcus Nispel) 감독의 영화 〈13일의 금요일(Friday The 13th)〉(2009)은 크리스털 호수 캠프장에 내려오는 음산한 전설(20여 년 전 캠프 요원의 부주의로 한 아이가 익사한 후 그의 엄마가 아들의 복수를 위해 살인을 저지른다는 이야기)이 실제로 재현되는 것에 대한 공포를 다루고 있다. 아리엘 슐만(Ariel Schulman)과 헨리 유스트(Henry Joost) 감독의 〈파라노말 액티비티 4(Paranormal Activity 4)〉(2012)는 옆집이 이사온 뒤로 사람과 현상을 통해 겪는 섬뜩한 공포를 그리고 있다. 스티븐 스필버그(Steven Spielberg)의 〈죠스(Jaws)〉(1975)가 뉴잉글랜드의 작은 해안 피서지 아미티(Amity)에 갑자기 출몰해 사람들을 잡아먹는 상어에 대한 공포를 그렸다면, 존 걸레거(John Gulager) 감독의 〈피라냐(Piranha)〉(2011)는 빅토리아 호수에서 더 잔인한 변종의 모습으로 깨어난 이빨이 있는 열대성 식인 물고기 피라냐가 여름 피서 철을 맞아 막 개장한 워터파크에 들이닥쳐 사람들을 해치는 공포를 그리고 있다.

2) 공포와 불안에서 야기된 공포증

공포와 불안에서 야기된 장애는 어린 시절 경험에 의한 학습 효과와 성향적 요인에 기인한다. 거미, 뱀, 쐐기, 벌 등에 대한 공포는 어린 시절 이들 동물에게 피해를 입은 경험에서 비롯되며 화재, 홍수, 물에 대한 두려움, 자동차 사고 등에 대한 두려움도 마찬가지다. 성향적 요인은 가족력과 유전적 요인에서 비롯된 것을 말한다. 일란성 쌍둥이의 경우 유사한 장애를 경험할 확률이 높다(Kendler et al., 2001). 짧은 형태의 유전자를 가진 사람들이 긴 형태의 유전자를 가진 사람보다 다양한 형태의 불안 장애를 발현시킬 가능성이 높다는 연구도 제시되었다(Kalat and Shiota, 2007).

'공포증(phobia)'은 일상생활을 방해할 정도로 나타나는 극도의 공포 체감 상황을 말한다. 공포증에는 특정공포증, 광장공포증, 폐소공포증, 사회공포증, 대인공포증, 고소공포증 등이 있다.

'특정공포증(specific phobia)'은 사람이 특정 대상이나 물건 또는 상황을 극히 두려워하는 공포증을 말한다. '계단 공포증'(아테네의 연설가 데모스테너스), '고양이 공포증'(영국의 문호 셰익스피어), '말(馬) 공포증'(미국의 전 대통령 조지 부시), '세균 공포증'(미국의 팝가수 마이클 잭슨), '개 공포증'(앙겔라

메르켈 독일 총리, 어릴 때 개한테 물린 후 이런 증상이 생겼다고 한다) 등 역사적으로 명사들 가운데에는 특정한 대상에 공포증을 가진 인물이 많았다(최현석, 2011).

'광장공포증(Agora-phobia)'은 '사람들로 운집한 광장, 대형 백화점, 야구 및 축구 경기장, 역 앞과 같은 넓은 장소나 급히 빠져나갈 수 없는 장소에 혼자 가는 것이 두려워서 이런 곳을 병적으로 피하는 증상'을 말한다. 19세기 독일의 신경학자 베스트팔(C. Westphal)이 1871년에 처음으로 소개한 상황공포(狀況恐怖)로, 강박신경증의 한 가지이다. 이 증상이 있는 사람들은 낯선 거리나 사람들이 밀집한 백화점이나 광장 또는 공공장소 등에 혼자서 나가게 되면 심한 공포감을 느끼며, 갑자기 식은땀이 흐르고 현기증이 나며, 가슴이 두근거리거나 심장이 크게 뛰는 등의 급성불안 발작이 나타난다. 치료에는 신경안정제를 병용한 정신요법이 가장 효과적이다. 여기서 말하는 '광장'은 꼭 아주 넓은 장소만 의미하는 것은 아니며, 반대로 터널 안이나 전차 안 등 좁고 폐쇄된 장소도 포함된다. 이러한 증상인 '폐소공포증(Claustro-phobia)'은 '좁은 방이나 거실, 사무실 공간 등 밀폐되고 비좁은 공간을 두려워하는 증상'을 말한다. 2011년 숨진 무아마르 카다피 리비아(Muammar Gaddafi) 국가원수는 폐소공포증이 심해 외국에 나갈 때 좁은 호텔 방보다 베두인족의 천막 같은 넓은 곳에서 지내기를 더 좋아했다고 한다. 따라서 이러한 '폐소공포증'을 광장공포증에 포함시키기도 한다.

'사회공포증(Social Phobia)'은 '다른 사람들 앞이나 군중 앞에 나서는 것을 부끄러워하고 불안이 심해 사회 활동이 어려운 증상'을 뜻한다. 사회공포증의 범주에 속하는 '대인공포증(Anthro-phobia)'은 '사람들을 만나는 것을 두려워하는 것'을 말한다. 배우, 가수 등의 연기예술인들이 TV 앞에 서는 것을 두려워하거나 무대 위에서 공연 중 대사나 가사를 틀릴까봐 두려워하는 '무대공포증(stage fright)'도 사회공포증에 속한다(최현석, 2011). 특히 광장공포증이나 사회공포증은 자존감이 낮은 사람에게서 잘 생기는 경향이 있다.

배우들은 공연이나 촬영을 앞두고 심각한 불안증을 겪는데 이것이 '무대불안증'이며, 좀 더 심각해져 심리적으로 공포를 경험하는 것이 '무대공포증'이다. 우리나라 배우 176명을 대상으로 조사한 결과 대부분 무대불안과 공포증을 경험했는데, 전체의 77.3%가 약간 높은 수준의 무대불안과 공포를, 22.7%는 심각한 수준의 무대불안과 공포를 느끼는 것으로 나타났다(김종구, 1998). 불안과 공포의 심리는 심박수의 변화로도 나타난다. 대학로에서 5명의 배우를 대상으로 측정 실험을 한 결과 평상시 71.8회였던 평균 심박수는 공연 1시간 전 77.8회, 40분 전 82.4회, 20분 전 95.0회, 10분 전 103.0회, 5분 전 112.2회로 급격히 높아졌다가 공연이 끝난 직후 79.0회로 낮아졌다(홍길동 외, 2008)

스릴러 영화의 거장으로 불리는 영국의 알프레드 히치콕(Alfred Hitchcock) 감독은 1950년 배우들의 무대공포증을 극에 비유한 범죄 스릴러 영화 〈무대공포증(Stage Fright)〉을 제작했다. 이 영화는 착하고 헌신적인 여인 이브(제인 와이먼)가 공연 연습을 하고 있는데, 남자친구 조나단 쿠퍼(리처드 토드)가 경찰에 쫓기는 신세가 되어 찾아와서 도와달라 부탁하는 것으로 시작된다. 이브는 조나단 쿠퍼의 누명을 벗겨 주기 위해 하녀로 위장하고 경찰에 접근해 정보를 캐내는데, 이처럼 자신이 벌려 놓은 연극(무대)에서 스스로를 위기로 떠미는 불안과 긴장감을 유발시킨다.

대인공포증 증상이 있는 사람은 대인관계에 대한 두려움이 생겨 자기존재가 스스로 무의미하다고 생각하면서 남과 얼굴을 마주하거나 접촉하는 데 대해 심한 불안감이나 긴장감을 느낀다. 아동기에는 드물지만 청년기, 특히 중학교에서 고등학교 학창 시절에 많이 나타난다. 적면공포증

(赤面恐怖症, Erythro-phobia)이나 정시공포증(正視恐怖症)도 대인공포증에 포함된다. '적면공포증'은 자기 가족 이외의 사람들 혹은 많은 사람 앞에 나갈 때나, 특정한 인물과 만날 때 얼굴빛이 붉어지는 것을 고민하는 신경증이다. 대인공포증은 자아 발달과 관계가 깊다. 열등감이나 강박의식에 기인하는 경우가 많으므로 신경증을 완화시키고 자연스럽게 사람을 대할 수 있도록 전문적인 조언이나 지도를 받아야 한다.

'고소공포증(Acro-phobia)'은 고층 빌딩의 옥상, 하늘을 나는 놀이공원의 놀이기구, 높은 계단, 케이블카, 소방차의 고가 사다리, 날고 있는 비행기, 번지점프대, 다이빙대 발판 등 고도가 높은 곳이나 고도가 높은 곳에 있는 시설에 위치하는 것에 대해 두려움을 느끼는 증상을 말한다. 이 증상이 심한 사람은 높은 곳에 올라가면 불안과 공포를 느끼며 추락할 것 같은 두려움과 함께 자기도 모르게 뛰어내릴 것 같은 불안이 공포의 단계까지 이르게 된다. 가수 NS윤지는 평소에 고소공포증이 있어 비행기를 타도 창밖을 쳐다볼 수 없다는 고충을 토로한 적이 있다.

그 밖에 '비행공포증(Aero-phobia)'은 여객기, 헬리콥터, 경비행기 등 비행기를 타거나 비행하는 것을 두려워하는 것을 말한다. 항공사 승무원이나 조종사는 이런 증상이 있으면 항공사에 취업해 일을 할 수 없을 것이다. 고 김정일 북한 국방위원장의 경우 생전 비행공포증이 심했다고 한다. 특히 1976년 헬기 추락 사고로 심하게 다친 후 비행에 대한 심한 공포가 생겨 중국 등 외국을 나갈 때도 비행기보다 열차를 선호하게 되었다고 한다.

'광견병(Rabies)'은 물을 두려워하는 공포증이다. 즉, 광견병 바이러스(rabies virus)에 감염된 미친 개에 물려 생긴 병을 말한다. 감염 후 광견병 바이러스가 침투해 머리로 들어가 뇌를 자극하여 물을 싫어하거나 두려워하도록 하는 증상이 수반되므로 물 공포증, 즉 '공수병(恐水病, Hydrophobia)'이라 칭하기도 한다. 감염원인 광견병 바이러스는 포유류 중에서도 주로 개에 흔하지만, 고양이, 말, 소, 돼지, 이리, 박쥐, 너구리, 원숭이 등의 체내에도 존재하고 있다. 이 바이러스에 감염되어 발병한 개는 몹시 흥분해서 돌아다니며 쉰 목소리로 짖어대고, 눈동자가 깊이 함몰되어 침을 흘리며 사람을 물어뜯으려 덤비다가 2~10일이 경과된 후 경련을 일으키다가 죽는다.

사람의 경우 급성뇌척수염 증상(뇌와 척수(脊髓)가 동시에 염증을 일으키는 질환)을 보이면서 병이 진행되다가 점차 발열, 두통, 구토, 우울, 호흡곤란, 경련, 마비, 혼수상태에 이르게 되고 치료가 늦을 경우 기관지 등의 호흡 근육 마비로 대부분 사망하게 된다. 한국에서는 1907년 첫 발병 사례가 보고되었으나 강력한 방역의 실시로 뜸하다가 2010년 이후 농촌 지역이나 휴전선 일대에서 광견병 환자가 발생한 적이 있다. 그리스의 데모크리토스, 아리스토텔레스, 로마의 케르수스, 갈레노스 등도 이 병에 감염되어 고생했다고 전해진다.

7. 불안

1) 불안

누구나 처음으로 무대에 오르기 직전이라면 적지 않은 불안감을 느낀다. 늘상 수많은 관객 앞에 서야 하는 배우라면 더욱 그러할 것이다. 공연 분야 전문배우와 대학의 연극 전공자 157명을 대상으로 조사한 결과, 응답자의 63.7%가 연습과 공연 상황에서 심리적 문제나 어려움을 경험했다고 답했으며, 이러한 심리적 문제와 어려움의 실체는 '공연 상황에서의 불안감'(24.9%), '자신감 결여'(16.7%), '대인관계의 어려움'(11.1%) 순으로 분석되었다(홍성택·오진호, 2011). 배우나 배우 지망생들이 내적으로 겪는 심리적인 문제 가운데 불안이 가장 큰 부분을 차지한다고 나타난 것이다.

배우들에게 종종 엄습하는 정서인 '불안(不安, anxiety)'은 특정한 위험을 알아차릴 수는 없지만 앞으로 곧 무엇인가 나쁜 일이 일어날 것만 같은 일반적인 기대를 의미한다(Lazarus, 1991). 불안증(불안장애)은 불안이 일상 생활에 지장을 초래할 정도로 심각할 경우를 말한다. 불안은 낯선 사람을 만날 때, 낯선 상황이나 장소를 접했을 때, 주변에 위험한 사건이나 질병이 발발했을 때 쉽게 나타난다.

사람들이 거짓말을 하면 불안해지고, 결국 심장박동률과 혈압이 증가한다. 이런 원리를 통해 거짓말을 하는지 탐지하는 기기가 바로 '거짓말 탐지기(polygraph)'이다. 범죄를 수사하는 장면이 많은 영화에 자주 등장하는 거짓말 탐지기는 다측정치 검사기법을 활용한 기기이다. 거짓말을 하는 용의자나 혐의자는 일반적으로 혈류가 불안정하며 심장박동률과 혈압이 증가한다. 아울러 빠르고 불규칙한 호흡 패턴을 보이고, 땀을 흘리는 정도를 나타내는 피부 전도가 증가하거나 다른 교감신경계 활동이 증가한다. 거짓말 탐지기는 이런 일반적 현상에 대한 일률적인 가정을 전제로 만들어진 수사 참고용 기기이다.

그러나 습관적인 거짓말쟁이나 심리적으로 기복이 심하지 않은 심성을 지닌 범죄자는 어떤 질문이나 추궁에도 불안한 모습을 보이지 않는다. 반대로 죄가 없는 사람인데도 경찰이 수사를 하고 있다는 상황 때문에 진실을 말하면서도 불안을 느낄 수 있다. 이런 실험 결과 때문에 거짓말 탐지기의 결과는 전적으로 믿을 수 없는 것이다(Kalat and Shiota, 2007). 따라서 우리나라에서 거짓말 탐지기는 수사할 때나 판결을 할 때도 참고만 할뿐 법적 증거로 인정하지 않고 있다. 미국과 유럽의 법원에서도 폴리그래프의 측정 결과를 증거물로 채택하지 않고 있다(Fiedler, Schmid and Stahl, 2002).

불안증에는 범불안장애, 공황장애, 외상 후 스트레스장애 등이 있으며 공포증도 넓은 범주에서는 불안장애에 속한다고 할 수 있다. '범불안장애 (generalized anxiety disorder: GAD)'는 거의 끊임없이 계속되는 불안과 광범위하고 다양한 걱정을 하는 병증이다(Kalat and Shiota, 2007). 스스로 조절이 안 되는 지나친 걱정과 불안증상이 6개월 이상 지속될 경우에 해당되며 우울증, 공황장애, 사회공포증을 동반하기도 한다(최현석, 2011). '외상 후 스트레스장애'는 전쟁, 사고, 자연재해, 심각한 부상과 충격, 폭력, 성폭력 등 심각한 외상, 즉 '트라우마(trauma)'를 느끼거나 이를 직접 경험한 후에 나타나는 불안 장애를 말한다(최현석, 2011).

2) 공황장애

공황장애(panic disorder)는 정극 연기보다 코미디 같은 희극 연기에서 더 잘 표현되는 경우가 많다. 공황장애는 심장박동의 급증, 가파른 호흡, 두드러지게 많이 흘리는 땀, 떨림, 가슴 부위의 통증과 같은 신체적 공황발작(panic attack)이 반복되어 나타나는데, 전체 인구 가운데 약 1~3%의 사람들이 일생 동안 어떤 시점에서 특정한 공황장애를 경험하며, 이런 경험은 남성보다 여성에게 더 빈번하게 나타난다(Kalat and Shiota, 2007).

'공황(恐惶)'이란 '통제력을 상실하게 만드는 공포'를 뜻하며 그리스 신화의 목신 '판(Pan)'에서 그 명칭이 유래되었다. 판은 상체는 사람이고 사지와 하체는 염소의 모습이다. 이런 흉측한 모습 때문에 판은 태어나자마자 숲 속에 버려졌다. 이후부터 숲 속에서 뭔가 이상한 소리가 났는데, 마을 사람들이 그 소리가 들릴 때마다 죄책감과 공포심에 사로잡혀 그를 두려워했다는 이야기에서 비롯된 것이다.

공황장애는 특별한 이유 없이 전혀 예상치 못하게 나타나는 극단적인 불안 증상, 즉 '공황발작'이 주요한 특징인 질환이다. 공황발작은 극도의 공포심이 느껴지면서 심장이 터지도록 빨리 뛰거나 가슴이 답답하고 숨이 차며 땀이 나는 등 신체증상이 동반되는데, 이는 죽음에 이를 것 같은 느낌을 주는 증상이다.

8. 당혹감, 수치심, 죄책감, 자부심

사람들이 자신의 행동을 스스로 평가해 느끼는 정서적 반응을 '자의식 정서(self-conscious emotions)'라 한다. 자의식 정서에는 '당혹감', '수치심', '죄책감', '자부심' 등이 있다. 배우들이 이런 정서들을 제대로 표현한다면 대본이나 시나리오에 나타난 배역의 내면적 캐릭터를 잘 살렸다는 호평을 받는다. 당혹감, 수치심, 죄책감은 모두 사람들에게 불쾌감을 주고 도덕적 규범이나 사회적 관습을 어겼다는 부정적인 자기평가와 자기질책을 포함하며, 이 같은 정서적 반응을 경험하게 되면 이를 드러내기보다 숨기거나 없애고 싶어 한다는 공통점을 지닌다(Kalata and Shiota, 2007). 반면 자부심은 자신의 행동에 대한 긍정적인 평가를 통해 나타난 자의식 정서로 이를 숨기기보다 적극적으로 드러내고 싶어 한다는 특징을 지닌다.

1) 당혹감

당혹감(embarrassment)은 도덕적인 잘못보다 우연한 실수로 갑자기 타인의 주목 대상이 되었을 때 나타난다. 당혹감은 수치심, 죄책감을 일으키는 경험들과 서로 중복되거나 상호 인과관계가 되는 경우가 허다하다 (Kalat and Shiota, 2007). 인간의 감정은 그물이나 실타래처럼 촘촘히 얽히고설키어 나타나기 때문이다.

당혹감은 사회적 관습을 어겼을 때 느끼는 정서적 반응이다. 예상치 못한 사회적 주의나 관심을 받거나 관습 위반으로 인해 타인이 불쾌한 반응을 보일 때 겪게 되는 정서이다(Kalat and Shiota, 2007). 연기를 할 때는 대본에 설정된 사회나 상황, 일반적인 예측에 어긋날 경우 특정 배역이 순발력 있게 표현해야 할 정서이다. 당혹감을 느끼면 종종 겸연쩍은 미소를 짓거나 미소를 애써 억누르는 표정이 나타나며 시선을 다른 데로 피하고 손으로 눈을 가리거나 고개를 숙이거나 한쪽으로 돌린다. 당혹감의 표현 양태는 낯선 환경에 처해 수줍어하는 모습과 유사하다(Miller, 2001).

2) 수치심

수치심(羞恥心, shame)은 무엇인가 실패했거나 도덕적으로 잘못을 저지르고 나서 이를 자신의 전반적인 결함에 초점을 맞췄을 때 느끼는 부정적인 정서를 말한다(Kalat and Shiota, 2007). 타인의 기대에 부응하지 못했을 때 주로 나타난다. 많은 영화나 드라마에서 복수, 증오, 자살 등 파괴적 행동의 동기 요인으로 묘사되고 있다. 수치심은 쉽게 표현하면 스스로를 부끄러워하는 마음인데 자아와 자존심의 연장선에 있기 때문에 이런 정서를 느끼는 것이다. 즉, 거부나 조롱을 당하거나 치부가 노출되고, 다른 사람으로부터 존중받지 못한다는 고통스러운 정서이다. 수치심을 느끼는 성향이 높은 사람들은 분노, 사회적 불안을 더 많이 경험하는 대신 공감은 덜 느끼기 때문에 죄책감 성향이 높은 사람들에 비해 대인관계에서 문제가 많은 편이다(Tangney, Burggraf and agner, 1995; Kalat and Shiota, 2007).

3) 죄책감

죄책감(罪責感, guilt)은 실패를 경험하거나 도덕적인 잘못을 했을 때 이를 바로잡고 앞으로 같은 실수를 반복하지 않으려는 것에 초점을 맞추면서 느끼는 부정적인 정서를 말한다. 어떤 일로 타인에게 아픔이나 고통을 주었을 때 일반적으로 경험하게 된다. 드라마와 영화에서 일반적인 범죄자와 사이코패스(Psychopath)란 캐릭터를 구분 짓게 해주는 기준도 죄책감을 느끼느냐의 여부이다. 전자는 자신이 저지른 범죄에 대해 죄책감을 느끼지만 후자는 죄책감을 느끼지 못한다. 죄책감은 수치심과 서로 겹치는 부분이 많으며 각각의 반응 행동은 당혹감을 느낄 때의 반응 행동과는 확연히 다르다(Keltner and Buswell, 1996). 수치심이나 죄책감을 느끼면 당혹감을 느낄 때와 달리 절대 미소를 짓지 않으며 입꼬리를 내리고 시선을 아래로 떨어뜨리거나 구부정한 자세를 나타낸다(Kalat and Shiota, 2007).

4) 자부심

자부심(自負心, pride)은 자기자신 또는 자기와 관련되어 있는 것에 대해 스스로 그 가치나 능력을 믿고 당당히 여기는 마음을 말한다. 드라마와 영화에서는 지위가 높거나 무언가를 성취한 캐릭터에 짙게 투영되어 있다. 심리학적으로는 자기개념의 긍정적인 측면을 지지하는 긍정적인 결과를 낳은 것에 대해 그 공로를 인정받았을 때 느끼는 정서라고 규정한다. 자부심이 느껴지면 당혹감이나 수치심을 느낄 때와 정반대의 행동이 나타나는데, 보통 미소를 지으며 머리를 약간 뒤로 기울이고 앉거나 몸을 곧추세워 앉고 팔을 머리 위로 번쩍 들어 올리거나 허리에 손을 얹는다. 지위가 높은 사람의 행동과 비슷하며 자부심을 표현하는 사람들은 자신이 사회에서 어느 정도 높은 위치를 유지하고 있다고 생각한다(Cashdan, 1998).

9. 특수 정서와 병적 심리

특수 정서와 병적 심리는 일반적인 정서나 감정이 극단화되거나 복합적으로 결부된 상태를 말한다. 지금까지 탐구한 여러 가지 감정과 정서가 복합되거나 특정한 감정이나 정서가 과도하게 왜곡된 경우이다. 주제나 메시지의 극적인 전달을 위해 연극, 영화, 드라마의 배역에 이상성격이나 정서로 많이 설정된다. 감정이나 정서가 극단화하거나 복합화하면 또 다른 제3의 병증이나 신드롬(syndrome)이 나타나게 된다. '신드롬'이란 어떤 공통성이 있는 일련의 병적 징후를 총괄적으로 나타내는 말이다. 우리말로 '증후군(症候群)'이라 한다. 즉 하나의 공통된 질환, 장애 등으로 인해 발생하는 증상, 또는 어떤 것을 좋아하는 현상이 전염병처럼 사람들 사이에 급속하게 퍼져나가는 것을 말한다.

1) 사랑에 대한 집착증과 도착증

사전적으로 '애착(愛着, attachment)'이란 '어떤 사물과 떨어질 수 없게 그것을 사랑하고 아끼는 것' 또는 '자기의 소견(所見)이나 소유(所有)를 너무 생각하는 일'을 의미한다. '집착(執着, obsession)'은 '어떤 것에 늘 마음이 쏠려 잊지 못하고 매달리는 것'을 뜻한다. '도착(倒錯, perversion)'은 '본능이나 감정 또는 덕성의 이상(異常)으로 사회나 도덕에 어그러진 행동을 나타내는 것'을 말한다.

(1) 성도착의 이해

성도착(Paraphilia)은 정상적인 성욕이 아닌 이상성욕(異常性慾)의 발현을 말한다. 미국심리학회(American Psychological Association, 2000)에 따르면 "성도착은 인간 이외의 대상이나 혹은 어린이나 기타 관계에 동의하지 않는 이들에 대해 상대방이 느끼는 고통이나 굴욕감에 개의치 않고 다양한 종류의 지속적이고 강렬한 성적 환상 욕구를 갖거나 행동(성적 흥분을 포함)하는 것"을 말한다. 성도착은 양적인 측면과 질적인 측면으로 구분된다. 양적인 측면에서는 호색가, 색정광처럼 성욕이 과도해 성행위를 병적으로 즐기는 '성욕항진증(Hypersexuality)'이 있다(이인식, 1998). 질적인 면에서는 성욕을 충족시키는 방법에 이상이 있는 병증인 '관음증(Voyeurism)', '노출증(Exhibitionism)', '접촉도착증(Frottage)', '호분증(Coprophilia)', '호뇨증(Urophilia)', '전화음란증(Telephone Scatologia)', '가학증(Sadism, 가학성 변태성욕)', '피학증(Masochism, 피학대 음란증)'과, 성적 매력을 느끼는 대상에 이상이 있는 병증인 '절편음란증(節片淫亂症, Fetishism)', '소아기호증(Pedophilia 또는 Paedophilia)', '노인애(Gerontophilia)', '사체성애(屍姦, Necrophilia)', '동물애(獸姦, Zoophilia)' 등이 있다(이인식, 1998).

관음증은 여성에 대해 열등감이 많은 나머지 옷을 벗거나 섹스하는 장면을 훔쳐보면서 심리적으로 성적 만족을 추구하는 증상이며, 이와 반대로 노출증은 겁이 많고 성에 대해 죄의식을 갖고 있어 남에게 인정받고자 하는 심리에서 자신의 성기를 여러 사람이 있는 곳에서 충동적으로 노출시키는 증상을 말한다. 접촉도착증은 버스나 지하철의 치한처럼 남자가 옷을 입은 여자의 엉덩이나 특정 부위에 자신의 성기를 마찰시켜 성적 쾌감을 얻으려는 병적 증상이다. 호분증은 상대에게 자신의 대변을 묻히거나 상대가 자신의 몸에 배변을 할 때 성적 만족을 느끼는 증상이며, 호뇨증은 상대에게 오줌을 싸거나 다른 사람이 자신의 몸에 배뇨하는 행위를 보면서 성적 쾌락을 느끼는 증상이다. 전화음란증은 안면이 없는 상대방과 전화나 이메일, 소셜 미디어를 통해 외설적인 통화나 메시지를 교환하면서 성적 만족을 얻는 증상이다. 사디즘(가학증)은 남에게 고통을 주거나 그를 학대하면서, 마조히즘(피학증)은 남으로부터 학대를 받으면서 성적 쾌감을 얻는 증상인데, 사디즘과 마조히즘은 동시에 나타나 사도마조히즘이라고도 불린다. 이러한 성도착은 상호 간의 애정에 기반을 둔 성적 활동에 지장을 주기도 한다. 또한 페티시즘같이 성적 대상으로 여겨지지 않는 물건에 대한 성애도 포함될 수 있다.

(2) 사디즘과 마조히즘

'사디즘'과 '마조히즘'은 성적 관계에서 신체적 고통이 필수가 될 경우 성도착으로 간주된다. 이 두 가지 증상은 정신 안에 가학적이고 피학적인 소망, 환상 그리고 욕망이 공존하는 상태를 지칭하며 성격적 특성인 단계부터 병증인 단계까지 다양하게 나타난다. 사디즘과 마조히즘 안에는 쾌락과 고통 그리고 성적 욕구와 공격적 욕구가 혼합되어 있다. 사디즘은 그 대상이 자기 밖을 향하고 있으며, 마조히즘은 자기를 향하는 데 그 차이가 있다. 사디스트적 성애자는 상대에게 상처를 입힘으로써 쾌락을 얻고, 동시에 마조히스트적 성애자는 피학증적 쾌락을 느낀다. 사디즘과 마조히즘은 무의식 안에서는 따로 존재하지 않고 동시에 나타나는 경우도 있어 파트너들은 종종 사디스트적 역할과 마조히스트적 역할을 교대로 맡기도 한다.

(3) 롤리타 증후군

'롤리타 증후군(Lolita Syndrome)'은 아직 성인이 안 된 현실 또는 가공의 어린 소녀에 대해 정서적 동경이나 성적 집착을 가지는 현상이다. 앞에서

잠깐 설명한 대로 사춘기 이전의 어린이들과의 성적 접촉을 더 선호하거나 이에 대한 상상을 통해서만 성적 흥분이 일어나는 정신질환인 '소아기호증'의 일종이다. 소아기호증은 '소아성애증(小兒性愛症)'이나 '소아애증(小兒愛症)'으로도 불린다. 일본에서 유래하여 국내에 유입된 '원조교제'도 이런 성도착증의 한 형태라 할 수 있으며 영화, 연극의 제목이나 소재로 많이 활용되고 있다. 일본에서는 약어로 '로리콘(ロリコン, lolicon)'이라 부른다.

이 용어는 러시아 출신의 미국 작가인 블라디미르 나보코프(Vladimir Nabokov)의 소설인 『롤리타(Lolita)』(1955)에서 유래되었다. 소설의 남자 주인공인 불문학 교수는 자신의 의붓딸인 12세 소녀 롤리타에게 집착을 보이다가, 결국 아내를 사고로 죽이고 롤리타를 차지하게 된다. 영화 속 중년 남성이 어린 소녀에게 보였던 성적인 집착이나 성도착을 가리키는 용어로 영화 제목이 쓰이게 된 배경이다. 이 소설은 1962년 스탠리 큐브릭 감독이 〈롤리타(Lolita)〉라는 영화로 만들어 개봉했다. 이 영화에서 중년 남성인 험버트 역은 제임스 메이슨(James Mason)이, 롤리타 역은 수 라이언(Sue Lyon)이 맡았다. 이후 1997년 제레미 아이언스(험버트 역)와 멜라니 그리피스(롤리타 역)가 주연한 애드리안 라인(Adrian Lyne) 감독의 또 다른 영화 〈롤리타〉가 제작되어 미국과 프랑스 등에서 개봉되었다.

미쉘 부아스롱(Michel Boisrond) 감독이 연상녀 프레더릭 역으로 나탈리 들롱(Nathalie Delon)이란 여배우를 캐스팅하여 연출한 영화 〈개인교수(La Lecon Particuliere)〉(1968)와 훗날 할리우드에서 여배우 실비아 크리스텔(Sylvia Kristel)을 내세워 리메이크한 영화 〈개인교수(Private Lessons)〉(1981)는 여교수와 성장기 소년의 사랑을 그리고 있다. 논지 니미부트르(Nonzee Nimibutr) 감독의 태국 영화 〈잔 다라(晚孃, Jan Dara)〉(2001)에는 권태감에 빠진 계모 분루앙(종려시)이 소년인 잔 다라(수위니트 판자마와트)에게 성적 호감을 느껴 그를 꼬드겨 사랑을 나누는 장면이 그려졌다. 이처럼 롤리타 증후군을 앞세운 영화가 계속해서 등장하고 있다.

(4) 보이어리즘

'보이어리즘(voyeurism)'은 다른 사람의 섹스 장면이나 성기를 몰래 반복적으로 보면서 성적인 만족을 느끼거나 나체 또는 성행위를 관찰하는 것, 또는 관련된 행동과 환상에 사로잡히는 질환으로 성도착증 가운데 하나이다. 우리말로는 음란한 장면을 보고 도착적으로 즐기는 증상이라 하여 '관음증'이라 칭한다. 보이어리즘은 배우 한석규, 김민정 주연의 〈음란서생〉(2006)과 같이 영화의 소재이자 촬영 및 연출 기법으로 활용되는 일이 흔하다. 특히 노출신이 많은 영화나 성인물에서 자주 활용된다. 박찬욱 감독이 연출한 영화 〈올드보이〉(2003)는 근친 사랑을 하는 우진(유지태)과 누나(윤진서)가 밀회하는 장면을 친구인 대수(최민식)가 우연히 몰래 훔쳐본 뒤 입소문을 낸 우진의 누나가 자살하는 일이 벌어지자, 우진이 대수를 향해 처절하게 복수하는 과정을 그리고 있다.

엿보기를 좋아하는 사람, 즉 보이어리즘 증상이 있는 사람을 '피핑 톰(Peeping Tom)'이라 한다. 이 말은 11세기 초 영국 중서부에 있는 코번트리(Coventry) 지역의 봉건 영주였던 레오프릭(Leofric) 백작의 이야기에서 유래되었다. 레오프릭 백작이 주민들에게 가혹한 세금을 부과하자 주민들의 원성이 커졌다. 이를 알게 된 영주의 부인 고다이버(Lady Godiva)가 급기야 백작에게 세금을 낮춰달라고 간청을 했지만, 백작은 부인의 간청을 거절하고 다신 그런 말이 나오지 못하도록 "당신이 알몸으로 말을 타고 성 안을 한 바퀴 돈다면 모를까"라고 말했다. 그러나 부인이 예상외로 남편의 터무니없는 제안을 받아들였다. 단 주민들에게 자신이 알몸으로 말을 타고 달리는 동안 모두 집 안에 들어가 문을 잠그고 창문을 가려줄 것을 요청했다. 그런데 부인이 알몸으로 말을 타고 달릴 때 '톰(Tom)'이라는 남자 재단사가 몰래 훔쳐봤기 때문에 '피핑 톰'이란 조어가 관음증을 가진 사람의 대명사로 영어권에서 굳어지게 되었다고 한다.

(5) 페티시즘

앞에서 '절편음란증'으로 설명한 '페티시즘(fetishism)'은 이성(異性)의 신체의 일부나 속옷, 스타킹 등 옷가지, 소지품, 인형 따위에서 성적 만족을 얻는 이상 성욕증을 말한다. '여성물건애(女性物件愛)'라고 하는데 이런 증상을 가진 남자들은 보통 여성의 속옷, 스타킹, 손수건, 머리핀, 브래지어, 구두, 머리카락, 음모 등을 습관적으로 수집한다. 이 증상은 성적 취향인 단계에서 변태 성욕인 단계까지 다양하다.

이 용어는 원래 종교적 의미로서 어떠한 물건에 초자연적인 힘이 깃들어 있다고 믿어 이를 숭배하는 '물신 숭배'를 의미한다. '페티시(fetish)'란 용어는 '주물', '연물', '물신'으로 풀이되며 원래 숭배의 대상이 되는 자연적, 인공적 물건을 가리킨다. 페티시즘은 우리나라보다 이런 경향성이 더 짙은 일본의 영화에 특히 많이 등장한다. 일본 소노 시온(園子溫) 감독의 영화 〈에쿠스테〉(2007)에서는 머리카락 페티시즘이, 윤제균 감독이 연출한 임창정, 하지원 주연의 〈색즉시공 1〉(2002)에서는 인형 페티시즘이, 임창정, 송지효 주연의 〈색즉시공 2〉(2007)에서는 여자 동상 페티시즘이 등장한다.

(6) 에오니즘

'에오니즘(Eonism)'은 성심리학적으로 자신의 성과 반대 성의 옷을 입고 싶어 하는 성도착증을 의미한다. 프랑스 루이 14세 시절의 관리 에온(Eon)이 여장을 하고 나타나 사람들을 어리둥절하게 한 데서 유래되었다. 인도의 카타칼리, 중국의 경극, 일본의 가부키, 우리나라의 박수무당식 화장법도 에오니즘적인 표현 방식이다. 북아메리카에는 여성의 역할을 하는 남자들인 '버다치(berdache)'가 있어 제3의 성을 부여받았다. 이들은 여장을 하고 남자 배우자를 맞이하기도 한다. 우리나라에서는 특유한 개성과 스타일의 표현인지 심리적인 특이성에서 기인했는지 정확히 확인할 수는 없지만 여성 국회의원 김옥선이 남장을 하고 다녔으며, 앙드레김은 독특한 화장과 하얀 복장을 즐겨 입어 여장을 한 남자를 연상하게 했다.

영화나 드라마는 시청자에 대한 관심과 흥미 유발을 위해 에오니즘적 소재를 등장시키고 있다. 영화 〈왕의 남자〉(2006)에서 배우 이준기는 여장 남자 역을 매끄럽게 소화했다. MBC 드라마 〈기황후〉(2013~2014)에서 훗날 기황후가 될 승냥이 역의 하지원은 극 초반 남장을 하고 무사(武士)로 출연했다. SBS 드라마 〈아름다운 그대에〉(2012)에서는 설리가 남장을 하고 남자 고등학교에 위장 전학한 여고생 재희 역을 맡아 좌충우돌한 학교생활을 그려냈다. MBC 드라마 〈커피프린스 1호점〉(2007)의 윤은혜, SBS 드라마 〈바람의 화원〉(2008)의 문근영, SBS 드라마 〈미남이시네요〉(2009)의 박신혜, KBS 드라마 〈성균관스캔들〉(2010년)의 박민영도 남장을 하고 등장했다.

(7) 나르시시즘(자기도취)

1994년 노벨 경제학상을 받은 존 내시(John Nash)의 정신분열증적 일상과 사랑 등을 다룬 영화 〈뷰티풀 마인드(A Beautiful Mind)〉(2001)에서 주인공 내시(러셀 크로우)는 오만할 정도로 과도한 자기확신에 차 천재성을 어필하며 자신의 업적을 인정해줄 주변 인물까지 이용하게 된다. 이처럼 '나르시시즘(Narcissism)'은 사랑의 감정이 자신에게로 쏠려 자기자신에 대해 애착하는 자기도취와 같은 현상이다. 성적 욕망이나 성충동을 뜻하는

'리비도(libido)'의 대상이 자기자신이기 때문에 '자기애(自己愛)'라고도 풀이한다. 해블록 엘리스(Havelock Ellis)가 남성의 자체성애적 성도착 사례를 그리스의 '나르키소스(Narcissus)' 신화에 비유한 것을 바탕으로 독일의 정신과 의사 넥케(Naecke)가 1899년 만들어낸 용어다. 정신분석에서 이 용어의 의미는 크게 확장되어 쓰이고 있다.

이 병증의 이름은 수선화가 된 그리스 신화의 미소년 나르키소스에서 비롯되었다. 나르키소스는 연못에 비친 자기 얼굴의 아름다움에 반해서 물에 빠져 죽었는데, 그곳에서 수선화가 피었다고 한다. 그래서 그 꽃을 수선화(Narcissus)라 부르게 되었다. 따라서 수선화의 꽃말은 '자기도취' 또는 '자기애'이다. 자기의 육체를 이성의 육체를 보듯 하고, 또는 스스로 애무함으로써 쾌감을 느끼는 것도 나르시시즘의 범주에 해당한다. 한 여성이 거울 앞에 오랫동안 서서 자신의 얼굴이 아름답다고 생각하며 황홀경에 빠져 바라보는 행동도 마찬가지이다. 자기애가 지나치면 친구, 가족, 직장 동료 등 주변 사람들을 매우 힘들게 하는 성향을 나타낸다.

(8) 오이디푸스 콤플렉스

'오이디푸스 콤플렉스(Oedipus Complex)'는 남성이 자신의 아버지를 증오하고 어머니에 대해 무의식적인 성적 애착을 갖는 것을 말한다. 소포클레스의 비극 〈오이디푸스 왕(Oedipus Rex)〉의 주인공 이름을 따다가 프로이트가 정신분석학에서 쓴 용어이다. 오이디푸스는 테베의 왕 라이오스와 이오카스테(에피카스테)의 아들로 태어났다. 그는 숙명적으로 아버지를 살해하고 스핑크스의 수수께끼를 풀어 테베의 왕이 되었으나 나중에 자신과 결혼한 여자가 어머니라는 사실을 알게 된다. 이에 이오카스테는 자살하고 오이디푸스는 자신의 눈을 빼버린다. 프로이트는 '아버지처럼 자유롭게 어머니를 사랑하고 싶다'는 원망이 '아버지와 같이 되고 싶다'는 선망으로 변해 부친과의 동일시가 이뤄진다고 보았다(프로이트, 2006).

프로이트의 제자인 정신분석학자 어네스트 존스(Ernest Jones)는 셰익스피어의 비극 〈햄릿〉의 주인공 햄릿이 내재된 무의식적 욕망을 발산하는 인물이라는 점에서 오이디푸스 콤플렉스의 전형이라고 보았다. 햄릿은 무의식적으로 아버지를 살해하고 어머니와 근친상간을 하고 싶은 욕구가 잠재했으나 이를 숙부가 이미 이행했기 때문에, 자기와 동일시되는 숙부를 살해할 수 없어 머뭇거리게 되었다고 분석했다.

이에 대해 앨버트 윌리엄 레비(Albert William Levi)는 햄릿이 숙부 살해를 미룬 것은 어머니에 대한 욕망을 대신 누리는 삼촌과의 동일시 때문이 아니라, 단순히 극의 플롯 때문이라고 반박했다(Spector, 1972). 자크 라캉(Jacques Lacan)도 존스의 분석에 반대하면서 햄릿은 사람으로서의 어머니를 욕망한 것이 아니라, 어머니의 욕망의 원인인 '남근(phallus)'을 욕망했다고 강조했다(Lacan, 1977).

(9) 엘렉트라 콤플렉스

배우 임수정, 문근영, 염정아 등이 출연한 김지운 감독의 영화 〈장화, 홍련〉(2003)에서 어머니가 세상을 떠난 뒤 아버지, 여동생과 함께 살고 있는 수미(임수정)는 아버지에 대해 부인의 역할을 하려 하면서 이런 정서적 집착이 강해져 새엄마에 대해 극한 적대감을 표출한다. 박찬욱 감독의 스릴러 영화 〈스토커(Stoker)〉(2013)에서 주인공 소녀 인디아 스토커는 18세가 되는 날 아버지가 사고로 갑자기 사망하자 장례식장에서 그간 본적이 없던 아버지의 남동생을 처음으로 보게 된다. 그를 만나면서 매력적이었던 아버지의 젊은 날을 떠올리고 급기야 그를 두고 어머니와 성적 경쟁을 하는 심리에 빠져들게 된다.

두 영화의 주인공처럼 '엘렉트라 콤플렉스(Electra Complex)'는 딸이 아버지에게 애정을 품고 어머니를 성적 경쟁자나 적대자로 인식해 증오심이나 배척하는 마음을 갖는 경향을 나타낸다. 정신분석학자 칼 쿠스타브 융(Carl Gustav Jung)이 이를 명명했으나 이론은 프로이트가 정립했다. 미케네의 왕 아가멤논의 딸인 엘렉트라가 보여준 아버지에 대한 집념에서 명칭이 유래되었다. 엘렉트라는 소포클레스와 에우리피데스가 쓴 동명 비극의 주인공이기도 하다. 엘렉트라는 아버지가 10년에 걸친 트로이전쟁을 마치고 돌아온 바로 그날 밤 왕비이자 자신의 어머니인 클리타임네스트라와 그녀와 정을 통해온 남자 아이기스토스에 의해 살해되자 동생 오레스테스와 함께 어머니와 정부를 살해함으로써 결국 복수를 한다는 신화 속 인물이다.

융은 오이디푸스 콤플렉스가 아버지를 증오하고 어머니에 대해 집착하는 심리적 경향인 데 비해 엘렉트라 콤플렉스의 사례는 어머니를 증오하고 아버지에 대해 집착하는 것이라는 점에서 착안해 이 개념을 만들었다. 관련 이론을 정립한 프로이트는 성장과정에서 3~5세인 '남근기'에 아이들은 각각 이성 쪽 부모에 대해 성적인 유대 감정을 느낀다고 제시했다. 따라서 이때 남자아이는 엄마에게 애착을 느끼는 오이디푸스 콤플렉스가 형성되고, 딸아이는 아빠에 집착하는 엘렉트라 콤플렉스가 형성된다.

(10) 팅커벨 증후군

'팅커벨 증후군(Tinker Bell Syndrome)'은 피터팬을 따라다니는 팅커벨처럼 누군가를 '짝사랑'하는 남녀의 심리를 나타낸다. 지체장애의 일종으로 '윌리엄스 증후군'이라고도 불린다. 월트 디즈니 프로덕션에서 애니메이션 영화로 만든 제임스 메튜 배리(James Matthew Barrie)의 원작 동화『피터팬(Peter Pan)』(1902)에서 팅커벨은 피터팬이 자신보다 어른이 되고 싶지 않은 소녀 웬디에게 더 깊은 관심을 보이자 웬디를 미워하고 화살로 쏘아

죽이려 한다. 피터팬은 팅커벨의 마음을 몰라주고 팅커벨을 비난하기만 해 마음이 더욱 아픈 상황이다. 팅커벨 증후군은 팅커벨처럼 이렇게 누군가를 짝사랑하며 아파하는 묘한 심리상태를 나타낸다. 이 증후군의 원인은 염색체 이상이다. 이 증후군이 있는 사람은 상대방이 자기를 봐주길 한없이 기다리고 수다를 떨며 칭얼대는 경향이 있으며, 특히 높은 곳과 울퉁불퉁한 곳을 무서워하며 소리에 민감한 특징을 나타낸다고 한다.

2) 심리적 장애와 부적응증

(1) 자폐증과 주의력결핍 과다행동장애

'자폐증(Autism)'은 신체적 · 사회적 · 언어적으로 상호작용에서 이해능력이 낮은 신경발달 장애현상을 지칭한다. 이런 증상을 가진 배역을 연기로 표현하기도 어렵지만 이런 증상의 사람들을 잘 응대하는 것도 쉽지 않다. 배우 조승우가 출연한 영화 〈말아톤〉(2005)과 주원, 문채원, 주상욱 등이 출연한 KBS 2TV 드라마 〈굿닥터〉(2013)가 바로 자폐증에 걸린 사람의 이야기를 다루고 있다. 미국 영화 〈템플 그랜딘(Temple Grandin)〉(2010)은 자폐증을 딛고 성공을 이룬 미국 콜로라도 주립대학교 템플 그랜딘(Temple Grandin) 교수(여성 동물학자)의 이야기를 그리고 있다.

자폐증은 유전적 요인과 환경적 요인이 복합되어 나타나며 사회적 상호작용(social interaction), 사회적 커뮤니케이션(social communication), 반복적 행동(repetitive behavior)의 측면에서 뚜렷한 특징을 나타낸다. 따라서 자폐증을 진단할 때는 첫째, 사회적 관계의 측면에서 상호작용을 할 때 현저한 장애나 발달 수준에 적합하지 않은 비언어적 행동을 하며 사회 · 정서적 상호작용의 부족이 있는지, 둘째, 의사사통의 측면에서 구어(口語) 발달의 지연과 대화능력 부족이 있는지, 셋째, 제한된 관심의 측면에서 반복적이고 매너리즘적인 행동이나 사물의 일부분에만 집착하는 증상이 있는지 살펴보고 판단한다(유한익·손정우, 2007).

이렇듯 자폐증 환자는 사회적 접촉에 문제가 있고, 언어를 포함한 자기 표현에 어려움을 나타내며, 반복적으로 특이한 행동을 하면서 제한된 것에만 관심을 나타낸다. 어릴 때 증상이 나타나므로 조기 발견, 조기 치료가 중요하며 보통 교육 치료, 행동 관리, 약물 치료 등을 병행해 치료한다.

'주의력결핍 과다행동장애(Attention Deficit Hyperactivity Disorder: ADHD)'는 아동기에 많이 나타나는 장애로, 지속적으로 주의력이 부족해 산만하고 과다 활동, 충동 성향을 보이는 상태를 지칭한다. 소설『크래시 앤 번』(2013)은 ADHD를 앓고 있는 고교생 스티븐 크래신스키(일명 크래시)의 성장기를 다루고 있다. 영화〈숨바꼭질〉(2013)의 성수(손현주)에 투영된 증상도 여기에 속한다고 할 수 있다. 영화에서 식음료 전문점을 운영하는 성수는 형이 연상될 때 특히 무언가를 씻는 강박적인 행동을 보이는데, 구체적으로 컵 하나는 물론 손님들이 이용하는 화장실 변기까지도 뽀드득 소리가 날 정도로 닦는 모습을 보인다. ADHD 증상들을 치료하지 않고 방치할 경우 아동기 내내 여러 방면에서 어려움이 지속되고, 일부의 경우 청소년기와 성인기가 되어서도 증상이 잔존할 수 있다.

(2) 히키코모리

'히키코모리(引き籠もり, hikicomori)'는 '틀어박히다', '죽치다'라는 뜻의 일본어 '히키코모루(ひきこもる, 引き籠もる)'의 명사형이다. 일본에서 많이 나타난 유형으로 사회생활에 적응하지 못하고 집에만 틀어박혀 살아 '은둔형 외톨이'라고 칭한다. 1990년대 말부터 우리나라에서 등장한 '방콕족'과 증상이 유사하다. 방콕족 역시 방 안에 틀어박혀 사는 사람들을 말한다. 히키코모리는 가벼운 증상에서 시작되다가 타인과의 교류가 점점 감

소하면서 중증으로 발전하고 사이코패스로 변질될 가능성도 있다. 영화 〈김씨 표류기〉(2009)에서 배우 정려원이 맡은 여자 김씨 역이 대표적인 히키코모리다. 영화에서 정려원은 어린 시절 얼굴에 입은 흉터로 학교에서 아이들에게 놀림을 받고 그 상처로 인해 세상과 단절된 삶을 살고 있다. 오직 컴퓨터로만 세상과 소통하며 규율을 정해놓고 행동하고 자신이 보거나 듣고 싶은 것만 보고 듣는 모습을 보여준다. 봉준호 감독의 〈흔들리는 도쿄〉(2008)는 11년간 줄곧 집 안에만 틀어박혀 살던 중년 남자가 피자배달부 소녀(아오이 유우)에게 사랑을 느껴 외출을 감행한다는 이야기를 다루고 있다.

히키코모리는 타인에 의한 행동 발현이 아니라 자기 스스로 사회와 담을 쌓고 외부 세계와 단절된 채 생활한다는 것이 특징이다. 구체적으로 사람들과 대화하는 것을 꺼리고, 낮에는 잠을 자고 밤이 되면 텔레비전을 보거나 인터넷에 몰두하며 자기혐오나 상실감 또는 우울증을 나타내는데 부모에게 응석을 부리고 심할 경우 폭력을 행사한다. 1970년대부터 일본에서 나타나기 시작해 1990년대 중반 사회문제로 떠올라 회자되었다. 일본 후생성은 2001년부터 6개월 이상 외부 세계와 단절된 채 방에 틀어박혀 생활하는 증상을 보이는 사람들을 히키코모리로 분류했다.

확실한 치료법이 없어 카운슬러 등과의 상담, 정신과 치료, 다양한 체험 프로그램 등이 해결책으로 제시되고 있다.

(3) 허탈감에서 기인한 부적응증

'빈 둥지 증후군(Empty Nest Syndrome)'은 자녀들이 성장해 부모의 곁을 떠난 시기에 중년 주부들이 느끼는 허전한 심리 상태를 말한다. '공소증후군(空巢症候群)'이라 표현하기도 한다. 중년의 가정주부나 직장인 남성이 어느 날 자신의 정체성과 존재감, 삶의 의미에 대해 회의를 품게 되는 현상이다. 마치 텅 빈 둥지를 지키고 있는 것 같은 허전함을 느껴 정신적 위기에 빠지는 것이다. '번아웃 증후군(Burn Out Syndrome)'은 탈진증후군이란 의미로 오직 한 가지 일에만 매진하던 사람이 극도의 신체적, 정신적 피로감으로 인해 무기력증이나 자기혐오, 직무 거부 등에 빠지는 정서 상태를 말한다.

뮤지컬 배우 김정민, 박송권, 홍지민, 배해선, 우수, 서지훈, 박호산, 전지윤 등이 출연한 창작 뮤지컬 〈내사랑 내곁에〉(2012~2013)는 여러 커플의 사랑 이야기를 짜임새 있게 구성한 작품으로 빈 둥지 증후군에 시달리는 3040세대들을 겨냥해 기획되어 성공을 거두었다. 〈세상에 뿌려진 사랑만큼〉, 〈하룻밤의 꿈〉, 〈사랑과 우정 사이〉, 〈이별 아닌 이별〉, 〈내사랑 내곁에〉 등 1980~1990년대를 휩쓸었던 감성 발라드 곡들이 극 속에 가득 담겨 있다. 이러한 이유 때문인지 각계 전문가들로 구성된 마인드TV 힐링위원회가 이 작품을 중년들의 빈 둥지 증후군을 달래주는 국내 최초 힐링 뮤지컬로 선정했다.

(4) 피터팬 증후군과 파랑새증후군

'피터팬 증후군(Peter Pan Syndrome)'은 성년이 되어서도 사회에 적응하지 못하는 '어른 아이' 같은 사람(주로 남성)들이 나타내는 심리적 현상을 말한다. 미국의 임상심리학자인 댄 카일리(Dan Kiley) 박사가 맨 처음 사용한 용어이다. 동화 『피터팬』은 어른이 되고 싶지 않은 소녀 웬디와 영원히 어른으로 성장하지 않는 피터팬이 환상으로 가득한 작은 섬 네버랜드에서 후크 선장과 맞서 싸우는 모험을 다루고 있다. 피터팬은 어른 사회로부터 공상의 섬으로 떠나 모험하는 미소년을 상징한다.

'모라토리엄 증후군(Moratorium Syndrome)'은 대체로 대학 졸업을 앞둔 고학력자들이 지적, 육체적으로 한 사람 몫을 충분히 할 수 있는데도 사회인으로서의 책무를 기피하는 현상을 말한다. '파랑새증후군(Blue Bird Syndrome)'은 벨기에의 작가 모리스 마테를링크(Maurice Maeterlinck)의 동화극 〈파랑새〉의 주인공처럼 머지않은 장래에 기대되는 행복만을 몽상하면서 하는 일에 정열을 느끼지 못하는 현상이다. 한마디로 현실에 만족하지 못하고 새로운 이상만을 추구하는 병적인 증세이다. 이 증후군은 어머니의 과잉보호를 받고 자라거나 정신적 성장이 더딘 사람에게 나타나기 쉽고 욕구불만, 갈등, 심리적 긴장 등을 유발하므로 자아에 대한 재인식, 산책, 휴식, 숙면, 사회활동 강화 등의 노력을 하면서 전문의의 상담을 받아 치료해야 한다.

3) 집착, 강박, 억압에 따른 증상

(1) 완벽주의에 대한 결벽증

'아틀라스 증후군(Atlas Syndrome)'은 회사 일만도 버거운데 집에 와서도 육아와 가사를 도우면서 완벽한 아빠 노릇을 하려는 슈퍼아빠 콤플렉스로, 강한 척하려다 아틀라스처럼 저주를 받은 셈이라는 뜻에서 나온 말이다. 지구를 떠받치고 있는 신화 속의 아틀라스처럼 세상의 온갖 걱정을 다 끌어안고 사는 사람들을 지칭한다. 다른 말로 '슈퍼대디 증후군(Super Daddy Syndrome)'이라고도 한다.

'슈퍼우먼 증후군(Superwoman Syndrome)'은 직장뿐만 아니라 여성으로서도 모든 일을 완벽하게 해내려고 지나치게 신경을 쓴 나머지 지쳐버리는 증상을 말한다. 특히 직장을 다니는 엘리트 여성들에게 나타나는 심리적 병증으로 아내, 어머니, 직업인, 이웃의 역할을 완벽하게 해내려다가 현기증, 호흡곤란, 허탈감 등의 증세를 보인다.

(2) 마키아벨리즘

'마키아벨리즘(Machiavellism)'은 정치사상이지만 심리적으로 해석하면 권력에 대한 집착증의 하나이다. 영화 〈링컨(Lincoln)〉(2012)에서는 「수정헌법」을 관철시키기 위해 링컨이 자행하는 마키아벨리즘적 행태가 등장한다. 표를 얻기 위해 야당 의원을 매수하고 협박하는 등의 협잡행위는 민주주의 수호자로 상징되었던 링컨의 신화적 이미지를 흐리게 하는 대목이다.

이렇듯 마키아벨리즘은 정치적인 목적을 위해서는 수단과 방법을 가리지 않는 것을 지칭한다. 한마디로 '권력집착증'을 상징한다. 정권이나 특정한 권력을 거머쥐기 위해 일반적인 책략 외에 합법의 영역도 초월하는 간교한 권모술수(權謀術數)까지 동원하는 것을 의미한다. 이 용어는 이탈리아 말기의 정치사상가 니콜로 마키아벨리(Niccolò Machiavelli, 1469~1527)의 저서 『군주론』(1532)에서 유래한다. 마키아벨리는 원래 피렌체 공화정부의 서기관으로 일했는데, 오랜 공직 생활 동안 프랑스의 루이 12세, 신성로마제국의 막시밀리안 황제, 교황 율리우스 2세 등을 직접 만나면서 외교와 군사 분야에서 많은 저술을 남겼다. 그는 인간은 사회적·정치적 존재로서 모든 정치는 '힘의 관계'에서 비롯된다고 보고, 많은 소(小)국가로 난립해 있던 이탈리아의 발전을 위해서는 도덕관념에 얽매이지 않는 강대한 힘과 권력을 가진 군주에 의한 내부 분열의 종식과 통일국가의 수립이 불가결하다고 생각했다(Machiavelli, 1515).

마키아벨리는 군주론에서 "군주가 된 자는, 특히 새롭게 군주의 자리에 오른 자는 나라를 지키는 일에 곧이곧대로 미덕을 지키기 어려움을 명심해야 한다. 나라를 지키려면 때로는 배신도 해야 하고, 때로는 잔인해져야 한다. 인간성을 포기해야 할 때도, 신앙심조차 잠시 잊어버려야 할 때도 있다. 그러므로 군주에게는 운명과 상황이 달라지면 그에 맞게 적절히 달라지는 임기응변이 필요하다. 할 수 있다면 착해져라. 하지만 필요할 때는 주저 없이 사악해져라. 군주에게 가장 중요한 일이 무엇인가? 나라를 지키고 번영시키는 일이다. 일단 그렇게만 하면, 그렇게 하기 위해 무슨 짓을 했든 칭송받게 되며, 위대한 군주로 추앙받게 된다"라고 주장했다.

(3) 중간계층과 낀 세대의 심리적 압박

점이지대(漸移地帶, transition belt)란 지리적 특색을 나타내는 한 지역과 또 다른 지리적 특색을 나타내는 곳 사이에 있는 중간 성격의 지대를 말한다. 이런 점이지대적 특성을 나타내는 중간계층이나 소위 '낀 세대'일 경우 양측의 공세나 압박으로 인해 심각한 수준의 심리적 위축을 경험하게 된다. '샌드위치 증후군(Sandwich Syndrome)'은 성과를 강조하는 상사와 능력이 출중한 부하 직원 사이에서 느끼는 중간관리자들의 심리적 압박 현상으로 중간에 끼어 어느 쪽에서도 인정을 받지 못한다는 상실감과 무력감을 나타낸다. 밑에서는 부하 직원이 쳐 올라오고 위에서는 경영진이 압박을 가함으로써 겪는 중간관리층의 고충을 뜻한다고 할 수 있다.

'신샌드위치 증후군(New Sandwich Syndrome)'은 샐러리맨이 자기가 몸담고 있는 회사나 조직에서 크게 인정을 받지 못하고 있다고 느끼는 데다 자신의 보금자리라 할 수 있는 가정에서도 부인이나 자녀로부터 인정을 받지 못하고 있다고 느끼는 심리적 현상을 말한다. 오늘날 아침 일찍 출근해 저녁 늦게 퇴근하며 직장에서 일에 치여 사는 40~50대 남성 직장인들이 종종 겪는 증상이다. 샌드위치 증후군의 배경이 회사(직장)라면, 신샌드위치 증후군의 배경은 가정과 회사이다.

(4) 인터넷 시대의 심리적 병증

'사이버콘드리아 증후군(Cyberchondria Syndrome)'은 인터넷 공간을 의미하는 '사이버(cyber)'와 '건강염려증(hypochondria)'의 합성어로 건강에 대한 근심이 지나쳐서 온갖 종류의 건강, 의학 웹사이트를 통해 얻은 정보로 부정확한 자가진단을 내리고, 이를 근거로 불필요한 처방이나 치료를 요구하는 사람들의 행태를 지칭한다. 이 증후군이 있는 사람은 조금이라도 몸에 이상증세가 나타나면 그 증상과 연관된 특정 질환에 걸린 것이 아닌지 하는 의심과 불안이 심해져 실생활에 지장을 받기도 한다.

'패스워드 증후군(Password Syndrome)'은 각종 정보통신기기의 발전으로 은행통장, 신용카드, 휴대전화 등 자신이 보유한 비밀번호가 늘어남에 따라 이들 패스워드를 잘 기억하지 못해 혼란을 겪는 현상이다. '리셋 증후군(Reset Syndrome)'은 컴퓨터가 느려지거나 제대로 작동하지 않을 때 리셋 버튼만 누르면 처음부터 다시 시작할 수 있는 것처럼, 심리적 압박감이 가중될 경우 현실 상황을 온라인 상황으로 착각해 현실 세계에서도 '리셋'이 가능할 것으로 여기는 현상을 말한다. 게임 중독, 주식투자 중독, 음란물 중독처럼 인터넷 중독의 한 유형으로 꼽히고 있다. 1990년 일본에서 처음 생겨났으며, 국내에서는 1990년대 말부터 경찰백서에 등장하기 시작했다.

(5) 특수공간 체험에 따른 병증

'제트 레그 증후군(Jet Leg Syndrome)'은 항공기 탑승 시 시차로 인해 무기력증, 구토, 두통이 생기고 일시적으로 피로해지거나 멍해지는 등의 증세가 나타나는 것을 말한다. '제3의 피로'로 칭하기도 한다. 제트기와 초음속 여객기의 개발로 단시간에 시차가 다른 지역으로의 여행이 가능해지자 여행객들이 밤낮이 바뀌는 시간에 신체리듬이 적응하지 못해서 발생하는 현상이다.

'남극형 증후군(Antarctic Syndrome)'은 좁은 공간에서 함께 생활할 때 심리와 행동이 격해지는 현상을 말한다. '고립효과(Isolated Effect)'라고도 불린다. 일본 영화 〈남극의 쉐프〉(2010)에서 엿볼 수 있는 현상이다. 특히 이런 고립효과가 남극에 파견된 연구원들과 군인들에게서 부각되어 연구되었기 때문에 남극형 증후군이라 이름이 붙여졌다. 잠수함을 오랫동안 타고 해저에서 근무하는 사람들, 우주선을 타고 비행하는 우주비행사들, 좁은 방을 여럿이 쓰며 함께 사는 사람들에게서도 같은 증상이 나타난다.

(6) 망상장애

'빨간 모자 증후군(Red Hood Syndrome)'은 세상의 모든 남자들이 흉악하거나 나쁘다는 생각을 뇌리에 박아두고, 남자들을 증오하고 기피하게 되는 심리적 병증현상이다. 여성의 남성에 대한 경계심이나 증오심이 극대화되어 나타난다. 프랑스 샤를 페로(Charles Perrault)의 동화집 『옛날이야기(Histoires ou Contes du Temps Passé)』(1697)에 수록된 「빨간 모자 이야기(Little Red Riding Hood)」에서 명칭이 유래되었다. 늘 '빨간 모자'를 쓰고 다니는 빨간 모자 소녀는 아픈 할머니에게 음식을 가져다주러 가던 중 늑대 한 마리를 만난다. 늑대는 소녀에게 상냥하게 행선지를 물은 뒤, 교활하게 먼저 달려가 할머니를 잡아먹고 나중에 도착한 소녀도 잡아먹는다. 동화의 말미에 "수상한 사람과 이야기하는 것은 늑대에게 저녁을 제공해주는 것과 다름없다"라는 말을 남김으로써 경계효과를 극대화하고자 했다.

'오셀로 증후군(Othello Syndrome)'는 자신의 배우자나 연인을 믿지 못하고 늘 의심하는 심리적 병증이다. 의처증(疑妻症)이나 의부증(疑夫症)에 해당하는 망상장애(妄想障碍)라 할 수 있다. 특별한 이유나 증거를 제시하지 못하는데도 자신의 배우자나 연인이 부정을 저지르고 있다는 그릇된 믿음을 가지는 경향이 있다. 셰익스피어의 비극 작품 가운데 〈오셀로〉에서 오셀로가 자신의 열등감으로 인해 아내의 부정을 의심하는 것에서 명칭이 유래되었다. 사랑이나 믿음이 부족한 사람들에게서 생기는 우울한 심리현상이다. 병중인데도 이런 증상이 있는 사람들은 스스로 그런 증상이 있다고 드러내지 않고 자신에게 문제가 있다는 것을 인정하지 않는 경향이 많다.

'뮌하우젠 증후군(Munchausen Syndrome)'은 망상에 젖어 병적으로 거짓말을 하면서 그럴 듯하게 이야기를 지어내고 마침내 자신도 그 이야기에 도취되어 믿어버리는 증상을 말한다. 미국의 정신과 의사 리처드 애셔(Richard Asher)는 의학저널 ≪더 란세트(The Lancet)≫(1951)에서 사실이 아닌데도 끊임없이 과장을 하며 자신의 경험이라 믿는 환자들을 발견하고는 이렇게 명명했다. 그는 허풍과 과장에 능했던 18세기 독일의 군인이자 관료였던 폰 뮌하우젠 남작(Baron Karl Friedrich Munchausen)의 이름을 따서 병명으로 만들었다. 일본 미이케 다카시 감독이 연출한 스릴러 영화 〈착신아리(着信アリ)〉(2003)에는 뮌하우젠 증후군 증상을 보이는 소녀가 나온다.

'반 고흐 증후군(Van Gogh Syndrome)'은 망상에 젖어 고의로 자신의 신체조직에 상처를 주는 자해적 병증을 말한다. 네덜란드 태생인데 프랑스에서 활약한 화가로, 정신 병력이 있는 빈센트 반 고흐(Vincent van Gogh)가 자해적으로 자신의 귓불을 잘랐다는 이야기에서 그 명칭이 유래되었다. 화를 잘 참지 못하거나 자신의 감정을 제대로 조절하지 못하는 사람들에게서 주로 나타난다.

'무드셀라 증후군(Mood Cela syndrome)'은 추억은 항상 아름답다고 여겨 좋은 기억만 남겨두려고 하는 현상이다. '스마일 증후군(Smile Syndrome)'

은 얼굴은 웃고 있지만 마음은 항상 절망감으로 가득 차 있는 가면성 우울증을 나타낸다. '카그라스 증후군(Cagras Syndrome)'은 자신이 직접 보거나 경험한 사실조차도 거짓이라고 부정하면서 진실은 다른 곳에 있다고 믿고 가족, 지인, 친구들까지 누군가에 의해 만들어진 '가짜의 존재'라고 인식하는 병적 증상이다. '일루전 증후군(Illusion Syndrome)'은 사랑하는 사람이나 호감이 가는 사람이 조금만 잘해줘도 착각해 어찌할 바를 모르는 비정상적인 심리현상을 말한다.

'후광효과(後光效果, Halo effect)'는 어떤 대상을 평가할 때 그 대상이 지니고 있는 한 가지 특징이 다른 특징들에까지도 영향을 미치는 것을 말한다. 특정 인물을 평가할 때 그 사람의 외모에서 좋은 인상을 받았다면 그 사람의 지능이나 성격 등도 좋다고 평가하는 일을 지칭한다. '악마증후군(Devil Syndrome)'은 후광효과와 반대의 뜻으로 특정 대상이 지닌 좋지 않은 점 때문에 전체적으로 부정적인 평가를 하는 심리적 현상을 나타낸다. 가령 어떤 사람이 못생긴 외모를 가졌기 때문에 다른 행동이나 특징도 모두 나쁘고 격이 떨어질 것이라 믿어버리는 현상이 이에 해당한다.

'쿠바드 증후군(Couvade Syndrome)'은 아내가 임신 중인 남편이 자신이 임신한 여자처럼 구역질, 매스꺼움, 입덧과 같은 증상을 나타내는 것을 말한다. '동정임신(Sympathetic pregnancy)'으로도 불리는 일종의 심신증(心身症)이다. '쿠바드(couvade)'란 원래 프랑스어 'couver'(부화하다)에서 유래된 말로 1865년 영국의 인류학자 에드워드 타일러(Edward B. Tylor)가 명명했으며, '의만(擬娩)'이나 '남자산욕(男子産褥)'을 의미한다. 파푸아뉴기니, 타이, 러시아, 중국 등의 일부에서 남편이 산모의 고통을 모방해 흉내 낸다는 풍습이 있다고 해 이 같은 명칭이 붙었다. 여기서 '의만'이란 남성의 감정이입 혹은 페로몬의 영향으로 남편의 두뇌 속에 원래 여성의 몸에 황체를 만들고 유즙(젖)이 나오도록 자극하는 임신 호르몬 프로탁틴의 분비를 일으켜 남편이 부인의 출산을 흉내 내도록 하는 것을 말한다.

4) 범죄와 연관된 정서와 심리

(1) 스톡홀름 증후군

'스톡홀름 증후군(Stockholm Syndrome)'은 인질들이 인질범들에게 정서적으로 동화되어 호감을 느끼는 비정상적 심리현상이다. 극한 상황에 처할 경우 겪게 되는 강한 스트레스와 두려움이 원인으로 분석된다. 이 용어는 1973년 스웨덴 스톡홀름 은행 강도 사건에서 유래했다. 은행에 침입한 4명의 무장 강도가 은행 직원들을 볼모로 잡고 6일간 경찰과 대치한 사건에서 이런 이상 심리가 처음으로 관찰되었다. 인질로 잡힌 은행 직원들은 처음에는 강도들을 두려워했으나, 시간이 흐르면서 차츰 그들에게 동화되어 자신들을 구출하려는 경찰들을 적대시하고, 사건이 끝난 뒤에도 계속해서 강도들에게 불리한 증언을 하지 않았다고 한다. 벤 애플렉이 감독과 배우로 나선 스릴러 영화 〈타운(The Town)〉(2010)에서도 엿보이는 심리적 현상이다. 이 영화는 미국 최대의 범죄도시 보스턴에서 실패를 모르는 최고의 은행 강도단 리더 '더그(벤 애플렉)'가 은행을 털면서 우연히 인질로 잡았던 여자가 더그에게 애정을 느끼면서 사랑이 시작되는 것을 그린다.

일본의 성인영화 〈완전한 사육: 신주쿠 여고생 납치사건〉(1999), 〈완전한 사육 2: 사랑의 40일〉(2001), 〈완전한 사육: 우편배달부의 사랑〉(2002), 〈완전한 사육 4: 비밀의 지하실〉(2004), 〈아키하바라의 하녀카페: 완전한 사육〉(2010) 등 〈완전한 사육〉 시리즈가 대표적이다. 상속녀였던 패티 허스트를 다룬 미국 로버트 스톤 감독의 다큐멘터리 영화 〈게릴라: 패티 허스트의 납치〉(2004)도 스톡홀름 신드롬을 기반으로 하고 있다.

(2) 리마 증후군

'리마 증후군(Lima Syndrome)'은 인질범들이 자신들의 볼모에게 정신적
으로 동화되어 자신을 인질과 동일시함으로써 공격적인 태도가 완화되
는 현상이다. '스톡홀름 증후군'과 정반대 현상이다. 이 명칭은 1996년 12
월 페루의 수도 리마에서 발생한 페루 반군들의 일본대사관 관저 점거 인
질 사건에서 비롯되었다. 당시 대사관을 점거한 페루의 반정부 조직 '투
팍아마루 혁명운동(MRTA)' 요원들은 1996년 12월 17일 주페루 일본대사
관을 기습적으로 점거하고 1997년 4월 23일까지 무려 126일 동안 민간인
등 400여 명을 인질로 억류했다.

반군들은 페루 정부군의 기습작전으로 사건이 완전히 마무리되기 전
까지의 오랜 기간 동안 인질들과 함께 지내면서 점차 그들에게 동화되어
가족과의 안부 편지, 미사 개최, 의약품 의류 반입 등을 허용하고 자신의
신상을 털어놓는 이상 현상을 보였다. 이후 심리학자들이 이 사례를 면밀
히 연구한 뒤, 인질범이 인질에게 동화되는 현상을 리마 증후군이라 명명
했다.

(3) 반사회적 인격장애

'반사회적 인격장애(Antisocial Personality Disorder)'는 타인을 속이고 범죄
행위를 하는 데에 죄책감을 느끼지 않으며, 착취적이고 지나친 야망과 우
월한 태도를 보여 타인에 공감하지 못하며 감정 기복이 심한 정신장애이
다. 타인의 권리를 대수롭지 않게 여기고 침해하며, 반복적인 범법행위나
거짓말, 사기성, 공격성, 무책임함을 보인다. 평소에는 정신병질이 내부
에 잠재되어 있다가 범행을 통해서만 밖으로 드러나기 때문에 주변 사람
들이 알아차리지 못하는 것이 특징이다. 최근에 자주 일어나고 있는 '묻
지 마 살인'의 사례들도 이러한 병증이 원인으로 분석되고 있다. 일종의

'하드고어 무비(Hardgore Movie)'는 '사지(四肢) 절단이나 내장이 다 터져 노출되는 등 잔인함의 정도가 매우 강하여 관객으로 하여금 극도의 공포감을 느끼도록 만드는 호러 영화'를 지칭한다. 간단히 줄여서 '하드고어'라고도 칭한다. 노골적으로 성기를 노출하는 포르노 영화를 의미하는 '하드코어 무비(Hardcore Movie)'와 발음과 철자는 유사하지만 그 개념이 전혀 다르다. 하드코어는 '하드코어 포르노(Hardcore porno)'의 약어로 줄여서 '하드코어'라고도 한다. 'hardcore'란 단어에는 '노골적인', '외설적인', '포르노 영화'란 뜻이 있다.

하드고어 무비는 전기톱, 사육장의 가금류 모이 분쇄기, 잔디를 깎는 기계, 나무를 벌채하는 도끼 등으로 사람을 절단하고, 그로 인해 피가 사방으로 튀고, 배에서 창자와 온갖 내장이 튀어나오는 장면들이 나오는 영화를 말한다. 사전적으로 '고어(gore)'는 '피', '핏덩이', '응혈' 등의 뜻을 지니고 있으며 'hardgore'는 '진한 선지피'란 뜻을 가지고 있어 이런 의미가 영화의 유형을 구분하는 데 활용된 것이다. 〈데드 얼라이브(Dead Alive)〉(1992), 〈텍사스 전기톱 연쇄살인사건(The Texas Chainsaw Massacre)〉(2003) 등이 대표적이다.

하드고어 무비의 하위 범주에는 '스플래터 무비(Splatter Movie)'와 '슬래셔 무비(Slasher Movie)'가 있다. '스플래터 무비'는 줄여서 '스플래터'라고도 하며 '튀기다', '적시다'란 의미의 영어 어휘 'splatter'에서 유래된 조어로, 피가 튀기는 잔인한 장면이 나오는 호러물을 지칭한다. '슬래셔 무비'는 간단하게 '슬래셔'라고도 하며 미치광이 살인마들이 칼이나 도끼로 사람들을 난도질해서 죽이는 영화를 말한다. '날카로운 흉기로 긋다' 또는 '절단하다'는 뜻의 영단어 'slash'에서 유래한 조어이다. 〈할로윈〉(1978), 〈13일의 금요일〉(1980) 등이 대표적이다.

'사이코패스'라 할 수 있다. 사이코패스는 반사회성 인격장애의 하위 범주로서, 공감 및 죄책감의 결여, 얕은 감정, 자기중심성, 남을 잘 속임 등을 특징으로 하지만 자신의 행동인지가 안 되는 병증인 사이코패시(Psychopathy)를 지닌 사람을 말한다. 반면, 사이코패스와 외형적 증상이 유사하지만 자신의 범죄나 반사회적 행동에 대해 잘못된 행동임을 인지하는 경우를 '소시오패스(Sociopath)'라 한다. 반사회적 인격장애를 가진 캐릭터를 다룬 문화 콘텐츠는 '하드고어 무비'에서 많이 등장하고 있다.

스티밴 미나(Stevan Mena) 감독의 미국 스릴러 영화 〈사이코패스(Berea-vement)〉(2010)는 펜실베이니아 주에서 선천성 무통증을 앓고 있는 소년이 연쇄살인범에 의해 납치된 후 연쇄살인범들이 자신의 앞에서 계속 사람을 죽이는 장면을 봄으로써 점차 살인에 무감각해져가며 사이코패스가 되는 과정을 그리고 있다. 대표적인 공포영화로 손꼽히는 미국 영화 〈텍사스 전기톱 연쇄살인사건〉(2003, 2013)은 텍사스 주 트라비스 마을의 숲 속에서 실제 일어났던 사이코패스의 살인 행각을 다룬 것이다. 미치광이 살인마가 무차별 살인을 벌이는 장면을 다룬 슬래셔 무비이다. 김휘 감독의 〈이웃사람〉(2012)은 주인공 경희(김윤진)의 집 바로 아래층에 사는 사이코패스 승혁(김성균)의 연쇄살인 행각을 다루고 있다. 김성홍 감독의 스릴러 영화 〈실종〉(2008)에 나온 시골의 닭 사육장에서 노모를 모시면서 살고 있는 살인범 '판곤'(문성근)과 허정 감독의 영화 〈숨바꼭질〉(2013)에서 어린 딸과 단 둘이 살면서 무감각하게 습관적으로 살인을 일삼는 중년의 주부 '주희'(문정희)도 같은 범주의 사이코패스 캐릭터라 할 수 있다.

(4) 죄수의 딜레마

'딜레마(Dilemma)'는 이러지도 저러지도 못하는 처지, 즉 진퇴양난(進退兩難)이나 사면초가(四面楚歌)의 상황을 말한다. '죄수의 딜레마(Prisoner's Dilemma)'란 공범자가 두 명이 있을 경우 범죄 은닉과 자백에 따른 유불리를 계산하면서 서로 이러지도 저러지도 못하는 현상을 말한다. 즉, 공범이 붙잡혔을 경우 수사관이 심문하더라도 서로 협력해 범죄 사실을 숨기면 '증거 불충분'으로 형량이 낮아지는 가장 유리한 결과를 얻을 수 있음에도, 다른 공범의 범죄 사실을 말하면 형량을 감해준다는 수사관의 현실적인 유혹에 빠져 공범의 죄를 알림으로써 무거운 형량을 선고받게 되는 현상이다.

배트맨 시리즈인 영화 〈다크 나이트(The Dark Knight)〉(2008)에 이런 상황이 잘 묘사되어 있다. 정의를 수호하는 배트맨(크리스찬 베일)은 베테랑 형사 짐 고든(게리 올드만), 패기 넘치는 검사 하비 덴트(아론 에크하트)와 함께 고담 시를 범죄 조직으로부터 영원히 구원하고자 한다. 불안을 느낀 사이코패스 악당 조커는 고담 시를 무너뜨리려는 계획하에 배트맨이 가면을 벗고 정체를 밝힐 때까지 살인과 파괴를 멈추지 않겠다고 협박한다. 조커는 급기야 선량한 시민들과 죄수들이 나누어 타고 있는 두 척의 배에 각각 폭탄을 설치하고 다른 쪽의 배를 폭파시킬 수 있는 기폭장치를 양쪽 배에 전달하는 악의적 게임 상황을 설정한다. 그리고 1시간 내에 먼저 스위치를 눌러 다른 쪽 배를 폭파시킨 배만 살아남을 수 있다는 메시지를 전한다. 여기에서 시민들과 죄수들이 선택할 수 있는 길은 '죄수의 딜레마'와 같이 스위치를 누를 것인가 말 것인가의 선택뿐이다.

죄수의 딜레마는 '랜드연구소(RAND Corporation)'의 고문인 프린스턴 대학교 수학과 앨버트 터커(Albert Tucker) 교수가 게임이론을 설명하기 위한 자료로 플러드와 드레서가 공동으로 행한 실험에서 이 사례를 만들었다. 랜드연구소는 제2차 세계대전이 끝난 후 미국 국방성이 안보 강화를 위해 연구소 형태로 기업을 설립한 것이다. 폭행 혐의자로 붙잡힌 두 명의 공범(A, B)에 대한 경찰의 분리 심문 게임에서 비롯되었다. 경찰은 혐의자들에게 자백을 종용한다. 만약 조직폭력배 동원 및 흉기 사용 등의 혐의에 대해서 자백하면 자백한 사람은 불기소해 즉시 석방하고, 부인한 다른 한 사람은 9년형에 처해진다. 둘 다 부인하면 각각 1년 형, 둘 다 자백하면 각각 5년형에 처해진다. 이때 A, B가 취할 수 있는 전략은 혐의를 부인(상호 협조)하거나 자백(상호 배신)하는 것이다.

■ ■ ▪ 참고문헌

국내문헌

공보금. 2004. 「여성 우울증」. ≪인제의학≫, 24권 2호, 17~26쪽.

김원. 2007. 「희망, 낙관주의의 개념과 연구 현황」. ≪스트레스연구≫, 15권 3호, 199~204쪽.

김윤태. 2009. 「행복지수와 사회학적 접근법: 돈으로 행복을 살 수 있는가?」. 『한국사회학회 심포지움 논문집』, 75~90쪽.

김주엽. 2009. 「행복: 조직행동의 새로운 지평」. ≪인적자원개발연구≫, 12권 1호, 123~141쪽.

김종구. 1998. 「한국 연기자의 무대공포에 관한 연구」. 중앙대학교 예술대학원 석사학위논문.

나은영. 2002. 『사회심리학적 관점에서 본 인간 커뮤니케이션과 미디어』. 서울: 한나래.

_____. 2010. 『미디어 심리학』. 서울: 한나래.

마키아벨리(N. Machiavelli). 2005. 『군주론: 가장 정직한 교과서』. 신재일 옮김. 서울: 서해문집.

문국진. 2007. 『(법의학자가 풀어본 그림속) 표정의 심리와 해부』. 서울: 미진사.

박주언 · 강은호 · 박영민 · 최삼욱 · 채정호. 2008. 「행복과 정신건강의 긍정심리학적 접근」. ≪스트레스연구≫, 16권 2호, 107~114쪽.

박재규 · 이정림. 2011. 「한국 성인 남녀의 우울증 변화에 영향을 미치는 요인 분석」. ≪보건과 사회과학≫, 29집, 99~128쪽.

오진탁. 2008. 『자살, 세상에서 가장 불행한 죽음: 죽음을 알면 자살하지 않는다』. 서울: 세종서적.

오진호. 2012. 「배우의 무대불안 극복을 위한 심리적 중재 프로그램 개발 및 고찰」. ≪한국콘텐츠학회논문지≫, 12권 1호, 234~243쪽.

유한익 · 손정우. 2007. 「자폐증의 임상양상」. 대한소아청소년정신의학회 2007

년도 춘계학술대회 발표 논문(2007.5.12), 7~17쪽.

음영지 · 엄진섭 · 손진훈. 2012. 「공포와 기쁨 정서 간 안면온도 반응의 차이」. ≪감성과학≫, 15권 1호, 1~8쪽.

이만갑. 2002. 『자기와 자기의식』. 서울: 소화.

이인식. 1998. 「성도착의 이모저모: 관음증에서 마조히즘까지」. ≪과학동아≫, 13권 4호, 108~113쪽.

장윤혁. 2009. 「플라시보 효과와 뇌」. 『브레인(한국뇌과학연구원)』, 17권, 44~45쪽.

장은혜 · 우태제 · 이영창 · 손진훈. 2007. 「공포와 혐오 정서에 대한 아동의 심리 생리 반응」. ≪감성과학≫, 10권 2호, 273~280쪽.

전세일. 2003. 「뇌와 앎과 기쁨」. 『한국정신과학회 제18회 2003년도 춘계학술대 회 논문집』, 91~98쪽.

전재원. 2012. 「아리스토텔레스와 행복한 삶」. ≪철학논총≫, 68집, 409~423쪽.

최현석. 2011. 『인간의 모든 감정: 우리는 왜 슬프고 기쁘고 사랑하고 분노하는 가』. 서울: 서해문집.

티비츠, 딕.(Dick Tibbits). 2008. 『용서의 기술: 심리학자의 용서 프로젝트』. 한미 영 옮김. 서울: 알마.

프로이트, 지그문트(Sigmund Freud). 2006. 『꿈의 해석』. 홍성표 옮김. 서울: 홍 신문화사.

홍길동 · 이홍식 · 이형국 · 오진호 · 이기호. 2008. 「배우의 공연 시 각성 변화와 심리적 자기조절 분석」. ≪한국콘텐츠학회논문지≫, 8권 12호, 176~189쪽.

홍성택 · 오진호. 2011. 「연극배우의 심리적 지원에 대한 인식과 발전 방안」. ≪한 국콘텐츠학회논문지≫, 11권 3호, 222~226쪽.

외국문헌

Adams, R. B. and R. E. Kleck. 2005. "Effects of Direct and Averted Gaze on the Perception of Facially Communicated Emotion." *Emotion*, 5(1), pp. 3~11.

American Psychiatric Association. 1994. *Diagnostic and Statistical manual of Psychiatric disorders*(4th ed.). Washington DC.: Author.

American Psychiatric Association. 2000. *Diagnostic and Statistical Manual of Mental Disorders: DSM-IV*(4th ed. text revision). pp. 566~567.

Becht, M. C. and Ad. J. J. M. Vingerhoets. 2002. "Crying and Mood Change: A Cross-cultural Study." *Cognition and Emotion*, 16, pp. 87~101.

Bowlby, J. 1979. *The Making and Breaking of Affectional Bonds.* London: Routledge.

Buchanan, G. M. and M. E. P. Seligman(eds.). 1995. *Explanatory style.* Hillsdale NJ: Erlbaum.

Cashdan, E. 1998. "Smiles, Speech, and Body Posture: How Women and Men Display Sociometric Status and Power." *Journal of Nonverbal Behavior, 22.* pp. 209~228.

Cloninger, C. R. 2004. *Feeling Good: The Science of Well-being.* New York: Oxford University Press.

Diamond, L. M. 2004. "Emerging perspectives on distinctions between romantic love and sexual desire." *Current Direction in Psychological Science,* 13, pp. 116~119.

Diener, E. 2000. "Subjective well-being: The Science of Happiness and a Proposal for a National Index." *American Psychologist,* 55(1), pp. 34~43.

Emmons, R. A. and M. E. McCullough. 2003. "Counting Blessings versus Burdens: An Experimental Investigation of Gratitude and Subjective Well-being in Daily Life." *Journal of Personality and Social Psychology,* 84, pp. 377~389.

Fiedler, K., J. Schmid and T. Stahl. 2002. "What is the Current Truth about Polygraph Lie Detection?" *Basic and Applied Social Psychology,* 24, pp. 313~324.

Fitness, J. 2000. "Anger in the Workplace: An Emotion Script Approach to Anger Episodes between Workers and Their Superiors Co-workers and Subordinates." *Journal of Organizational Behavior,* 21(2), pp. 147~162.

Kassinove, H., D. G. Sukhodolsky, S. V. Tsytsarev and S. Solovyoa. 1997. "Self-reported Constructions of Anger Episode in Russia and America." *Journal of Social*

Behavior and Personality, 12, pp. 301~324.

Kalat, James W. and Michelle N. Shiota. 2007. *Emotion*. Belmont, CA: Wadsworth Cengage Learning.

Keltner, D and G. A. Bonanno. 1997. "A Study of Laughter and Dissociation: Distinct Correlates of Laughter and Smiling during Bereavement." *Journal of Personality and Social Psychology*, 73, pp. 687~702.

Keltner, D. and B. N. Buswell. 1996. "Evidence for the Distinctness of Embarrassment, Shame, and Guilt: A Study of Recalled Antecedents and Facial Expressions of Emotion." *Cognition and Emotion*, 10, pp. 155~171.

Kendler, Kenneth S., John Myers, Carol A. Prescott and Michael C. Neale. 2001. "The Genetic Epidemiology of Irrational Fears and Phobias in Men." *Archives of General Psychiatry*, 58(3), pp. 257~265.

Lacan, Jacques. 1977. *Desire and the Interpretation of Desire in Hamlet in Literature and Psychoanalysis: The Question of Reading, Otherwise*. in Shoshana Felman (ed.). Baltimore: Johns Hopkins University Press, pp. 11~52.

Lazaru, R. S. 1991. *Emotion and adaptation*. New York: Oxford University Press.

Lefcourt, H. M. 2001. *Humor: The Psychology of Living Buoyantly*. New York, NY: Kluwer Academic/Plenum Publishers.

_____. 2002. "Humor." in C. R. Snyder and S. J. Lopez(eds.). *Handbook of Positive Psychology*. New York: Oxford University, pp. 619~631.

Machiavelli, N. 1515. *The Prince*(Translated by Marriott, W. K. 1998).

Martin, R. A. 1998. "Approaches to the Sense of Humor: A Historical Review." in W. Ruck(ed.). *The Sense of Humor: Explorations of a Personality Characteristic*. Berlin: Mouton de Gruyter.

_____. 2001. "Humor, Laughter and Physical Health: Methodological Issues and Research Findings." *Psychological Bulletin*, 127, pp. 504~519.

Masters, W. H. and V. E. Johnson. 1966. *Human Sexual Response*. Boston: Little Brown.

Mauro, R., K. Sato and J. Tucker. 1992. "The Role of Appraisal in Human Emotions:

A Cross-cultural Study." *Journal of Personality and Social Psychology*, 62, pp. 301~317.

Magen, Z. and R. Aharoni. 1991. "Adolescents' Contributing toward Others: Relationship to Positive Experiences and Transpersonal Commitment." *Journal of Human Psychology*, 31, pp. 126~143.

Miller, R. S. 2001. "Embarrassment and Social Phobia: Distant Cousins or Close Kin?" in S. G. Hofmann and P. M. DiBartolo(eds.). *From Social Anxiety to Social Phobia: Multiple Perspectives.* Boston: Allyn and Bacon, pp. 65~85.

Morrow, J. and S. Nolen-Hoeksema. 1990. "Effects of Responses to Depression on the Remediation of Depressive Affect." *Journal of Personality and Social Psychology*, 58, pp. 519~527.

Murube J, L. Murube and A. Murube. 1999. "Origin and Types of Emotional Tearing." *European Journal of Ophthalmology*, 9(2), pp. 77~84.

Pavlidis, I., N. L. Eberhardt and J. A. Levine. 2002. "Seeing through the Face of Deception." *Nature*, 415, p. 35.

Peterson, C. 2000. "The Future of Optimism." *American Psychologist,* 55(1), pp. 44~55.

Provine, R. R. 2000. *Laughter: A Scientific Investigation.* New York: Viking.

Rosario, M., E. Schrimshaw, J. Hunter and L. Braun. 2006. "Sexual Identity Development Among Lesbian, Gay, and Bisexual Youths: Consistency and Change over Time." *Journal of Sex Research*, 43(1), pp. 46~58.

Rozin P. and A. E. Fallon. 1987. "A Perspective on Disgust." *Psychological Review*, 94, pp. 23~41.

Ryff, C. D. and B. Singer. 2003. "Thriving in the Face of Challenge: The Integrative Science of Human Resilience." in F. Kessel, P. L. Rosenfield and N. B. Anderson(eds.). *Expanding the Boundaries of Health and Social Science: Case Studies of Interdisciplinary Innovation.* New York: Oxford University Press, pp. 181~205.

Scheier, M. F., J. K. Weintraub and C. S. Carver. 1986. "Coping with stress:

Divergent Strategies of Optimists and Pessimists." *Journal of Personality and Social Psychology*, 51, pp. 1257~1264.

Scherer, K. R. and H. G. Wallbott. 1994. "Evidence for Universality and Cultural Variation of Differential Emotion Response Patterning." *Journal of Personality and Social Psychology*, 66, pp. 310~328.

Shweder, R. A., N. C. Much, M. Mahapatra and L. Park. 1997. "The 'Big Three' of Morality(autonomy, community, divinity), and the 'Big Three' Explanations of Suffering." in A. M. Brandt and P. Rozin(eds.). *Morality and Health*. New York: Routledge, pp. 119~169.

Snyder, C. R.(ed.). 2000. *Handbook of Hope: Theory, Measures, and Appolications*. San Diego CA: Academic Press.

Spector, Jack J. 1972. *The Aesthetics of Freud: A Study in Psychoanalysis and Art*. New York: MCGraw-Hill Book Company.

Sternberg, R. J. 1986. "A Triangular Theory of Love." *Psychological Review*, 93, pp. 119~135.

Stubbe, J. H., M. H. de Moor, D. I. Boomsma and de E. J. Geus. 2007. "The Association between Exercise Participation and Well-being: a Co-twin Study". *Preventive Medicine*, 44, pp. 148~152.

Tangney, J. P., S. A. Burggraf and P. E. Wagner. 1995. "Shame-proneness, Guilt-Proneness, and Psychological Symptoms." in J. P. Tangney and K. W. Fischer(eds.). *Self-Conscious Emotions: the Psychology of Shame, Guilt, Embarrassment, and Pride*. New York, NY: Guilford Press, pp. 343~367.

Tibbits, D. 2006. *Forgive to Live: How Forgiveness Can Save Your Life*. Nashville: Integrity Publishers.

Veenhoven, Ruut. 1984. *Conditions of Happiness*. Dordrecht. Holland: Reidel.

기타 자료

이소담. 2013.10.1. "김해숙 '치매 연기 몰입해 실제 우울증 왔다'". ≪뉴스엔≫.

03

배우의 자질 및 경쟁력 분석과 성장전략 수립

1. 배우의 심리 · 성격과 스타일 분석

배우가 연기예술 세계에 잘 적응하고 계속 성장하려면 배우 개인에 대한 성격과 스타일을 분석하는 것부터 시작해야 한다. 이러한 분석은 배우에게 주어진 특정한 배역의 캐릭터들을 무대나 스크린을 통해 연기적으로 능숙하게 소화하고 좋은 이미지를 형성하면서 점차 높은 위상과 위치를 구축하는 데 가장 기초적인 작업이다. 또한 배우의 성장전략에 기본이 되는 요소이자 과정이다. 다시 말해, 배우의 경쟁력을 평가하고 성장 가능성을 타진하는 데 필수적인 요소이며 배우 자신에 대한 객관적이고 냉철한 분석과 진단을 토대로 장단점을 반영한 새로운 성장전략을 마련하는 데 큰 밑바탕이 된다.

캐릭터란 '소설이나 연극 등에 등장하는 인물' 또는 '작품 내용에 의해 독특한 개성과 이미지가 부여된 존재'를 지칭한다(강은미 · 오인영, 2010). 배우의 심리나 성격, 그리고 스타일을 분석하는 데는 일반인에 대한 성격 검사와 마찬가지로 여러 가지 검사법이 쓰이지만 가장 일반적으로 적용하는 것은 '에니어그램(Enneagram)', 'MBTI 검사', 'DISC 성격유형 검사', '버클리 성격 검사법(Berkeley Personality Profile)' 등이 있다.

배우는 일반인과 달리 직업의 특성상 다른 사람의 인생을 직간접적으로 체험하고 그 역할에 몰입되어 무대나 스크린을 통해 선보이는 역할을 하기 때문에 성격 및 심리 검사를 통해 나타나는 자신의 성격과 스타일에 대해 해석하는 방법이 달라야 한다. 먼저, 검사를 통해 나타난 인간 개인으로서의 특징을 살펴봐야 한다. 둘째, 개인으로서 나타난 성격과 연계해 자신이 소화할 수 있는 배역을 잘 따져봐야 한다. 검사를 통해 제시된 개인으로서의 성격과 스타일이 주로 캐스팅되는 배역과 일치하는 추세를 나타내는지, 아니면 주로 작품에서 캐스팅되는 배역과 많이 다르게 나타나는지 비교해봐야 한다는 뜻이다.

주기적으로 이런 작업을 계속 반복해야 자신을 심리적으로 조절하는 능력과 연기의 폭이 넓어진다. 배우는 무대에 오르거나 촬영이 시작되어 카메라 앵글 속에 들어가면 평소 개인의 모습과 전혀 다른 느낌을 발산해야 한다. 이렇게 변화할 수 있는 능력은 배우란 직업의 정체성을 규정하는 핵심적인 요소이며 누구도 쉽사리 모방할 수 없는 배우들만의 특징이기도 하다. 배우가 이런 변화에 능할 경우 관객이나 시청자들은 그 배우에 대해 매력이 있다고 평가한다. 일단 '큐 사인'이 나면 생활인으로서의 존재를 잠시 잊고 배우로서 극중 배역에 완전히 몰입해 주변 인물 및 주어진 상황과 자연스럽게 조화를 이뤄야 하는 것이다.

작품 경험이 적은 배우의 경우는 대부분 연기력이 부족해 표현력 면에서 개인이 지닌 성격과 극중 캐릭터의 성격이 큰 차이가 없다. 음성, 음색, 음폭, 음조도 변화의 폭이 크지 않아 지금까지 성장하면서 일상생활에서 조건반사적으로 발산해온 '생활음(生活音)'의 수준에 머물러 있다.

따라서 신인의 경우 성격과 심리 검사를 통해 나타나는 개인의 성격 및 스타일과 연기를 통해 선보일 수 있는 배역의 캐릭터가 거의 같다면 성격과 목소리를 매개로 하는 표현력과 연기의 폭을 확대하는 데 주력해야 한다. 반대로 개인의 성격 및 스타일과 견주어 연기를 통해 선보일 수 있는 역할의 캐릭터가 다양하다면 배우의 역량과 잠재성이 크다고 평가할 수 있다. 연기 경험이 풍부한 배우의 경우 개인의 성격과 비교해 다양한 캐릭터를 가진 배역이나 개인의 성격과 전혀 다른 성격을 지닌 배역을 능수능란하게 소화한다면 연기력과 배우로서의 매력이 더욱 뛰어나다고 평가할 수 있다.

1) 에니어그램

에니어그램은 인간의 선천적인 심리적 경향성을 아홉 가지 스타일로 나누어 분류하는 심리 분석 방법이다. 인간 이해의 틀로 생겨나 활용된 지 가장 오래된 심리 분석법이다(윤운성, 2003). 나의 성격과 내면을 탐구하고 직장, 가족, 친구 사이의 역동성과 소통 관계를 이해하는 데 유용한 도구이다. 자아 발견과 자아 이해를 하며, 이웃을 이해하고 자신과 이웃을 받아들임으로써 조화롭고 균형 있는 삶을 지향하도록 돕는 것이 목표이다(이종의, 2013). 따라서 인간인 동시에 극중 여러 가지 캐릭터를 체화해 표현해야 하며 상대 배우들과 조화를 꾀해야 하는 배우란 직업의 성격 분석과 구축, 그리고 치유에 유용하다.

이 분석법은 의식적인 측면에서는 의식의 확장을 통해 내면의 평화를 찾아 다양성을 수용함으로써 풍요로운 삶을 추구하고 각자의 소명을 다하도록 도우며, 심신 치유의 측면에서는 자신의 강박충동을 발견해 그 원인을 찾아내고 극복하는 해법을 찾는 과정이다(이종의, 2013). 고대에서 현대까지 고대 그리스 사상, 피타고라스, 플라톤의 영향뿐만 아니라 유대교, 크리스트교, 이슬람교 등 종교적 영향으로 발전했으며 지금은 현대 심리학과의 결합으로 경영, 교육, 심리, 사회복지 등에서 과학적이고 객관화된 인간의식 탐구 도구로 활용되고 있다(정영미, 2012). 그러나 인간의 의식과 자기성찰의 메커니즘을 다루기 때문에 성격심리학이 아닌 영성심리학의 범주에서 다뤄야 한다는 주장(이종의, 2013)도 있다.

에니어그램이라는 어휘는 희랍어에서 9를 뜻하는 '에니어(ennear)'와 점, 선, 도형을 뜻하는 '그라모스(grammos)'의 합성어로서 '9개의 점이 있는 도형'이라는 원뜻을 갖고 있다. 돈 리차드 리소(Don Richard Riso)는 약 4,500여 년 전 고대 바빌론이나 중동에서 에니어그램이 유래했다고 했지만 약 2,500년 전 아프가니스탄의 이슬람교 수피(sufi)파에서 유래해 몰래 구전되어왔다는 것이 학계의 정설이다. 그러다가 수피파의 영향을 받은 구르제프(G. I. Gurdjieff, 1916)의 '신비적 상징론'과 오스카 이차소(Oscar Ichazo)의 '성격유형론'으로 구체화되어 일반인들에게 알려지게 되었다(김현수, 1999). 구르제프는 옛 소련(러시아)에서 모스크바 서클(Moskva Circle)을 이끌어온 카리스마 넘치는 정신 지도자이다. 이차소는 남미 칠레의 에리카(Arica)에 에니어그램 연구소를 개설하고 에니어그램을 보급한 인물이다. 크게 볼 때 이들이 에니어그램의 '2대 유파'를 형성한 것이다.

구르제프는 12살에 집을 떠나 각국을 돌면서 수양한 후 지구생명체에 대한 근원적 물음을 탐구하는 모스크바 서클을 지도했는데, 그의 이론은 우주의 창조와 인간 생명체의 기원과 의식체계에 대한 답을 찾고자 하는 신비우주론에 중점을 두었다. 의식적 노력과 자발적 고난을 경험하면서 자각(awareness)을 통해 조화로운 발달을 추구함으로써 인간 본성을 회복하는 것을 목표로 삼았다. 반면 이차소는 구전되는 에니어그램을 수피족들에게서 배운 뒤 불교, 선, 무사도, 타오이즘 등 동양사상의 수행법들을

<그림 3-1> 에니어그램의 구성 원리

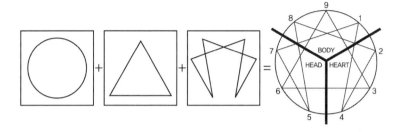

자료: 이종의(2013)를 토대로 재구성.

결합해 성격에 대입하면서 인성을 발견하는 데 초점을 두어 전파했다. 구르제프의 우주론과 인간론은 가급적 배제한 것이다. 에니어그램 가운데 구르제프 계열은 러시아를 거쳐 유럽 지역으로 전파되었고, 이차소 계열은 남미를 거쳐 북미 지역과 우리나라로 전파되었다.

에니어그램은 '자기관찰(self-observation)'을 통해 자신의 성격유형을 찾고 '자기이해(self-understanding)'를 통해 신념을 찾은 다음 '자기변형(self-transformation)'을 통해 소명을 찾는 원리로 구성되어 있다(이종의, 2013). 자기관찰의 단계는 자신이 무엇에 집착하는지 찾아내는 과정이며, 자기이해의 단계는 그 집착의 원인을 밝혀내는 과정이다. 마지막으로 자기변형의 단계는 찾아낸 집착을 자아를 초월해 극복하는 단계이다.

에니어그램의 상징은 '원(circle)', '삼각형(triangle)', '헥사드(hexad, 육각형)' 등 세 가지 도형이 합쳐진 형상으로 이뤄져 있다. 원은 우주를 상징하는데 조화와 통일성을 뜻하며 모든 것, 즉 모든 성격유형은 하나로 통합되어 귀결됨을 의미한다(김애경, 2010). 삼각형은 인간이 가진 세 가지 힘인 '본능(몸, body)', '감정'(심장, heart), '사고'(head)가 균형을 이룰 때 가장 완벽해진다는 뜻이다. 헥사드는 시간과 공간의 방향성과 연속성을 상징하는데, 인간의 다양한 성격유형은 어떤 흐름에 따라 항상 상호작용하면서 변화하고 있다는 뜻을 나타낸다(윤운성, 2003; 김대권, 2012; 정영미, 2012; 이종의, 2013). 원 안에 삼각형과 헥사드가 결합되어 포함되는 결합을 통해 아홉 가지 성격유형이 구성된다.

우리나라에서는 다른 나라와의 문화적 차이를 극복하기 위하여 2001년 표준화를 거친 한국형 에니어그램 성격유형검사(Korean Enneagram Personality Type Indicator: KEPTI)와 한국형에니어그램 5단계 프로그램이 윤운성(2001)에 의해 개발되어 발표되었다. 아홉 가지의 성격유형을 81문항으로 파악하는 전국표준화검사(N=2,500명)를 실시해 공인타당도(.82)가 높은 검사법으로 새롭게 만들어진 것이다. 이 검사법은 정확한 사용법을 전문적으로 교육받은 사람들에 의해 책임 있게 검사되고 해석되도록 권장되고 있다. 검사 해석의 전문성 및 검사 사용의 윤리성을 확보하기 위한 것이다.

한국형 에니어그램인 KEPTI는 원래의 이론과 마찬가지로 성격유형을 제1유형(개혁가), 제2유형(조력가), 제3유형(성취자), 제4유형(예술가), 제5유형(사색가), 제6유형(충성가), 제7유형(낙천가), 제8유형(지도자), 제9유형(중재자) 등 아홉 가지 스타일로 구분하고 있다(정영미, 2012). 의식 수준의 발달 측면에서 1, 2, 3유형은 '건강한 수준', 4, 5, 6유형은 '평균수준', 7, 8, 9유형은 '불건강한 수준'으로 분석된다.

첫째, 건강한 수준은 집착을 내려놓은 수준으로 자아(ego)의 습관에서 자유로운 상태를 말한다. 자신의 의식이 성격을 제대로 통제할 수 있기 때문에 겉과 내면이 동일하다. 따라서 잘못된 행위에 대한 자각이 잘 일어나 남들이 나에 대해서 잘못이나 실수를 지적해도 화를 내지 않는다. 둘째, 평균 수준은 집착에 사로잡혀 살아가는 수준으로 자신과 남에게 고통을 주는 스타일이다. 자신의 의식이 성격을 적정 수준까지는 통제를 하

<표 3-1> 에니어그램 분석법에 따른 성격유형 분석

유형	명칭	특징	장점	단점	의식수준 발달상태
1	개혁가	-완벽을 추구하는 사람 -합리적, 이상적, 완벽주의적인 성향	침착	분노	건강한 수준 (자신의 의식이 성격 통제)
2	협조자	-타인에게 도움을 주려는 사람 -조력적, 보호적, 모성애적인 성향	겸손	교만	
3	성취자	-성공을 추구하는 사람 -성공 지향적, 실용주의적인 성향	정직	기만	
4	예술가	-특별한 존재를 지향하는 사람 -존재감 어필형, 명상적, 내성적 성향	평안	선망	평균 수준 (자신의 의식이 성격을 적정 수준까지 통제)
5	사색가	-지식을 얻고 관찰하는 사람 -지적, 분석적, 관찰적인 경향	무욕	탐욕	
6	충성가	-안전을 추구하며 신중한 사람 -안전추구형, 신중하고 의무적 경향	용기	공포	
7	낙천가	-즐거움을 추구하고 계획하는 사람 -낙관적, 활동적, 개방적인 경향	절제	탐닉	불건강한 수준 (자신의 의식이 성격을 거의 통제하지 못함)
8	지도자	-강함을 추구하고 주장을 하는 사람 -강력한 카리스마, 지배적인 경향	성실	공격	
9	중재자	-조화와 평화를 바라는 사람 -조화롭고 태평하며 사양하는 유형	실천	태만	

자료: 윤운성(2003), 정영미(2012), 이종의(2013)를 토대로 재구성.

는 단계이다. 자아의 틀이 많이 드러나는 유형이다. 자신의 잘못이 있어도 겉으로는 드러내지 않으려 하며 주변의 반응에 민감해 상황에 따라 번갈아가면서 수용과 방어의 태도를 나타낸다. 셋째, 불건강한 수준은 집착에 함몰된 장애적 성격을 가진 스타일이다. 자신의 의식이 성격을 전적으로 통제하거나 조절하지 못해 파괴적인 패턴을 반복적으로 보여줌으로써 자신뿐만 아니라 상대방을 모두 망치게 한다. 자신의 내면에 대해서도 잘 알지 못하며 겉으로 드러나는 행동인 외면에 대해서도 잘 인식하지 못한다.

윤운성(2003)·정영미(2012)·이종의(2013) 등에 따르면 제1유형인 '개혁가 스타일'은 매사에 완벽을 추구하는 사람이다. 그래서 '완벽주의자 스타일'이라고도 부른다. 스스로 설정한 이상을 건설적인 방법을 통해 실현하려고 애쓴다. 따라서 열정과 추진력이 대단한 사람들이다. 항상 공정성과 정의감을 염두에 두고 윤리적이며 정직하고 신뢰받을 수 있는 행동을 한다. 인상이 깔끔하고 항상 절제하는 자세를 잃지 않는 것도 특징이다. 평소에 무엇을 '해야 한다'라는 말을 자주 하며 '나는 올바른 길을 걷고 있다', '나는 매사를 정확하게 파악하고 있다'는 생각을 하면서 만족감을 느낀다. 이런 유형의 단점은 완벽주의 성향이 강해 자신이나 어떤 대상에 대한 기대가 원하는 수준까지 실현되지 못하면 좌절과 분노에 빠지는 경우가 많다.

제2유형인 '협조자 스타일'은 스스로 마음속에서 우리나와 남에게 도움을 주려는 마음이 풍성한 사람들이다. 정이 많고 어려움에 빠진 다른 사람들을 도우면서 만족감을 느낀다. 주변 사람들을 위하는 일이나 그들에게 도움이 되는 일을 솔선해 잘한다. 예리한 직관과 감각을 갖고 있으며 주변인들의 기분을 이해하고 거기에 맞출 수 있기 때문에 적응력이 뛰어난 것도 특징이다. 아울러 심리와 태도 면에서 다양한 자기 얼굴을 갖고 있어 상대방에 따라 각기 다른 모습을 연출하기도 한다. 그러나 단점도 있다. 남들이 필요로 하는 것에 몰두하다 보니 정작 상대방으로부터 도움이 필요한 나 자신의 상황에 대해서는 자각하지 못하는 경우가 많다. 아울러 남들을 추켜세우고 남들에게 도움을 주면서 상대에게 대가를 받기를 원하기도 한다. 이런 경우 돌려받는 것이 충족이 안 되면 험담과 잔소리를 늘어놓으면서 상대방이 죄의식을 갖도록 유도한다.

제3유형인 '성취자 스타일'은 성공을 추구하는 사람이다. 성취동기가 강해 '동기부여자'라고도 한다. 효율적인 일처리를 중시하고 항상 왕성한 에너지를 갖고 새로운 목표를 세워 앞으로 나아가려고 한다. 인생의 가치를 '성공이냐 실패냐'라는 척도로 평가하고 성공이나 능력의 상징으로서 개인별 실적을 중시한다. 성공을 위해서는 자신의 개인 생활을 희생시키는 것도 개의치 않는다. 따라서 이런 유형에는 일중독자(workaholic)가 많다. 자신뿐 아니라 주변 사람들에게도 의욕을 고취시키는 능력이 뛰어나다. 단점은 '이중성(二重星)'이 있고 '위장술(僞裝術)'이 뛰어나다는 것이다. 이런 유형은 실제는 열정과 자신감이 덜한데도 열정과 자신감이 넘치는 인상과 화술을 선보인다. 주변 사람들에게 애써 좋은 인상을 심어주려고 전략적인 속임수를 쓰는 것이다. 아울러 그런 인상과 화술을 상대가 그대로 믿도록 교묘하게 속이는 재주도 가지고 있다.

제4유형인 '예술가 스타일'은 특별한 존재가 되는 것을 지향하는 사람이다. 배우를 비롯한 아티스트들이 주목해야 하는 성격유형이다. 이런 유형은 원초적으로 평범함을 거부하며 남으로부터 감동받는 것과 특별우대를 받는 것을 좋아한다. 스스로가 특별한 사람이라고 자부하고 있기 때문이다. 감정과 표현력이 풍부해 다른 사람들보다 기쁨, 슬픔, 고독 등의 정서를 더 깊게 느낀다. 남에 대한 이해심과 배려, 동정심이 잘 발산되기도 한다. 자신을 드라마 속의 연기자처럼 느끼고 있으며 행동, 발언, 패션에 이르기까지 최고 수준의 감각을 발휘하며 세련된 느낌을 주려고 애쓴다. 단점은 질투심과 선망이 강하고 과민반응을 자주 일으킨다는 것이다. 무엇이든지 극화(劇化)하려는 성향도 나타난다. 이들은 남들과의 비교를 통해 자신이 갖지 못한 것을 시샘해 갖으려 하고 그것이 실현되지 못할 경우 깊은 슬픔과 원한에 사로잡히기도 한다.

제5유형인 '사색가 스타일'은 지식을 얻고 관찰하는 사람들이다. 공부를 해 지식을 축적하는 것을 즐기고 현명하게 판단해 매사를 처리하려고 한다. 현실을 파악하는 관찰력, 분석력, 직관, 통찰력이 뛰어나지만 객관적이고 방관자적인 태도를 견지하기 때문에 평소 말수가 적고 조심스러운 태도를 유지한다. 어리석은 판단을 내리는 것을 두려워한다. 일을 시작하거나 의견을 발표하기 전에 정보를 상세하게 수집해 상황을 정확하게 파악한다. 아울러 고독을 즐기며 자신만의 시간을 갖는 것을 중시하기도 한다. 단점은 과도한 외로움과 고집, 탐욕이다. 이들은 관찰자나 방관자의 입장에 지나치게 빠진 나머지 스스로 벗어날 수 없는 깊은 고독에 빠지는 경우가 많고 여러 사람과 일을 함께 하면서 자신의 의견만을 고집한다. 아울러 이들의 열정과 추진력에는 탐욕이 담겨 있다.

제6유형인 '충성가 스타일'은 양면성(兩面性)이 강한 유형으로 자신을 보호하기 위해 안전을 추구하며 신중한 자세를 견지하는 사람이다. 막강한 보호자나 권력자를 찾아 그 밑에서 충직한 모습으로 자신의 책임을 다한다. 상대방의 조그마한 언동에서 그 진의를 파악하는 능력이 뛰어나 비서나 측근으로서의 역할을 잘 수행한다. 신뢰할 수 있는 관계라면 상대에게 따뜻한 정과 마음도 표현한다. 그러나 자신이 모시는 사람이 도저히 납득할 수 없거나 용인할 수 없는 권력이라고 판단되면 이에 반항하고 약자의 주장에 공감하며 불리한 싸움에 과감하게 도전하는 측면도 있다. '충실하다'라는 자신의 모습에 만족을 느끼면서도 '솔직하며 사회규범에 순응하지 않는 사람', '위험에 과감히 맞서는 사람'이라는 모습도 추구하는 것이다. 단점은 내면에 큰 공포심을 갖고 있다는 것이다. 이들은 권력에 반항하는 것에 대한 공포심이 있어 이를 억누르거나 충동적으로 대항함으로써 결과적으로 자신이 두려워하고 있는 행위를 하기도 한다.

제7유형인 '낙천가 스타일'은 낙관적인 유형으로 평소 즐거움을 추구하고 계획하는 사람이다. '만능인'이라고도 칭한다. 모든 일을 긍정적으로 접근해 바라보고 항상 밝고 유쾌하며 명랑한 성격을 발산한다. 일에 대한 호기심, 아이디어, 창의력도 풍부해 근사한 계획을 잘 세운다. 자기 주변에서 소소한 즐거움을 찾아내는 능력도 뛰어나다. 대인관계가 매끄러워 주변에 자신을 좋아하는 사람들이 많으며 스스로도 매력적인 인간이 되려고 노력한다. 그러나 이들은 낙관적 성격이 충동적일 만큼 지나쳐 세상만사가 무조건 잘될 것처럼 장밋빛으로만 보려한다. 쾌락에 몰두하기도 하며 정신적으로 몽롱한 상태에 빠져 있는 경우도 많다. 자신이 계획한 일이 현실적 여건에 의해 제지당하면 스트레스를 크게 받아 폭음과 폭식을 하기도 한다.

제8유형은 '지도자 스타일'로 항상 강함을 추구하고 자신의 주장을 앞세우는 사람이다. 자신이 옳다고 생각하면 전력을 다해 싸우거나 대항하는 전사의 풍모를 지니고 있다. 강한 힘을 발휘할 수 있는 위치를 확보하는 능력이 뛰어나고 그것이 곧 이들의 생존전략이 된다. 남들로부터 자신의 힘이 강하다고 평가받는 것에 대해 큰 자부심을 느낀다. 아울러 용기와 힘이 넘치고 권력구조뿐만 아니라 권력의 계선 조직에서 나타나는 부정, 태만, 허영심 등을 재빠르게 간파하는 능력이 뛰어나다. 부정에 과감하게 맞서고 거드름을 피우지 않는다. 성실하며 약자를 옹호하고 보호하려고 한다. 그러나 지나친 단호함, 공격 성향, 욕망이 단점이다. 기질상단호함과 공격 성향이 지나쳐 남들에게 피해를 주며 욕망이 강하기 때문에 자신의 의사를 관철시키기 위해 남을 압박하거나 이를 넘어서 횡포 부리거나 협박하기도 한다.

제9유형은 '중재자 스타일'로 조화와 평화를 바라는 사람이다. 심신의 안정감과 조화를 좋아하기 때문에 갈등이나 긴장을 피하는 경향을 나타낸다. 한마디로 '평화주의자 스타일'이다. 자신의 내면이 혼란스러워지는 것을 지극히 싫어하는 것이다. 주변의 다른 사람들에게 너무 쉽게 동화되어 영향을 잘 받는 특성도 나타낸다. 요즘 표현으로 '남한테 묻어가는 스타일'이다. 생존의 기로에서는 남한테 의지하거나 저항이 가장 적은 방법을 택해 생존을 모색한다. 그러나 조건이 양호한 환경에 있으면 마음이 넓고 동요되는 일이 없다. 편견이 없고 인내심이 강한 측면도 있다. 이런 특성에 따라 다른 사람의 기분을 잘 이해할 줄 알기 때문에 고민을 들어주는 상담가 역할도 잘한다. 단점은 결단력이 부족하고 지극히 게으른 특성을 나타낸다는 것이다. 이런 유형은 평소 꾸물꾸물한 태도로 당장 해야 할 일조차도 차일피일(此日彼日) 뒤로 미루며 자신 스스로에 대해서도 방치하듯 소홀히 관리를 하는 경향을 나타낸다.

에니어그램 검사는 심리전문가, 각 대학의 학생생활연구소, 온라인 심리연구소, 심리검사 컨설팅 업체들을 통해 쉽게 실시할 수 있다. 검사를 신청하면 검사지를 나눠주고 OMR 답안지로 보통 45분간 각 항목마다 자신의 행동 경향을 자기고백 형태로 체크하게 한 다음 컴퓨터로 분석해 검사결과를 통보해준다. 에니어그램 분석법을 통해 자신의 성격이 아홉 가지 유형 가운데 어느 한 가지 유형으로 분석되었다면 그 성격의 장점을 승화하고 단점을 극복하는 데 집중해야 한다. 이 분석법의 목적은 드러난 성격을 자신의 개성이나 특징으로 규정해 더욱 강화하는 것이 아니기 때문이다. 자신의 성격적 특질에 나타난 협소한 의식을 확장해 다양성을 넓혀 평화를 찾아야 하며 내재된 강박증을 발견해 이를 치유해야 한다. 숙명적으로 심리적 억압을 극복하고 표현의 다양성을 확보해야 하는 직업인 배우의 성격 교정과 구축에 긴요하게 쓰일 수 있다.

MBTI 검사

여러 가지 심리 및 성격 검사법 가운데 'MBTI 검사'는 심리학자 칼 융의 '심리유형론'을 근거로 개발되었다. 정식 명칭은 '마이어와 브릭스 유형지표(The Myers-Briggs Type Indicator)'이다. 1921년부터 연구에 착수해 1975년

<표 3-2> MBTI 검사의 성격 구조와 유형

지표(척도)	분리된 선호경향	
주의초점(에너지의 방향은?)	외향(Extroversion)	내향(Introversion)
인식기능(인식 대상은?)	감각(Sensing)	직관(iNtuition)
판단기능(판단 결정 수단은?)	사고(Thinking)	감정(Feeling)
생활양식(채택하는 생활양식은?)	판단(Judging)	인식(Perceiving)

	감각/사고	감각/감정	직관/감정	직관/사고
내향/판단	ISTJ (세상의 소금형)	ISFJ (막후 권력형)	INFJ (예언자형)	INTJ (과학자형)
내향/인식	ISTP (백과사전형)	ISFP (성인군자형)	INFP (잔다르크형)	INTP (아이디어뱅크형)
외향/인식	ESTP (수완 좋은 활동가형)	ESFP (사교형)	ENFP (스파크형)	ENTP (발명가형)
외향/판단	ESTJ (사업가형)	ESFJ (친성도모형)	ENFJ (언변능숙형)	ENTJ (지도자형)

까지 개선 과정을 거쳐 모녀지간인 캐서린 브릭스(Katharine Cook Briggs)와 이사벨 마이어(Isabel Briggs Myers)가 고안했다. 융의 심리유형론에 따르면 인간행동은 그것이 나타내는 다양성으로 인해 종잡을 수 없는 것처럼 보이지만 실제로는 아주 질서정연하고 일관된 경향이 있는데, 융은 인간행동의 다양성의 원인은 개인이 인식하고 판단하는 특징이 다른 것에서 기인한다고 제시했다.

MBTI 검사법은 인간의 성격유형을 모두 16가지로 분류하고 있는데, 우리나라에는 1990년대부터 보급되어 활용되기 시작했다. 이 검사법에 따르면 네 가지 척도(① 외향형과 내향형, ② 감각형과 직관형, ③ 사고형과 감정

형, ④ 판단형과 인식형)마다 분리된 선호경향(選好傾向, preference tendency)
이 존재해 각각 두 가지 성격이 존재하고 여덟 가지 선호지표(외향형, 내향
형, 감각형, 직관형, 사고형, 감정형, 판단형, 인식형)가 나타나므로, 이 요소들
의 조합을 통해 모두 16가지의 유형이 만들어진다(조성환, 2009; 박명훈·노
승석·박진완, 2011). 여기에서 선호경향이란 교육이나 환경의 영향을 받기
이전에 잠재되어 있는 선천적 심리경향을 말하는데, 각 개인은 자신의 기
질과 성향에 따라 각각 네 가지 범주에서 어느 한쪽의 성향을 띠게 된다.

　16가지 유형 가운데 먼저 'ISTJ(세상의 소금형)'는 매사에 철저한 데다 신
중하며 책임감이 강하고 보수적인 성향을 갖고 있다. 문제를 해결할 때
과거의 경험을 잘 적용하기도 한다. 아울러 집중력이 강하고 사리분별이
뛰어나다. 대쪽 같은 선비였던 조선 시대의 정철이 여기에 해당한다고 볼
수 있다(조성환, 2009). 'ISFJ(막후권력형)'는 양심적인 성향으로 자신과 타인
의 감정에 민감한 특징을 나타낸다. 일을 처리할 때 현실감각을 갖고 실
제적이고 조직적으로 매끄럽게 처리한다. '현모양처형'이라고도 불리며
직업은 의료, 간호, 교직, 사무직, 사회사업에 적합하다. 'INFJ(예언자형)'는
인내심이 많고 통찰력, 독창성, 직관력이 뛰어나며 양심이 바르고 화합을
추구하는 유형이다. 아울러 확고한 신념과 열정을 갖고 자신의 영감을 구
현시켜나가는 정신적 지도자들이 많이 속해 있다. 'INTJ(과학자형)'는 창의
력과 비판력 및 분석력이 뛰어나며 내적 신념과 고집이 강하다. 행동과
사고도 독창적이다. 주로 직관력과 통찰력이 활용되는 분야인 과학, 엔지
니어링, 발명 분야 등에서 능력을 발휘한다.

　'ISTP(백과사전형)'는 차분한 방관자 스타일로 논리적이기는 하지만 말
이 없으며 객관적으로 인생을 관찰하는 유형이다. 필요 이상으로 자신을
드러내거나 능력이나 역량을 발휘하지 않으며, 일과 관계되지 않는 이상
어떤 특정한 상황이나 복잡한 인간관계에 직접 뛰어들지 않는다. 유럽의

역사를 바꾸어놓은 미켈란젤로와 레오나르도 다빈치가 여기에 속한다(조성환, 2009). 'ISFP(성인군자형)'는 친절하고 겸손하며 현실을 즐기는 유형이다. 동정적이며 자기능력에 대해서도 겸손함을 유지한다. 모든 성격유형 중에서 가장 겸손한 성격이다. 적응력이 높고 관용성이 풍부하다.

'INFP(잔다르크형)'는 본질적으로 정열적인 성격을 나타내지만 바로 이런 열정 때문에 일을 지나치게 벌이는 특성이 있다. 이해심이 많고 관대하며 자신이 지향하는 이상에 대해 목표의식과 성취동기가 강하다. 남에게 좋은 인상을 주고자 하는 경향이 거의 없다는 것이 흠이다. 'INTP(아이디어뱅크형)'는 기본적으로 조용하고 과묵하지만 관심이 있는 분야에 대해서는 적극적이며 말을 잘하는 유형이다. 사안에 대한 이해도가 빠르고 높은 직관력으로 통찰하는 재능과 지적 호기심이 많다. 매우 분석적이고 논리적이다.

'ESTP(수완 좋은 활동가형)'는 사교성이 좋고 보수적 스타일을 갖고 있다. 사실적이고 관대하며 개방적이다. 사람이나 일에 대한 선입견도 별로 없다. 강한 현실감각으로 타협책을 모색하고 문제를 해결하는 능력이 뛰어나다. 영화 〈드림걸즈〉(2006)의 비욘세, 〈시카고〉(2002)의 캐서린 제타존스, 〈시스터 액트〉(1992, 1993)의 우피 골드버그가 각각 맡은 배역의 캐릭터와 역사 인물인 명성황후가 여기에 속한다(조성환, 2009). 'ESFP(사교적인 유형)'는 현실적이며 친절하다. 어떤 상황이든 잘 적응하며 사교력과 수용력이 강하다. 디테일에 강한 성격으로 주위 사람이나 주변에서 일어나는 일에 관심이 많아 나서거나 끼어들기를 좋아한다.

'ENFP(스파크형)'는 상상력이 매우 풍부한 유형이다. 온정적이고 창의적이며 항상 새로운 가능성을 찾고 시도한다. 고비마다 참신한 아이디어를 발휘해 신속하게 문제 해결을 하며 관심이 있는 일은 무엇이든지 잘해내는 능력과 열성이 있다. 'ENTP(발명가형)'는 독창적이며 창의력이 풍부하다. 넓은 안목을 갖고 있으며 다방면에 재능이 많다. 풍부한 상상력과 새로운 일을 시도하는 주도력이 있으며 솔선수범 하는 면모가 강하며 논리적이다.

'ESTJ(사업가형)'는 추진력과 활동성이 돋보이는 유형이다. 일을 조직하고 계획해 추진하는 능력이 뛰어나다. 체계적으로 사업체나 조직체를 이끌어나간다. 일의 목표를 설정하고 지시하고 결정하고 이행하는 능력이 있다. 'ESFJ(친선도모형)'는 타인에 대한 온정적인 시선과 능동적인 결행으로 남을 잘 돕는 것이 특징이다. 동정심이 많고 다른 사람에게 관심을 쏟으며 인화를 중시한다. 타고난 협력자로서 이야기하기를 즐기며 정리정돈을 잘하고 참을성이 많다. 'ENFJ(언변능숙형)'는 다른 사람의 생각이나 의견에 진지한 관심을 갖고 공동선을 위해 다른 사람의 의견에 대체로 동의한다. 사교성이 좋아 편안하고 능란하게 집단을 이끌어가는 능력이 있다. 책임감도 강하다. 'ENTJ(지도자형)'는 리더십이 가장 돋보이는 유형이다. 솔직하고 단호하며 열성, 지도력, 통솔력이 있다. 장기적 계획과 거시적 안목을 선호한다. 일을 처리할 때 플로차트를 그리며 사전 준비를 철저히 한다.

이 검사법은 개인이 검사지에 단순하게 표시하는 방식으로 쉽게 응답할 수 있는 자기보고 문항을 통하여 각자가 스스로 인식하고 판단해 선호하는 경향을 찾아낸 뒤, 그 경향들이 행동에 어떤 영향을 끼치는가를 파악하기 쉽다는 장점이 있다. 그러나 지극히 이론적인 체계에 충실한 분석법이며 성격의 구분이 매우 애매하다는 비판도 받고 있다. 아울러 긍정적인 성격유형 설명에 대해서 특별히 높은 평가를 해 일종의 '위약효과'를 제공한다는 지적도 받고 있다(Druckman and Bjork, 1991).

3) DISC 성격유형 검사

인간에 대해 성격유형 진단을 하면 크게 '주도형(Dominance)', '사교형 (Dominance),' '신중형(Conscientiousness)', '안정형(Steadiness)'의 네 가지 행동 스타일을 보인다고 하는 검사법이다. 심리학 이론을 토대로 교육 컨설팅을 하기 위해 개발했는데, 기업에서 많이 사용하기 때문에 실용성이 높다고 평가되는 검사법이다. 1차적으로 '주도형', '사교형', '신중형', '안정형' 등 네 가지 스타일로 성격을 분류하고 이를 조합해 2차적으로 15가지로 세분화한다. 각각의 영문 머리글자를 따서 'DISC' 테스트라 칭한다.

이 검사법은 교육 컨설팅 업체의 의뢰로 1928년 미국 콜롬비아 대학교 심리학 교수인 윌리엄 몰튼 마스턴(William Moulton Marston) 박사가 개발했다. 인간은 누구나 환경의 영향을 받으며 그렇게 성장하고 생활하는 환경 속에서 두각을 나타내는 성향에 따라 네 가지 형태의 행동 스타일을 보인다는 것이다. 이 검사법을 적용할 경우 우리나라에서는 통계적으로 전체 인구대비 주도형 3%, 사교형 12%, 신중형 16%, 안정형 60%의 분포를 보인다고 한다.

'주도형'은 주어진 환경이 좋지 않더라도 스스로 장래를 극복하고 목표를 성취하는 유형으로 평소 업무 중심의 사고와 행동을 하는 경향을 나타낸다. 보스 기질이 강하고 일중독자도 많다. 상대방에 대한 기대치는 높고 자신에 대한 기대치는 낮으며 후회도 곧잘 하는 성격을 지니고 있다. '사교형'은 타인을 설득하고 영향을 미침으로써 스스로 일할 수 있는 환경을 구축하는 스타일이다. 관계 유지나 중재, 교류에 초점을 맞춰 사고하고 행동한다. 항상 밝고 미래 지향적이며 낙천적이고 자신과 남에 대해 기대치가 높지 않다.

'신중형'은 환경에 잘 적응하면서 신중한 태도로 일의 수준과 정확성을

〈표 3-3〉 DISC 테스트에 의한 배우의 네 가지 성격유형

주도형(Dominance)	사교형(Infulence)
작품 제작 환경이나 제작진과의 관계가 좋지 않더라도 기지와 노력으로 극복하고 목표를 성취 ● 특징적 키워드: 지배, 추진, 요구, 과단성, 실행가	제작진, 동료 배우 등 타인을 설득하고 영향을 미침으로써 스스로 좋은 작품제작 환경을 조성 ● 특징적 키워드: 영향력, 설득, 인상, 상호작용, 흥미
신중형(Conscientiousness)	안정형(Steadiness)
연기의 수준과 정확성 유지가 우선이므로 신중하고 사려 깊게 주어진 환경에 적응하여 일함 ● 특징적 키워드: 조심, 유능, 계산, 걱정, 사려 깊음	제작환경이 좋지 않더라도 클레임을 제기하거나 싸우지 않고 만족하면서 일을 끝냄 ● 특징적 키워드: 지지, 순종, 안정, 수줍음, 현상 유지

유지하려는 유형이다. 자신과 남에 대한 기대치가 모두 높고 철저하고 사색적이며 비판적 성격을 지녔다. '안정형'은 남의 말을 잘 들어주는 역할을 자임해 업무 환경이 좋지 않더라도 불만을 제기하거나 싸우지 않고 만족하면서 일을 마치는 유형이다. 부드럽고 조용하며 화를 잘 내지 않는 성격을 지녔으며 인관관계가 좋다. 그러나 결단력이 약한 것이 흠이다.

4) 버클리 성격 검사법

버클리 성격 검사법(Berkeley Personality Profile: BPP)은 자신을 바라보는 가족(family), 친구(friends), 또래집단(peer group), 연인(lovers) 또는 부부(couple), 학교나 직장의 친구나 동료들(colleagues)의 진단과 평가를 통해 자신의 성격과 심리를 파악하는 검사방법이다. 다시 말해 '내가 보는 자아(the internal self)'와 '남들이 보는 자아(the external self)'의 차이를 파악해 성격을 진단하는 검사법이다.

조직의 틀 속에서 일하는 사람들이 빠른 시간 내에 스스로 검사지에 점수를 체크하는 방법으로 검사해, 점수 도출에서 결과 해석까지 모두 단시간에 이뤄진다는 장점이 있다. 따라서 연출가 등 제작진, 투자자, 작가, 수용자, 소속사 관계자, 동료나 선후배 배우 등 이해관계자로 얽혀 있는 배우의 심리나 성격, 집단 내의 소통 상태를 평가하는 데 적절하다. 조직 경영의 관점에서 조직 인화의 해법을 찾는 데도 유용하다.

BPP는 '다섯 가지 요소의 성격모델'을 이론적 기초로 삼고 있다. 이른바 '빅 파이브(Big Five) 성격 모델'이란 다섯 가지 성격적 특질, 즉 ① 표현력 스타일, ② 대인관계 스타일, ③ 작업 스타일(주로 직장 생활 내에서의), ④ 정서적 스타일, ⑤ 지적(知的) 스타일로 자신의 모습을 정확하게 살펴볼 수 있다는 심리이론이다. 미국 버클리 캘리포니아 대학교 심리학과에서 만든 프로그램을 바탕으로 버클리 캘리포니아 대학교 산하의 '성격과 사회 연구를 위한 센터(Institute for Advanced Psychology)' 연구자인 키스 하라리(Keith Harary)와 버클리 캘리포니아 대학교 성격심리학 박사 출신으로 윌리엄스칼리지 교수로 재직 중인 아일린 도너휴 로빈슨(Eileen Donahue Robinson)이 1994년 개발한 검사법이다.

이들이 쓴 첫 저서는 20만 권 이상 팔렸으며 여러 차례 수정을 거치며 개정판이 계속 발간되고 있다. 미국에서 발간된 개정 확장판인 『Who Do You Think You Are?: Explore Your Many-sided Self with Berkeley Personality Profile』(2005)의 234쪽을 보면 BPP의 원리를 학습할 수 있다. 우리나라에서 국문으로 번역되어 출간된 『나는 어떤 사람일까?』(김미정 옮김, 2005)에도 상세하게 소개되어 있다.

BPP 검사법은 다른 검사법들이 단순한 잣대에 의존하고 있는 데 비해 독창적인 데이터 수집방법을 통해 복합적이고 다면적인 차원에서 개인의 성격을 분석한다. 그리하여 개선점을 발견해냄으로써 자신의 성격 교

〈표 3-4〉 버클리 성격 검사법 테스트 용지 모형(Berkeley Personality Profile Sheet)

순	평가 문항	대상 평가(5-scale) 정말 그렇다-5, 그런 편이다-4, 잘 모르겠다-3, 그렇지 않다-2, 전혀 그렇지 않다-1			
		A	B	C	D
1	외향적이며 사교성도 풍부하다.				
2	타인의 결점을 찾아내는 경향이 있다.				
3	믿음직한 사람(직원, 동료, 친구)이다.				
4	긴장되는 상황에서도 차분함을 잃지 않는다.				
5	예술적, 미적 경험에 가치를 둔다.				
6	말수가 적으며 수줍음이 많다.				
7	사려 깊고 거의 모든 사람들에게 친절하다.				
8	다소 부주의한 편이다.				
9	느긋한 성격이며 스트레스에 현명하게 대처한다.				
10	단순하고 반복적인 업무를 선호한다.				
11	에너지가 넘친다.				
12	냉담하고 쌀쌀맞기도 하다.				
13	효율적으로 일한다.				
14	쉽게 신경질을 낸다.				
15	상상력이 풍부하다.				
16	때때로 수줍어하며 내성적이다.				
17	다른 사람들과 협력한다.				
18	간혹 체계적이지 못하다.				
19	정서적으로 안정되어 있으며 쉽게 언짢아하지 않는다.				
20	예술적인 관심은 거의 없다.				
21	수다스럽다.				
22	때때로 타인에게 무례하게 행동한다				
23	업무를 철저하게 수행한다.				
24	우울하고 어둡다.				

25	예술, 음악, 문학에 조예가 깊다.				
26	대체로 조용하다.				
27	대체로 믿음직하다.				
28	이따금 게으르다.				
29	걱정이 많다.				
30	독창적이며 생각이 깊다.				
31	의욕이 넘친다.				
32	너그러운 성품이다.				
33	쉽게 주의를 잃고 산만해진다.				
34	중요한 일에 긴장하기도 한다.				
35	창의력이 풍부하다.				
계					

자료: Harary and Robinson(2005b).

정과 발전적인 혁신의 원동력으로 삼도록 하고 있다.

먼저 스스로 나 자신을 솔직하게 진단하고, 이어 나를 가장 잘 아는 사람을 진단한 뒤 그 상대로 하여금 나를 진단하게 해 내가 상대에게 어떤 평가를 받고 나는 상대에게 어떤 영향을 주는지 심리적 커뮤니케이션의 상호작용과 인지 상태를 파악토록 해준다.

검사지의 평가란에 있는 A, B, C, D를 각각 '나에 대한 평가(A)', '내가 가장 잘 아는 상대에 대한 평가(B)', '나에 대한 팀의 평가(C)', '나에 대한 상사의 평가(D)'로 점차 확대해나가면서 나 자신을 입체적으로 평가할 수 있다.

5점 척도(1~5점)로 평가해 35개 문항의 점수를 모두 합산한 뒤 나와 상대의 평가점수 총점이 동일하면 심리적 거리가 같다고 해석할 수 있다. 특히 그 격차가 2점 이내일 경우에는 서로 진실하게 속내를 드러내는 관계인 데다 그간 상대방에게 드러낸 성격과 정서, 스타일 등이 본래의 그

것과 거의 같다는 뜻이다. 그러나 격차가 2점 이상인 경우 '내가 보는 나'
와 '남이 보는 나'의 성격적 특징이 매우 차이가 난다는 뜻으로 풀이된다.
이 경우 상호 간 개방성이 약하다는 것을 나타낸다.

2. 배우의 경쟁력 분석

1) 배우를 평가하는 이해관계자들

배우나 배우 지망생, 연기 전공자 등은 자신의 스타일과 상황, 용도에
적합한 성격 및 심리검사를 통해 성격과 스타일에 대한 분석을 한 뒤 배
우로서 갖고 있는 자질, 특징, 매력, 잠재성 등을 분석해야 한다. 연기예
술계에서 역량을 발휘해 어느 정도의 성과를 낼 수 있을지 면밀하게 따져
보고 현 단계에 적합한 성장전략을 세우기 위한 것이다. 이런 분석은 자
신에 대한 객관적인 진단을 통해 연기자로서 자신의 정체성을 확립하고
분석을 통해 제시된 장단점을 향후 발전전략에 반영해 성장을 도모함으
로써 더욱 경쟁력 있는 배우로 자리매김하기 위한 것이다. 배우로서 자기
계발과 성장전략을 마련하는 데 꼭 필요한 과정이다. 배우나 배우자원에
대한 분석은 연기예술 분야에서 아티스트 경영의 전문화와 과학화를 위
한 새로운 시도이며, 배우 분석의 틀은 연극학, 경영학, 교육학 등 제반
분야의 이론과 제작환경에 통용되는 요소들을 가미해 도출하는 것이 합
당하다.

감독, 연출자 등 특정 콘텐츠의 제작진과 투자자, 창작자 등이 영화, 연
극, 드라마 등 특정 작품을 기획하면서 작품에 필요한 배우를 캐스팅하려
면 배우의 역량과 개성에 대한 분석을 선행해야 한다. 한마디로 배우를

〈표 3-5〉 배우를 둘러싼 이해관계자들

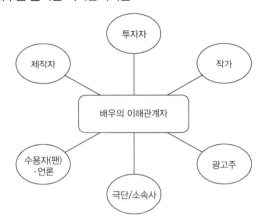

잘 알고 써야 한다는 뜻이다. 배우를 잘 써야 작품이 성공하고 흥행으로 이어질 수 있다. 반대로 배우의 입장에서는 특정 작품에 캐스팅되기 위해, 또는 특정 작품의 특정 배역에 캐스팅되어 배역을 잘 소화하기 위해 자신의 모든 역량과 특징을 입체적으로 분석할 줄 알아야 한다. 따라서 배우 분석은 배우 자신과 제작자, 투자자, 작가, 수용자(팬) 및 언론, 광고주, 극단 및 소속사 등 배우를 둘러싼, 전혀 다른 이해를 지닌 다양한 이해관계자들을 만족시키는 데 초점이 모아져야 한다. 이러한 이해관계자들의 입장은 각기 달라도 그 만족의 공통분모는 '작품의 흥행'이 될 것이다.

　이러한 배우 분석은 '이해관계자 모델(Stakeholder Models)'을 적용한 경영학점 관점과 같은 접근 방법을 통해 이루어질 수 있다. 경영학자인 카플란과 노튼(Kaplan and Norton, 1992, 1993)의 균형성과표(balanced score card: BSC)의 관점에서 기업의 성과를 촉진하는 바람직한 방법은 '투자자(investors)', '고객(customers)', '고용인(employees)'을 만족시키는 것이다. 인적자원의 능력과 가치는 '생산성(productivity)', '사람(people)', '과정(process)'

등 세 가지 측면에서 측정 평가한다. '생산성'은 직원 1인당 수입, 비용, 이익 등이 해당되며, '사람'은 직원으로서 느끼고 실행하고 알고 있는 모든 개인적 요소에 대한 평가로 업무지식, 기여도, 능력, 근태 등을 포함한다. '과정'은 목표를 성취한 과정, 리더십, 기술혁신, 속도, 성취주기, 교육 등을 포함한다.

배우 분석의 절차는 경영학에서 인적자원을 분석하고 평가하는 일반적인 과정처럼 'CEAD', 즉 정보수집(Collect Information), 평가(Evaluate), 데이터 분석(Analyze Data), 실행계획의 개발(Develop an Action Plan)의 순으로 진행하는 것이 과학적이며 체계적이다. 배우 지망생 또는 배우인 '나'를 중심으로 설명하면 이해가 더욱 쉽다. 정보수집 단계에서는 나에 대한 객관적이고 인지적인 정보를 수집하는데, 배우 지망생 또는 개인으로서 내가 보는 나, 지인들이 보는 나, 내가 속한 집단에서 보는 나, 제작진들이 보는 나, 투자자들이 보는 나, 팬들이 보는 나 등 자신에 관한 총체적인 정보를 모아야 한다.

평가 단계에서는 객관적이면서도 수량적인 비중이나 가중치를 수집된 데이터에 부여해 분류한다. 분석 단계에서는 내가 기존에 인지하고 있던 요소와 데이터를 통해서 나타난 의미적 요소를 비교한다. 실행계획 단계는 분석을 통해 알게 된 강점을 승화하고 약점을 교정하는 최적화된 계획을 설정하면서 세부 실행 단계별 기한, 책임성, 절차 등을 담아 순서도처럼 실행계획을 마련한다.

배우 분석과 평가를 제대로 수행하려면 분석 및 평가 기준이 역량(competency 또는 competence)과 수행능력(ability of achievement)을 측정하는 지표로서 적합성과 타당성을 갖춰야 한다. 그러나 문화콘텐츠 산업에서 가장 중요한 행위자이자 인적자원이라고 할 수 있는 배우에 대해 그가 지닌 역량과 수행능력을 제대로 평가하는 것은 결코 쉬운 일이 아니다. 연기예술의 주체인 배우의 역량을 연기력, 신체조건 등으로만 봐야 하는지, 수행능력에 대한 평가를 정량적인 지표인 시청률, 관객 수, 인지도 등과 정성적인 지표인 평판, 이미지, 인기도 및 호감도 등으로 하는 것이 충분한지에 관해 연구나 경험에 근거한 객관적인 지표가 마련되어 있지 않기 때문이다.

2) 배우 분석과 평가 지표의 조건

배우에 대한 평가는 지금까지 연출자, 영화감독, 투자자, 작가, 관객의 머릿속에 추상적인 상태로 기억되거나 축적되어 있는 경우가 대부분이었다. 이렇듯 배우와 같은 인적자원의 경쟁력을 측정할 때는 측정 경험이 부족하고 정확성이 충족되지 않으며 측정 자체가 쉽지 않다는 세 가지 난관에 직면할 가능성이 커서 더욱 신중한 접근이 필요하다(Toulson and Dawe, 2004). 카플란과 노튼(Kaplan and Norton, 2007)은 무엇인가를 측정해 평가하는 데 사용되는 좋은 지표, 즉 '선도적인 지표(leading indicator)'는 미래의 발전상과 동인(drivers), 원인(causes)을 나타낸다고 했다. 반대로 나쁜 지표인 '낡은 척도(lagging indicator)'는 과거의 발전상과 영향(effects) 및 결과(results)를 나타내는 데 국한된다고 설명했다(Kaplan and Norton, 2007). 따라서 배우를 평가하는 척도로 사용되려면 이른바 인적자원의 '핵심수행지표(Key Performance Indicators: KPI)'가 갖춰야 할 요건과 같은 기준을 충족해야 한다. 그것은 'SMART', 즉 구체성(Specific), 측정 가능성(Measurable), 성취 가능성(Attainable), 연관성(Relevant), 기한 내 완료 가능성(Time bound)의 네 가지이다(Hursman, 2010).

에커슨(Eckerson, 2009)은 좋은 KPI의 조건으로 열 가지 기준을 제시했다. 그것은 측정치로서 희소가치가 있고(Sparse), 이용자들이 반복적으로 사용 가능해야 하고(Drillable), 이해하기 쉬워야 하고(Simple), 이용자들이 결과에 어떤 영향을 미칠지 알아야 하고(Actionable), 측정척도를 확보하고 있어야 하고(Owned), 이용자들이 그 기원과 맥락을 알 수 있어야 하고(Referenced), 원하는 결과를 산출할 수 있어야 하고(Correlated), 재무적 지표와 비재무적 지표를 함께 포함하고 있어야 하고(Balanced), 권위가 약화되어서는 안 되고(Aligned), 노동자들로부터 외면받지 않은 적합성을 갖춰야(Validated) 한다는 것이다.

박우성(2002)은 역량 평가모델을 개발하려면 성과 판단의 기준 마련, 준거집단의 선정, 자료의 수집, 역량모델의 개발, 역량모델의 타당성 검증, 역량모델의 활용 등의 단계를 거쳐야 한다고 주장했다. 성과판단 기준은 장르나 업종의 특성을 반영해 우수한 성과자와 평균적인 성과자를 구분할 수 있는 요소를 채택한다. 준거집단을 선정할 때는 성과우수집단과 평균집단은 물론 주변인과 수용자, 고객들의 견해와 자료도 반영해야 하며 자료수집 과정에서는 면접조사, 패널조사, 설문조사 등 다양한 방식이 활용되어야 한다. 역량모델 개발단계에서는 평가자 간에 세부 역량의 규정과 유목(類目) 분류에 대해 의견의 일치를 이뤄내야 하며 이후 채점의 준거가 되는 코드북을 만들어야 한다. 타당성 검증과정에서는 제1표본, 제2표본의 결과가 같은지 동시에 교차타당성 검증을 거쳐야 한다(박우성, 2002).

경영적 측면의 인적자원의 개념과 차원이 조금 다른 배우를 평가하려면 역량의 개념이 무엇인지부터 살펴봐야 한다. 역량은 심리학, 교육학, 경영학에서 '개인의 행동 특성', '내적 특성', '성과' 등 다양한 뜻으로 정의되고 있으며 학자들마다도 개념적 정의가 조금씩 다르다. 화이트(White, 1959)는 역량을 '개인의 특성(human trait)'으로 처음 정의했다. 그러나 직무와 인생에서의 성공 여부를 지능이나 적성만으로 측정하기는 불가능하기 때문에 인간의 다양한 측면을 반영해야 한다는 '역량운동'이 태동하면서 역량을 보다 넓게 해석하는 시각이 많아졌다(오헌석, 2007).

심리학자인 맥클레랜드(McClelland, 1973)는 '업무 성과뿐만 아니라 업무현장에서 효율적이거나 효과적인 직무 성과를 발휘하는 개인의 잠재적 특성'을 역량이라 규정했다(박우성, 2002 재인용). 보야티스(Boyatzis, 1982)는 역량이란 '외적 성과의 준거에 비추어 평가했을 때 효과적인 행동과 인과적으로 관련되어 있는 개인의 일반적인 지식, 기술, 특질, 동기, 자기 이미지 혹은 사회적 역할'이라 정의했다.

맥클레랜드(1973)와 보야티스(1982)의 연구를 계승한 스펜서와 스펜서(Spencer and Spencer, 1993)는 '특정한 상황이나 직무에서 구체적인 준거나 기준과 인과적으로 관련지어 평가했을 때, 효과적이고 우수한 성과와 수행을 가능하게 하는 동기(motive), 특질(trait), 자아개념(self concept), 지식(knowledge), 기술(skill) 등 다섯 가지 개인적 내적 특성'을 역량이라 개념화했다. 이 가운데 자아개념, 특질, 동기는 '내면(감춰진 부분)'이며, 기술과 지식은 '표면(드러난 부분)'이다. 스펜서와 스펜서(1993)에 따르면 감춰진 내면은 개발 가능성이 낮고 드러난 표면은 개발 가능성이 높다.

두비어스(Dubious, 1993)는 역량에 대해 '인생에서 각종 역할을 성공적으로 수행하는 데 사용되는 개인이 보유한 특성'이라 정의했다. 이밖에 역량의 정의에 대해서는 '우수한 수행자와 평균적인 수행자의 차이를 설명해주는 행동'(Rothwell and Lindholm 1999), '측정이 가능하고 업무와 관련되며 개인의 행동적 특징에 기초한 특성이나 능력'(Schippmann, 1999; Schippmann et al., 2000) 등으로 다양하게 제시되었다. 그러나 역량 모델은 인간의 행동을 설명하는 데 한계가 있는 행동주의심리학에 기초하고 있는 데다 복잡한 현상을 설명하려는 목적에서 역량을 과거지향적 결과물인 성과의 하위요소로 보고 있다는 등의 비판을 받고 있다(오헌석, 2007).

역량에 대해 설득력 있는 구성 체계를 제시한 스펜서와 스펜서(1993)의 이론을 고려해 타당성과 유용성을 갖춘 배우의 평가 기준을 마련할 수 있다. 스펜서와 스펜서(1993)의 역량 구성 체계는 행동으로 나타나는 수행의 측면뿐만 아니라 그것을 가능하게 하는 심층적인 부분의 중요성을 부각시켰다는 점(문용린·유경재·전종희 외, 2007)에서 배우의 특성과 합치되기 때문이다. 배우에 대한 평가 기준은 스펜서와 스펜서(1993)의 역량 개념을 반영한 '내적 특성'과 내적 특성이 발휘되어 나타나 이후의 평가 요소로서 중요한 기능을 하는 '성과'로 구분할 수 있다.

3) 배우의 경쟁력 평가 요소와 평가 모델

연기예술계 및 미디어영상산업계의 특성을 고려해 배우의 기본 자질과 수행 성과를 연계해 평가하는 내적 특성은 '자질적(資質的) 요소'로, 성과는 '성과적(成果的) 요소'로 재정의할 수 있다. 따라서 자질적 요소는 배우 자체가 지닌 내적 특성이며, 성과적 요소는 배우가 작품 활동을 통해 축적한 성과를 의미한다. 자질적 요소는 배우의 재목으로서 타고난 재능과 후천적으로 노력해 발전을 이뤄내 몸에 밴 배우 자체에 관한 본질적 평가 요소이다. 성과적 요소는 배우가 데뷔한 이후부터 차근차근 작품 활동을 계속하면서 쌓아올린 각 분야의 성과를 주요 항목별로 범주화한 것이다.

자질적 요소와 성과적 요소라는 두 가지 구분법을 토대로 인적자원 평가척도가 갖춰야 할 조건을 반영하면 배우에 대한 매력적인 평가척도를 개발할 수 있다. 자질적 요소는 스펜서와 스펜서(1993)가 제시한 동기, 특질, 자아개념, 지식, 기술 등 다섯 가지 역량 개념에서, 성과적 요소는 미디어영상산업계와 이 산업을 주도하는 제작진의 견해, 그리고 관련 연구자들의 연구 성과물을 근거로 추출해 새롭게 모델링할 수 있다.

캐스팅권을 행사하는 제작자(영화감독, 프로듀서 등), 투자자, 작가(드라마 작가, 시나리오 작가 등) 등 포괄적 의미의 제작진은 축적된 경험과 노하우를 바탕으로 좋은 배우가 갖춰야 할 조건이자 캐스팅을 할 때 고려하는 평가 요소를 다양한 관점에서 제시한다. 그런 견해를 모두 수렴하면 연기력, 소통능력, 신체조건, 그간 해온 작품의 시청률이나 관객수, 인지도와 팬덤 등 열 가지가 넘는다. 제작진들에 대해 개인별로 질문을 해보면 각 요소에 대한 우선순위와 비중, 가중치만 다를 뿐 캐스팅 고려사항은 어휘나 표현이 조금씩 다르게 위의 범주에 대부분 포함되어 있다.

연구자들의 경우도 배우에 대한 평가 기준은 각기 다르다. 「영화산업에서 지식기반자원이 성과에 미치는 영향」을 연구한 임준석과 이근석(2003)은 배우의 예술적 우수성에 대한 평가지표로 흥행 횟수, 수상 횟수, 영화 제작 참여 경험을 적용했다. '영화의 흥행 결정 요인'을 연구한 김은미(2003)는 배우의 평가 기준으로 출연 작품 수와 수상 경력을, 이양환·장병희·박경우(2007)는 특정 배우(등장인물)의 관객 흡인력(주연을 맡은 배우가 출연한 바로 직전 영화의 흥행수입)을 적용했다. 김휴종(1998)은 영화산업에서 스타 배우의 평가는 자의성이 있을 수 있으나 경제학적 모델과 경험적 분석을 통해 개별 스타에 대한 생산성 혹은 상품 시장성에 대한 기여도를 분석하는 것이 되어야 한다고 주장했다.

먼저 자질적 요소에서 스펜서와 스펜서(1993)의 역량 구성 체계를 적용하면 '동기'는 연기 및 작품에 대한 열정, '특질'은 신체적 조건과 이미지, '자아개념'은 배우 철학과 자기관리 능력, '지식'은 작품 및 제작환경에 대한 지식과 이해도, '기술'은 연기력과 소통능력으로 치환할 수 있다. 성과적 요소는 제작진과 연구자들이 그간 제시한 평가요소를 고려해 선정할 수 있다. 이 같은 원리에 따라 배우에 대한 평가기준을 모델링하면 평가

〈표 3-6.1〉 스펜서와 스펜서(Spencer and Spencer, 1993)의 역량 구조

역량	드러난 부분	기술(skill)	표면	행동 →	성과 (수행 성과)
		지식(knowledge)	(개발 가능성이 높음)		
	감춰진 부분	자아개념(self concept) : 태도, 가치			
		특질(trait)	내면		
		동기(motive)	(개발 가능성이 낮음)		

⬇

〈표 3-6.2〉 배우의 경쟁력 평가척도 모델

영역		항목	평가척도				
			A	B	C	D	E
역량	자질적 요소	1. 연기 및 소통능력(감성, 센스, 조화로운 성격, 언어 구사능력 등)					
		2. 작품 및 제작환경에 대한 이해도					
		3. 배우 철학과 자기관리의 안정성(매니지먼트, 사생활 관리 등)					
		4. 신체조건과 이미지(유행 선도성, 고급스러운 스타일과 세련미 포함)					
		5. 연기 및 작품에 대한 적극적 태도와 열정					
성과	성과적 요소	6. 스타덤(현 시점의 스타의 지위 여부, 평판)					
		7. 팬덤(인기도, 팬클럽의 영향력)					
		8. 작품 경력(filmography, 작품 비중, 배역 비중 등 포함)					
		9. 관객 동원능력(평균 시청률, 평균 관객 수, 수상 실적)					
		10. 네트워크(인적, 물적 네트워크)					

요소는 자질적 요소 다섯 가지와 성과적 요소 다섯 가지 등 총 열 가지로 제시할 수 있다.

자질적 요소는 '연기 및 소통능력'(감성, 센스, 조화로운 성격, 표준어, 방언, 외국어 등 언어 구사능력 등), '작품과 제작 환경에 대한 이해도', '배우철학

과 자기관리의 안정성'(작품 활동 매니지먼트, 사생활 관리 등), '신체조건과 이미지', '연기 및 작품에 대한 적극적 태도와 열정' 등이다. 성과적 요소 는 스타덤(스타의 지위 여부, 평판), 팬덤(인기도, 팬클럽의 영향력), 작품 경력 (filmography, 작품의 비중, 배역의 비중 등 포함), 관객 동원능력(평균 시청률, 평균 관객 수, 수상 실적), 네트워크(국내외 투자자, 제작진, 연출진, 작가 등과의 두터운 관계) 등이다.

따라서 배우나 배우 지망생은 이렇게 도출된 열 가지 요소에서 모두 객 관적으로 좋은 평가를 받도록 부단히 노력해야 한다. 그것은 자신을 진정 한 배우, 능력이 있는 배우로 완성시키는 데 필요한 과정이다. 물론 인간 은 본래 완벽할 수 없는 존재이기에 배우 역시 이상의 열 가지 조건을 모 두 갖출 수는 없다. 따라서 배우로 인정받거나 성공하고자 한다면 열 가 지 요건 가운데 가급적 많은 요소에서 좋은 평가를 받기 위해 자신의 장 점을 더욱 발전시키고 단점을 상쇄하거나 줄이는 노력을 기울여야 한다.

캐스팅권을 행사하는 사람들도 작품 오디션을 통해 이상적으로는 열 가지 조건을 모두 갖춘 재목이 뽑히길 기대하겠지만 현실에서는 그런 조 건을 모두 갖춘 배우를 찾기 어렵다. 따라서 가급적 많은 부분에서 좋은 평가를 받고 있는 배우나, 반대로 적어도 여러 부문에서 나쁜 평가를 받 지 않는 배우를 선택할 것이다. 글로벌 캐스팅 등 특정 상황에서는 팬덤, 연기력, 외국어 구사능력 등 몇 가지 요소만 평가한 뒤 선택하는 경우도 있을 수 있다. 주·조연 배역을 맡은 배우가 사고, 계약 불만족, 일신상의 사유 등으로 갑자기 출연하기 어려운 상황에 직면했을 때는 고려사항이 줄어들 수 있다.

이상의 열 가지 자질적 요소는 기성 배우들이 발전전략을 마련할 때 유 념해야 할 사항이지만 미디어영상연기학과, 연극영화학과, 연극학과, 영 화학과, 뮤지컬학과 등 우리나라 대학의 연기 관련 학과 입학시험을 준비하는 배우 지망생이나 연기 전공자들도 반드시 고려해야 할 사항이다. 대학의 관련 학과에서 학생 선발을 할 때 일반학생 전형의 경우 자질적 요소를 주로 평가하고 특기자 전형의 경우 자질적 요소와 성과적 요소를 동시에 평가한다.

3. 배우의 성장전략 개발과 실행

1) 포지셔닝에 대한 입체적 진단

(1) 경쟁 환경 평가: SWOT 분석

배우는 자신이 처한 상황과 능력, 이미지 등을 실제적으로 냉철하게 분석해 발전과 성장을 도모해야 한다. 아울러 다른 배우들에 비해 비교우위를 확보하기 위해 자신을 객관적으로 진단할 필요가 있다. 배우로서 현재 갖고 있는 연예계에서의 위상과 현주소를 차분하게 분석해 성장과 도약의 발판으로 삼기위한 것이다. 이런 경우 적절한 분석 방법이 바로 스와트(Strength, Weakness, Opportunity, Threat: SWOT) 분석이다.

이 방법은 원래 특정 기업의 '강점(strength)'과 '약점(weakness)', '기회(opportunity)'와 '위협(threat)' 요인을 각각 규정하고 이를 토대로 대안적인 전략을 수립하는 기법이다. 네 가지 요소의 영문 이니셜을 따서 'SWOT'라 부른다. SWOT는 경영학에서 기업이 처한 환경 분석을 토대로 분석 당시 상황과 환경에 적합한 대체적인 마케팅 전략을 수립하기 위해 활용되기 시작했다.

SWOT 분석 방법은 네 가지 SWOT 행렬을 설정하고 두뇌혁신사고법(brain storming)을 이용해 대체전략을 마련하는 것을 목표로 한다. SWOT

<표 3-7> SWOT 행렬의 구조와 원리

내적요소 외적요소	강점(S) -내부의 강점	약점(W) -내부의 약점
기회(O) -외적인 기회	**SO전략** • 기회의 이익을 얻기 위해 강점을 이용하는 전략	**WO전략** • 약점을 극복함으로써 기회의 이익을 얻으려는 전략
위협(T) -외적인 위협	**ST전략** • 위협을 피하기 위해 강점을 이용하는 전략	**WT전략** • 위협을 피하고 약점을 최소화하기 위한 전략

자료: Hofer and Schendel(1978) 등을 토대로 재구성.

분석은 기업이 처한 외적 전략요소 분석과 내적 전략요소 분석을 기초로 전략요소 분석요약표를 마련한 뒤 관련성에 따라 기업의 SWOT를 작성해 활용한다. 기업이 직면하고 있는 외적인 기회와 위협, 내적인 강점과 약점을 일치시키는 내용과 방법을 설명하고 있는데, 강점과 약점은 내부 환경을 분석해 찾아내고 기회와 위협은 외부 환경을 분석해 도출한다는 것이 특징이다. 환경 분석을 통해 도출해낸 강점은 더욱 발전시키고 약점은 제거해야 한다. 아울러 기회는 적극 활용하고 위협은 억제하는 전략을 수립하여 실행해야 한다.

이 분석법은 단일 사업을 하는 기업이나 다종 사업을 하는 기업 모두에 적용해 유용하게 쓸 수 있기 때문에 연기예술만을 활동 영역으로 삼는 배우나 가수, 예능 등을 겸하는 배우 모두에게 분석의 틀로써 유용하게 쓰일 수 있다. 배우는 스스로 또는 남의 도움에 의해 자신을 객관적으로 진단한 뒤 대안적인 성장전략을 마련하지 못하면 스스로의 덫이나 매너리즘에 빠질 수 있다. 또는 슬럼프나 우울증에 빠지거나 위축감에 사로잡혀 자기 발전을 위한 출구나 활력소를 찾기 어렵다.

배우는 팬덤과 스타덤, 인기, 영화나 TV 등 매체를 통해 어필되는 판타지 효과 등으로 인해 자신이 갖고 있는 실제 능력보다 더 뛰어나다고 부풀려져 외부에 의해 평가될 수도 있는 직업군이다. 아울러 배우 자신의 머릿속에 무의식적으로 형성된 자부심이나 긍지의 실체가 평단 등에 의한 객관적 평가치보다 지나치게 높게 평가되거나 인식됨으로써 착각에 빠져 살 수도 있는 특성도 갖고 있다. 반대로 실제 갖고 있는 능력이나 잠재성보다 현업의 세계에서 저평가되거나 외부의 객관적인 평판에 비해 자신을 지나치게 낮게 평가함으로써 열등감이나 우울증에 갇혀 혼란을 겪을 수도 있다.

이 분석법을 배우자원의 분석에 적용하면 배우 자신의 범주(내부 환경)에 국한해 강점과 약점을 도출하고, 다른 배우들과 함께 경쟁하는 연예계(외부 환경)에서 기회 요인과 위협 요인을 찾아내야 한다. 미디어영상연기학과, 연극학과, 영화학과, 방송연예학과, 모델학과 등 연예 관련 학과에서는 학생 자신을 대상으로 강점과 약점을 찾아내고, 경쟁 집단이자 또래 집단인 학부(학과) 전체 학생들을 대상으로 기회와 위협 요인을 분석함으로써 자신의 성장과 발전을 위한 자기진단 프로그램으로 활용할 수 있다.

SWOT를 통해 배우를 분석할 경우 강점(S)은 경쟁자와 비교해 수용자나 팬들로부터 강점으로 인식되는 것은 무엇인지 파악하는 것이다. 약점(W)은 경쟁자와 비교해 수용자나 팬들로부터 약점으로 인식되는 것은 무엇인지 도출하는 것이다. 기회(O)는 외부 경쟁 환경에서 유리한 기회요인은 무엇인지 곰곰이 따져보는 것이다. 위협(T)은 외부 경쟁 환경에서 불리한 위협 요인은 무엇인지를 분석하는 것을 말한다.

이렇게 해서 도출된 배우 자신에 대한 강점과 약점을, 외부의 기회와 위협에 대응시켜 성장 목표를 달성하려는 전략을 마련할 수 있다. SO전략(강점-기회전략)은 영화, 드라마, 뮤지컬, 연극, 예능, CF 등 작품 캐스팅 시장의 기회를 활용하기 위해 강점을 사용하는 전략을 선택하는 것을 말

〈표 3-8.1〉 배우 및 연기학도의 SWOT 분석 모델

• 내부 환경-배우 자신(자체)	• 내부 환경-배우 자신(자체)
- 양호한 작품 활동성과	- 연기 스타일의 노후와 전성기가 지난 연령
- 우수한 연기력(연기 숙련도)	- 열정과 노력의 부족
- 캐스팅 경쟁력 확보	- 매니지먼트 능력 부족
- 전문가들의 우수한 평판	- 과거 작품의 흥행실패 경력
강점(Strength) (내부 환경에서 강점 요인을 도출)	약점(Weakness) (내부 환경에서 약점 요인을 도출)
(외부 환경에서 기회 요인을 도출) 기회(Opportunity)	(외부 환경에서 위협 요인을 도출) 위협(Threat)
• 외부 환경-연예계, 학과 등 경쟁 집단	• 외부 환경-연예계, 학과 등 경쟁 집단
- 새로운 작품 시장 포착	- 새로운 라이벌의 등장
- 라이벌의 슬럼프와 위기	- 변신을 위한 의욕과 에너지 부족
- 새로운 연기능력, 분야 개발	- 시청자(관객)의 기호 및 취향 변화
- 자신에 대한 선호 현상 재현	- 자신을 대체하는 배우의 캐스팅 현실화

〈표 3-8.2〉 배우 ○○○의 경쟁력 SWOT 분석 사례

• 정교하고 안정된 연기력 • 뛰어난 작품 주연 경력	• 키가 크지 않고 글래머 이미지 농후 • 스캔들 빈번, 스태프들과의 관계가 좋지 않음
S (내부 환경에서 강점 요인을 도출)	W (내부 환경에서 약점 요인을 도출)
(외부 환경에서 기회 요인을 도출) O	(외부 환경에서 위협 요인을 도출) T
• 연기력이 좋은 여배우 기근 시대 • 영화제 수상, 할리우드 진출 가능성	• 키가 크고 글래머인 경쟁자 쇄도 • 이제 30대 중반으로 젊은 층 팬덤이 약함

한다. ST전략(강점-위협전략)은 영화, 드라마, 뮤지컬, 연극, 예능, CF 등의
작품 캐스팅 시장의 위협을 회피하기 위해 강점을 사용하는 전략을 선택
하는 것을 지칭한다. WO전략(약점-기회전략)은 배우가 자신의 약점을 극

복합으로써 영화, 드라마, 뮤지컬, 연극, 예능, CF 등의 작품 캐스팅 시장의 기회를 활용하는 전략을 선택하는 것을 뜻한다. WT전략(약점-위협전략)은 영화, 드라마, 뮤지컬, 연극, 예능, CF 등의 작품 캐스팅 시장의 위협을 회피하고 약점을 최소화하는 전략을 선택하는 것을 의미한다.

(2) 활동영역에 대한 평가: 포트폴리오 분석

'포트폴리오 분석(portfolio analysis)'은 다양한 장르와 분야에서 활동하는 배우들에게 적용할 수 있는 성장전략 분석 방법이다. 아울러 사업 다각화를 추진하는 엔터테인먼트 기업에도 적용할 수 있다. 원래 다종(多種)의 사업을 펼치는 기업의 전략개발에 맞게 개발되었기 때문이다. 포트폴리오 분석은 비즈니스에 적용할 경우 사업 포트폴리오 분석(business portfolio analysis)이라고도 한다. 기업의 내적 요인과 외적 요인에 대한 각 사업 단위들의 위치와 성과를 분석하고 평가하는 도구로써, 사업 단위의 현재 수준과 상황을 파악하고 각각의 상황에 맞는 적합한 새로운 목표와 전략을 제시해주는 분석 방법이다.

따라서 현재 여러 가지 제품과 서비스를 창출하면서 운용하고 있는 많은 사업부나 사업 단위 가운데 어떤 것을 유지, 철수 또는 확장할지 의사결정을 하는 데 유용한 수단이다. 각 사업의 가치평가를 통해 투자의 우선순위를 정해 자원 배분을 결정함으로써 자원의 배분과 활용의 효율성을 높이고, 사업단위의 전략 목표 설정을 위한 합리적 기준을 제공해준다.

헤들리(Hedley, 1977)가 제시한 사업 포트폴리오 행렬(business portfolio matrix)에 따르면 각 사업이나 상품을 사업성장률과 시장 내의 상대적 경쟁 위치의 높고 낮음에 따라 '별(Stars)', '의문부호(Question Marks)', '현금젖소(Cash Cows)', '개(Dogs)'로 구분한다. 배우 분석에 적용할 수 있는 가장 무난한 방법이다.

<표 3-9> 사업 포트폴리오 분석 매트릭스

사업성장률(%)	별 ●고성장, 높은 경쟁지위	의문부호 ●고성장, 낮은 경쟁지위
	현금젖소 ●저성장, 높은 경쟁지위	개 ●저성장, 낮은 경쟁지위
	시장점유율 (시장 내의 상대적 경쟁위치)	

자료: Hedley(1977) 재구성.

여기에서 별은 전형적으로 상품의 수명주기가 최상의 시장 리더급 위치를 차지하는 사업이나 상품을 말하는데 높은 시장점유율을 유지하기 위해 충분한 현금을 투입해야 한다. 그러나 성장률이 낮은 경우 현금젖소로 전환된다. 의문부호는 성공의 잠재력을 가지고 있는 신사업이나 신상품을 뜻하며 '문제아(problem children)' 또는 '살쾡이(wildcats)'라고도 불린다. 신규 시장 개척을 위해 대량의 개발자금이 투입되어야 하기 때문에 현금 투입량과 투자의 우선순위가 높다. 현금젖소는 시장점유율을 유지하기 위해 거액의 현금이 필요하고 제품 수명주기가 쇠퇴 단계에 이른 경우를 말한다. 신제품 투자에 소요되는 현금에 우유(milk)를 공급하는 역할을 한다. 개는 성장잠재력과 시장유인력을 상실한 채 낮은 시장점유율을 갖고 있는 제품을 말하는데, 신중한 소량의 현금 관리가 필요하다.

배우가 활동할 수 있는 분야는 드라마, 시트콤, 예능 프로그램, 라디오 디제이, 영화, 연극, 뮤지컬, 가요(가수) 등 다양하다. 이렇게 다양한 장르와 분야에서 활동하는 배우들은 이 중에서 각각 무엇이 '별', '의문부호', '현금젖소', '개'인지 구분해 성장전략과 수익구조를 재편해야 할 것이다. 포트폴리오 매트릭스는 네 개의 범주를 다루면서 고저를 적용하는 것이 너무 단순하다는 점, 시장점유율이 낮은 사업에서도 수익성을 기대할 수 있다는 점, 경쟁자와의 관련성을 오직 제품라인과 사업 단위에만 한정하고 있다는 점 등의 비판을 참조해야 한다.

사업 포트폴리오 기법에는 미국계 경영 컨설팅사인 보스턴컨설팅그룹이 개발한 '비시지 매트릭스(BCG Matrix)', 제너럴일렉트릭(GE)과 경영 컨설팅사인 매킨지가 고안한 '지이/매킨지 매트릭스(GE/McKinsey Matrix)', 미국계 컨설팅 그룹인 아서디리틀(Arthur D. Little, 이하 ADL)이 제안한 '에이디엘 매트릭스(ADL Matrix)' 등이 있다. 이러한 분석 방법은 완벽한 것이 아니기 때문에 사업에 대한 직관과 통찰력을 갖춤으로써 이론적 분석의 취약점을 보완해 사업 현실과의 격차를 해소시켜야 한다.

비시지 매트릭스는 가장 흔하고 많이 쓰이는 포트폴리오 분석 기법으로 시장(외부)에 대한 평가는 시장성장률을, 내부에 대한 평가는 상대적 시장점유율을 가지고 분석한다. 즉 기업의 개별사업은 시장성장률(매출신장률)과 상대적 경쟁지위(시장점유율)에 따라 사업이나 제품의 좌표가 정해진다. 시장성장률은 임의로 정한 10% 성장선에서 '고(高)'와 '저(低)'로 분리되고 비시지 행렬에서 사업의 지위는 헤들리(Hedley, 1977)가 제시한 사업 포트폴리오 행렬처럼 '별', '의문부호', '현금젖소', '개'의 네 개 좌표 가운데 하나에 해당된다. '고성장-높은 경쟁지위'는 별, '저성장-높은 경쟁지위'는 현금젖소, '고성장-낮은 경쟁지위'는 의문부호, '저성장-낮은 경쟁지위'는 개에 해당한다.

지이/매킨지 매트릭스는 비시지 매트릭스 다음으로 많이 쓰이는데, 비시지 매트릭스의 한계를 극복하기 위해 개발되었다. 비시지 매트릭스는 제품의 수명주기와 시장점유율을 유일한 평가요소로 반영하고 있는데, 지이/매킨지 매트릭스의 경우 시장(외부)에 대한 평가는 성장률, 수익성, 가격동향, 경쟁강도, 산업 전반의 리스크, 진입장벽, 수요의 변동성, 유통구조, 기술발전 등 시장매력도를 도출해 고수준, 중간수준, 저수준으로 각각 평가하고 내부에 대한 평가는 자산, 역량, 브랜드의 강점, 시장점유율, 고객 충성도, 상대적 이익률, 유통상의 강점, 기술혁신, 품질, 재무역량 등 다양한 요건을 종합하여 고수준, 중간수준, 저수준으로 각각 평가한다.

에이디엘 매트릭스는 산업주기(Life cycle)에 기반을 둔 사업 포트폴리오 분석 기법으로 시장 자체에 대한 평가를 확장하여 자사에 대한 평가는 시장에 대한 지배력, 추구전략의 패턴 등을 감안해 지배적 사업자인지 아니면 취약한 사업자인지를 평가한다. 시장(내부)에 대한 평가는 수명주기론에 근거하여 시장점유율, 투자, 현금흐름 등을 감안해 도입, 성장, 성숙, 쇠퇴기 등 네 가지로 분류하며, 외부(경쟁지위)에 대한 평가는 상대적 경쟁력이나 전략에 따라 지배적, 강세, 우호적, 방어적, 약세의 다섯 가지로 분류한다.

2) 성장전략의 개발과 실행

배우 개인의 차원에서 성격과 스타일 분석, 경쟁력 분석, 그리고 경쟁환경과 활동영역 분석을 통한 입체적인 포지셔닝 진단이 끝났으면 이를 토대로 성장전략을 마련해 실행해야 한다. 1972년 광고회사 간부인 알 리스(Al Ries)와 잭 트라우트(Jack Trout)가 도입한 '포지셔닝'은 경영학이나 마케팅 전략의 범주에서 '소비자의 마음속에 자사 제품이나 기업을 표적시장, 경쟁, 기업능력과 관련해 가장 유리한 포지션에 있도록 노력하는 과정'을 뜻한다. 문화예술계, 특히 연기예술계에 적용하면 '포지션'은 배우가 관객, 시청자 등 수용자들에 의해 지각되고 있는 모습이다. 따라서 '포지셔닝'은 수용자들의 마음속에 배우들이 바람직한 위치를 형성하도록 배우의 효용성과 가치를 더 높이게끔 배우 자신을 개발하고 어필하는 활동이라 규정할 수 있다.

포지셔닝 전략은 '수용자 포지셔닝 전략'과 '경쟁자 포지셔닝 전략'으로 구분해 수립하며 필요할 경우 '리포지셔닝(repositioning)'을 해야 한다. '수용자 포지셔닝 전략'은 수용자가 원하는 바를 준거점으로 해 배우 자신이나 소속 배우의 포지션을 개발하는 방법이다. '경쟁자 포지셔닝 전략'은 경쟁자, 즉 동급의 다른 배우의 포지션을 준거점으로 해 배우 자신의 포지션을 개발하는 전략을 말한다. 리포지셔닝은 수용자 포지셔닝과 경쟁자 포지셔닝 전략을 마련한 후 수용자들의 바람이나 요구사항을 포함하고, 다른 경쟁 배우의 포지션이 변화할 경우 그 상황에까지 맞춰 배우의 목표를 바람직한 방향으로 새롭게 전환시키는 전략이다.

신인배우의 경우 사실상 경쟁자가 무한수이거나 없는 상태로 볼 수 있기 때문에 수용자 포지셔닝 전략에 치중하는 것이 바람직하다. 톱스타나 슈퍼스타, 스타급 배우, 중견배우 등 신인이 아닌 배우는 '수용자 포지셔닝 전략'과 '경쟁자 포지셔닝 전략'을 동시에 마련해 실행해야 한다. 배우는 이 같은 전략적 원칙에 따라 기본기를 트레이닝하며 원하는 이미지를 구축하는 등의 특화전략을 마련해야 한다. 작품 선택에 대한 안목과 직관을 확보하고 인적 네트워크를 확대하며 오디션 전략을 구체화하는 것도 이같은 특화 전략의 범주 속에서 일관성 있게 실행되어야 한다.

배우에 대한 포지셔닝 전략은 앞에서 분석한 배우의 특징, 수용자의 평가(인기도, 이미지, 연기력, 시청률, 관객 동원능력 등), 선호 계기, 수용자층 등을 근거로 다음과 같은 순서에 따라 마련한다. 첫째, 수용자 분석으로 배우에 대한 수용자들의 요구와 바람, 불만족 원인을 파악한다. 둘째, 수용자와 제작진 등 관계자들을 통해 배우 자신의 목표시장(활동영역)을 설정하고 경쟁 상대가 누구인지 정확하게 파악한다. 셋째, 경쟁자인 다른 배우에 대해 수용자들이 어떻게 인식하고 평가하는지 분석한다. 넷째, 수용

〈표 3-10〉 배우에 대한 포지셔닝 전략 실행 과정

구분	전략실행 단계	고려 사항
1단계	- 수용자 분석 (배우 자신에 대한 수용자들의 요구와 바람, 불만족 원인 등을 파악)	● 배우 목표 설정 ● 기본기 트레이닝 ● 이미지 구축 ● 작품 선택 ● 오디션 전략 ● 네트워킹 ● 경험 확대
2단계	- 목표시장 및 경쟁자 분석 (수용자와 제작진 등을 통해 활동영역, 경쟁 상대 파악 및 설정)	
3단계	- 경쟁자에 대한 수용자 평가 분석 (경쟁 배우에 대해 수용자들이 어떻게 인식하고 평가하는지 분석)	
4단계	- 배우 자신의 포지션 개발 (수용자들의 요구 반영, 경쟁 배우를 압도할 자신의 포지션 개발)	
5단계	- 전략 수행 및 실태 확인 (포지셔닝 전략 실행, 목표한 위치 구축 여부 확인 점검)	
6단계	- 경쟁 환경 변화에 따른 리포지셔닝 (수용자 욕구, 경쟁 환경 변화에 맞춰 주기적/성장단계별 리포지셔닝)	

자들의 요구를 반영하고 경쟁 배우를 압도할 배우 자신만의 포지션을 개발한다. 다섯째, 수립된 포지셔닝 전략을 실행하고 배우 자신이 전략대로 목표한 위치에 제대로 포지셔닝 되었는지 확인한다. 여섯째, 시간이 흐르면 수용자의 트렌드와 욕구, 경쟁 환경이 변할 가능성이 높기 때문에 주기적 또는 성장 단계별로 목표 포지션을 재설정해 리포지셔닝을 해야 한다. 전략의 실행 여부를 확인하는 방법은 객관성을 담보한다는 측면에서 제작진과 평단, 수용자들에 대한 평가를 반영하는 것이 가장 권장된다.

배우 등 아티스트의 성장전략은 내용적으로 문화마케팅의 시각에서도 접근해볼 필요가 있다. 이 방법은 기업의 문화마케팅 모델에서 적용한 매트릭스 기법을 활용한 것으로 'PIMMA(Product, Image, Message, Metaphor,

Aura) 전략이라 할 수 있다(심상민, 2007). 이 전략은 아티스트들이 무엇을 통해 자신을 마케팅해 성장의 발판을 삼는가에 초점이 쏠려 있다. 즉 배우를 비롯한 아티스트들이 각각 자신과 연관이 깊은 제품(Product), 이미지(Image), 메시지(Message), 메타포(Metaphor), 아우라(Aura)를 통해 스스로를 마케팅하면서 성장을 도모하는 방법이다.

심상민(2007)에 따르면 PIMMA의 매트릭스는 첫째, 아티스트가 문화콘텐츠를 직접 또는 간접 사용하는 차원에서 제품과 이미지를 이용하는 마케팅이 있고, 둘째, 개별 콘텐츠의 중심과 콘텐츠를 둘러싼 주변 맥락을 모두 포괄하는 차원에서 메시지와 메타포를 활용하는 마케팅이 있다. 마지막으로 이상의 두 가지 구분법에 구애받지 않고 초월적인 위치를 갖는 독자적인 영역으로 아우라가 있다.

구체적으로 '제품전략'은 자신이 출연하거나 제작한 콘텐츠를 자신을 상징하는 제품으로 인식하고 직접 홍보하는 것이다. 여기에서 프로그램을 비롯한 콘텐츠는 자신의 브랜드 가치를 직접적으로 어필하는 매개물이다. '이미지 전략'은 자신이 출연하거나 제작한 콘텐츠를 방송, 인터넷, 신문 등 각 매체의 특성에 맞게 홍보하는 것을 말한다. 이 과정에서는 원형 콘텐츠(original content)가 아닌 변형된 메타 콘텐츠(meta content)가 사용된다고 할 수 있다. 다양한 매체를 거치면서 아티스트 자신에 대한 보도나 비평을 통해 검증받기 때문에 새로운 권위를 갖게 된다.

'메시지 전략'은 자신이 출연하거나 제작한 콘텐츠의 제작 취지를 비롯한 문화적 의미와 의도를 전파하는 것이다. 아티스트가 갖고 있는 생각과 철학을 비춰내보임으로써 자신에 대한 정신적 추종을 불러일으킬 수 있는 마케팅 방법이라 할 수 있다. '메타포 전략'은 아티스트가 자신과 연관된 콘텐츠로 문화예술적인 정서와 느낌을 표현해 간접적인 마케팅 효과를 거두는 것이다. 정서적 · 감성적 어필을 통해 인지적인 측면에서 아티

〈표 3-11〉 아티스트가 펼치는 문화 마케팅의 다섯 가지 모델

직접 (원형 콘텐츠)	제품 • 아티스트가 자신과 연관된 콘텐츠 아이템 자체를 직접 마케팅	메시지 • 아티스트가 자신과 연관된 콘텐츠로 제작 의도와 문화적 의미를 전파
↕	아우라 • 아티스트가 자신과 연관된 콘텐츠를 직접 이용하지 않음	
간접 (메타 콘텐츠)	이미지 • 아티스트가 자신과 연관된 콘텐츠를 매체를 통해 홍보	메타포 • 아티스트가 자신과 연관된 콘텐츠로 문화예술적 정서와 느낌을 표현
	콘텐츠 중심 ↔ 맥락 중심	

자료: 심상민(2007)을 토대로 재구성.

스트 자신의 가치를 높이는 전략이다. 마지막으로 '아우라 전략'은 자신과 관련된 문화콘텐츠를 일부러 이용하지 않거나 이용하지 않는 듯 노출시키는 마케팅을 말한다. 이미 뜨거운 관심을 받고 있는 슈퍼스타나 톱스타들이 흔히 쓰는 전략이다.

■ ■ ■ 참고문헌

국내문헌

김대권. 2011. 「에니어그램을 통한 만화 캐릭터 성격연구」. ≪만화애니메이션연
     구≫, 통권 23호, 35~50쪽.

김애경. 2010. 「에니어그램과 취업: 나를 찾아 떠나는 여행」. 『한국엔터테인먼트
     산업학회 2010 추계학술대회 논문집』, 7, 34~74쪽.

김은미. 2003. 「한국 영화의 흥행 결정 요인에 관한 연구」. ≪한국언론학보≫, 47
     권 2호, 190~220쪽.

김현수. 1999. 「에니어그램의 계보와 발전과정 소고: Gurdjieff와 Ichazo의 계보를
     중심으로」. 『한국정신과학회 학술대회논문집』, 11회, 155~176쪽.

김휴종. 1998. 「한국 영화스타의 스타파워 분석」. ≪문화경제연구≫, 1권 1호,
     165~200쪽.

문용린 · 유경재 · 전종희 · 엄채윤. 2007. 「개인의 역량측정을 위한 다중지능 하
     위요소의 재분석」. ≪교육심리연구≫, 21권 2호, 283~309쪽.

박명훈 · 노승석 · 박진완. 2011. 「FPS 게임에서의 캐릭터 성격분석 연구: FPS 게임
     팀포트리스2를 중심으로」. ≪한국콘텐츠학회논문지≫, 11권 2호, 151~162쪽.

박우성. 2002. 『역량중심의 인적자원관리』. 서울: 한국노동연구원.

심상민. 2007. 「문화예술인 문화마케팅 전략연구」. ≪인문콘텐츠≫, 10호, 145~166쪽.

오헌석. 2007. 「역량 중심 인적자원 개발의 비판과 쟁점 분석」. ≪경영교육연구≫,
     47집, 191~213쪽.

윤운성. 2003. 『한국형 에니어그램 검사의 해석과 활용』. 서울: 한국에니어그램
     교육연구소.

이양환 · 장병희 · 박경우. 2007. 「국가 간 영화 흥행요인 비교를 위한 탐색적 연
     구: 한국과 미국 영화시장에서 미국 영화의 흥행요인 비교를 중심으로」. ≪언
     론과학연구≫, 7권 1호, 185~222쪽.

이종의. 2013. 「에니어그램의 심신치유적 적용: 에니어그램과 마음챙김을 통한

심신 치유적 관련」. 『한국정신과학회 학술대회논문집』, 74~89쪽.

임준석 · 이근석. 2003. 「한국영화 산업에 있어서 지식기반자원이 성과에 미치는 영향에 관한 실증적 연구」. ≪전략경영연구≫, 6권 1호, 49~74쪽.

장은미 · 오인영. 2010. 「영화 속 캐릭터 특징에 따른 스타일 요소 연구: 배우 송강호, 설경구가 출연한 작품을 중심으로」. ≪복식문화연구≫, 18권 2호, 290~303쪽.

정영미. 2012. 「에니어그램 성격 유형에 따른 OPAC 탐색 성향과 만족도」. ≪정보관리학회지≫, 29권 3호, 169~186쪽.

조성환. 2009. 『MBTI 내 성격은 내가 디자인 한다』. 서울: 부글북스.

국외문헌

Boyatzis, R. E. 1982. *The Competent Manager: A Model for Effective Performance*. New York: John Wiley and Sons.

Druckman, D. and R. A. Bjork(eds.). 1991. *In the Mind's Eye: Enhancing Human Performance*. Washington, DC: National Academy Press.

Dubois, D. D. 1993. *Competency-Based Performance Improvement: A Strategy for Organizational Change Amherst*. MA: HRD Press, Inc.

Eckerson, W. W. 2009. "Performance Management Strategies." *Business Intelligence Journal*, 14(1), pp. 24~27.

Harary, K. and E. Donahue Robinson. 1994. *Who Do You Think You Are?: Explore Your Many-sided Self with the Berkeley Personality Profile : the Fascinating New System that Shows you How to See Yourself as You Really Are with Your Partner, Family, Friends, and Co-workers*(1st ed). San Francisco: Harper San Francisco.

_____. 2005a. *Who Do You Think You Are?* London: Pengiun Group(Five Factor Model of Personality).

_____. 2005b. *Who Do You Think You Are?: Explore Your Many-sided Self with Berkeley Personality Profile*. New York: Plume Book.

Hedley, B. 1977. "Strategy and the 'Business Portfolio'." *Long Range Planning*, 10(1), pp. 9~15.

Hofer, C. W. and D. E. Schendel. 1978. *Strategy Formulation: Analytical Concepts*. St Paul: West Publishing.

Hursman, A. 2010. "Measure what matters." http://web.ebscohost.com/ehost/pdf viewer/pdfviewer?vid=48&hid=11&sid=a294ed98-abe3-4394-8cf0-ab8353d1d74c %40sessionmgr12

Kaplan, R. S. and D. P. Norton. 1992. "Putting the Balanced Scorecard to Work." *Harvard Business Review*, September-October, pp. 134~147.

_____. 1993. "The Balanced Scorecard-Measures that Drive Performance." *Harvard Business Review*, January-February, pp. 71~79.

_____. 1996. *The Balanced Scorecard: Translating Strategy into Action*. Boston: MA: Harvard Business School Press.

_____. 2007. *Balanced Scorecard: Strategický Systém Měření Výkonnosti Podniku*. Praha: Management Press.

McClelland, D. C. 1973. "Testing for Competence Rather than for 'Intelligence'." *American Psychologist,* 28, pp. 1~14.

McConnell, J. H. 1989. "How Are You Doing? Designing an Audit of the HR Function." *Human Resources Professionals*, March/April, pp. 61~64.

Rothwell, W. J. and J. E. Lindholm. 1999. "Competency Identification Modelling and Assessment in the USA." *International Journal of Training and Development*, 3(2), pp. 90~105.

Schippmann, J. S. 1999. *Strategic Job Modeling: Working at the Core of Integrated Human Resources*. Mahwah, NJ: Erlbaum.

Schippmann, J. S., R. A. Ash, M. Battista, L. Carr, L. D. Eyde, B. Hesketh et al. 2000. "The practice of Competency Modeling." *Personnel Psychology*, 53, pp. 703~740.

Spencer, L. M. and S. M. Spencer. 1993. *Competence at Work*. New York: Wiley.

Toulson, P. and P. Dewe. 2004. "HR Accounting as A Measurement Tool." *Human Resource Management*, 14(2), pp. 75~90.

Tsui, A. S. 1990. "A Multiple Constituency Model of Effectiveness: An Empirical Examination at the Human Resource Subunit Level." *Administrative Science Quarterly*, 35, pp. 458~483.

White, R. W. 1959. "Motivation Reconsidered: The Concept of Competence." *Psychological Review*, 66, pp. 297~331.

04

배우의 권리와
예술활동
관련 법제

1. 배우의 기본권과 생활 관련 법제

1) 「헌법」 및 법률상의 권리

　문화예술인(文化藝術人)에 대한 기본 권리 등을 논하려면 문화예술인의
법적 정의와 정체성부터 살펴봐야 한다. 현행 우리나라 「헌법」에서는 문
화예술인에 대해 창작의 자유와 권리를 보장하고 국가와 대통령이 문화
창달(文化暢達)의 의무를 다해야 한다고 명시하고 있다. 문화예술인은 국
내법의 체계에서 '예술인(藝術人)'으로 규정되며 관련 법률을 종합적으로
살펴볼 경우 배우도 법적으로 예술인의 지위와 권리를 지닌다. 예술인의
법적인 정체성을 규정하는 예술의 범주는 「문화예술진흥법」에, 예술인
에 대한 법적인 정의는 「예술인복지법」에 각각 규정되어 있다. 「행정조
직법」에는 드라마, 영화, 뮤지컬 등 연기예술과 미디어영상을 비롯한 문
화예술 분야 전반을 관장하는 문화체육관광부와 문화체육부장관의 역할

> ## "배우는 법적으로 '예술인'의 지위와 권리를 갖는다."
>
> '예술인'이란 "예술 활동을 업(業)으로 하여 국가를 문화적, 사회적, 경제적, 정치적으로 풍요롭게 만드는 데 공헌하는 자로서 「문화예술진흥법」에 따른 문화예술(문학, 응용미술을 포함한 미술, 음악, 무용, 연극, 영화, 연예, 국악, 사진, 건축, 어문, 출판 및 만화) 분야에서 대통령령으로 정하는 바에 따라 창작, 실연(實演), 기술지원 등의 활동을 증명할 수 있는 자"를 말한다(「예술인복지법」 제2조).

과 책무가 제시되어 있다.

먼저 「헌법」을 살펴보면 '제2장 국민의 권리와 의무'의 제22조 ①항에 "모든 국민은 학문과 예술의 자유를 가진다", ②항에 "저작자·발명가·과학기술자와 예술가의 권리는 법률로써 보호한다"고 규정해 예술의 자유와 예술가의 권리 보장을 명시하고 있다. 「헌법」 전문에서는 정치·경제·사회·문화의 모든 영역에 있어서 각인의 기회를 균등히 할 것을 명시하여 문화예술의 존재를 명확히 설정하고 있다. '제1장 총강'과 '제4장 정부'에는 문화창달을 위해 노력해야 한다는 국가와 대통령의 의무를 규정하고 있다. 제1장 총강 제9조에서는 "국가는 전통문화의 계승·발전과 민족문화의 창달에 노력하여야 한다"고 규정하고 있다.

제4장 정부 '제1절 대통령'의 제69조에 있는 '대통령 취임 선서' 조항에 따르면 대통령은 취임 시 "나는 헌법을 준수하고 국가를 보위하며 조국의 평화적 통일과 국민의 자유와 복리의 증진 및 민족문화의 창달에 노력하여 대통령으로서의 직책을 성실히 수행할 것을 국민 앞에 엄숙히 선서합니다"라고 선서하도록 규정되어 있다. 민족문화의 창달 의무를 강조한 것이다. 현행 「정부조직법」 제35조 ①항은 "문화체육관광부장관은 문화·예술·영상·광고·출판·간행물·체육·관광, 국정에 대한 홍보 및 정부발표에 관한 사무를 관장한다"고 규정하여 문화체육관광부 장관이

문화예술과 문화예술인 관련 정책을 관장하도록 하고 있다.

상위법인 「헌법」에 근거해 제정된 「문화예술진흥법」(2013년 7월 16일 시행) 제2조 제1항에서 '문화예술'은 "문학, 미술(응용미술을 포함한다), 음악, 무용, 연극, 영화, 연예(演藝), 국악, 사진, 건축, 어문(語文), 출판 및 만화를 말한다"라고 규정했다. '문화산업'에 대해서는 "문화예술의 창작물 또는 문화예술 용품을 산업 수단에 의하여 기획·제작·공연·전시·판매하는 것을 업(業)으로 하는 것을 말한다"라고 정의했다.

현행 「예술인복지법」(2012년 11월18일 시행) 제2조에 따르면 '예술인'이란 "예술 활동을 업(業)으로 하여 국가를 문화적, 사회적, 경제적, 정치적으로 풍요롭게 만드는 데 공헌하는 자로서 「문화예술진흥법」에 따른 문화예술 분야에서 대통령령으로 정하는 바에 따라 창작, 실연(實演), 기술 지원 등의 활동을 증명할 수 있는 자"를 지칭한다. 따라서 배우는 연극, 영화, 연예(演藝) 등의 활동 분야와 창작, 실연 등의 역할을 충족하므로 법에서 규정하는 예술인의 범주에 해당한다.

2) 소득과 과세 체계

배우는 문화예술 관계법에서는 '예술인'의 지위와 권리를 갖고 있으나, 근로자나 납세자의 관점에서는 '프리랜서'의 지위를 갖고 있다. 현행 「소득세법」에서 프리랜서는 '인적용역사업자(人的用役事業者)'로, 「부가가치세법」에서는 '면세사업자(免稅事業者)'로 분류되고 있다. 인적용역사업자란 "개인이 물적 시설(계속적, 반복적으로 사업에만 이용되는 건축물, 기계장치 등의 사업 설비) 없이 근로자(직원)를 고용하지 아니하고 독립된 자격으로 용역을 공급하고 대가를 받는 사업자"라고 규정되어 있다. 저술, 서화, 도안, 조각, 작곡, 음악, 무용, 만화, 삽화, 만담, 배우, 성우, 가수와 이와 유사한 용역, 연예에 관한 감독, 각색, 연출, 촬영, 녹음, 장치, 조명과 이와 유사한 용역, 라디오, 텔레비전 방송 등을 통해 해설, 계몽 또는 연기를 하거나 심사를 하고 사례금 또는 이와 유사한 성질의 대가를 받는 용역, 저작자가 저작권에 의해 사용료를 받는 용역 등이 모두 여기에 해당한다.

「부가가치세법」상 '면세사업자'란 프리랜서가 용역을 제공하고 받는 대가에 대해 부가세를 부과하지 않지만, 프리랜서 일을 하면서 지출할 때는 부가세를 부담해야 하는 대상이란 뜻이다. 부가가치세를 '면세'한다는 것은 일반적으로 특정한 재화 또는 용역의 공급에 대해 부가가치세 납세 의무를 면제하는 것을 말한다. 결국 부가가치세 면세사업자는 부가가치세가 면제되는 재화나 용역을 공급하는 사업자를 말한다. 부가가치세는 최종 소비자가 궁극적으로 부담하게 되는 세금이다. 면제 대상은 사회·공익·문화 등 조세정책 목적상 특정한 성격이나 요건을 갖춘 재화나 용역의 공급과 재화의 수입으로 국한되어 있다.

배우는 실제 '개인사업자 등록증'을 발급받아 일을 하는 경우가 거의 없기 때문에 「소득세법」에 따라 사업소득을 갖는 '사업소득자'로 분류된다. 따라서 일반적인 근로소득자와 종합소득세에 대한 과세 체계가 다르고 국민연금, 건강보험, 고용보험, 산재보험이라는 '4대 보험'을 적용받는 데 어려움을 겪는 경우가 많다. 사업소득자는 사업자 등록을 해야 하는 개인사업자(자영업자) 및 법인사업자와 달리 사업자 등록 없이 일을 하기 때문에 프리랜서의 지위를 갖는 경우가 대부분이다. '사업소득'이란 개인이 독립된 자격으로 저술, 작곡, 연예, 접객원, 보험 모집, 방문 판매 등과 이와 유사한 인적 용역(서비스)을 제공하고 금품을 받는 것을 말한다. 그러나 배우가 엔터테인먼트 회사와 같은 법인을 만들어 경영 활동인 사업과 배우 활동을 병행하는 경우는 여기에 해당되지 않는다.

보통 배우가 프리랜서로 활동하게 되면 출연료, 행사비와 같은 급여를 받을 때마다 소득의 3.3%를 원천 징수하고 지급받게 되며 본인이 직접 다음해 5월 말까지 주소지 관할 세무서에 종합소득세 확정 신고를 의무적으로 해야 한다. 여기에서 세율 3.3%는 소득세 3%와 사업소득세에 대한 주민세 0.3%를 포함한 것이다. 프리랜서인 사업소득자가 제공하는 인적 용역은 종종 '기타 소득'으로 구분되는 경우가 있는데 기타 소득에 해당할 경우 22%를 원천 징수해 높은 세율을 부담하는 등 과세 방식이 다르기 때문에 소득 구분이 명확해야 한다. 그러나 계속적이고 반복적으로 용역을 제공하고 받는 소득이라면 사업소득으로 분류되기 때문에 이 경우, 소득에 대해 3.3%의 세금을 원천 징수하고 차액을 지급하게 된다.

종합소득세에 국한해 설명하면 연간 종합소득에 대한 소득세는 「소득세법」(2014년 1월 1일 개정) 제55조(세율)에 따라 다음과 같은 과세표준 구간에 의해 산출해 적용한다. 소득세는 소득에 따라 세율이 비례하는 누진세율 구조의 5단계 과세표준(課稅標準, 약칭 '과표') 체계를 갖추고 있다. 종합소득세란 개인에게 귀속되는 각종 소득을 종합해 부과하는 소득세이다. 관련 세법에서 종합소득은 이자소득, 배당소득, 부동산임대소득, 사업소득, 근로소득, 일시재산소득, 기타 소득으로 구분하고 있다. 그러나 퇴직 및 양도소득과 일부 이자소득과 배당소득은 분리 과세되며 일용근로소득과 함께 종합과세에서 제외하고 있다. 종합소득세 과표는 종합소득에서 필요경비와 인적공제(기초공제, 배우자공제, 부양가족공제, 장애자공제)를 제외한 금액을 채택하기 때문에 실제 소득보다 다소 적게 평가된다. 「국세기본법」의 규정에 따르면 '과세표준'이란 "세법에 따라 직접적으로 세액 산출의 기초가 되는 과세 대상의 수량 또는 가액(價額)"을 말한다.

우리나라의 현행 종합소득세 과세표준은 5단계로 되어 있다. 이를 적용할 경우 배우의 연간 종합소득이 1,200만 원 이하라면 72만 원의 소득세를 낸다. 연간소득이 1,200만 원 초과 ~ 4,600만 원 이하 구간일 경우에

〈표 4-1〉 종합소득세 과세표준과 세율

구간	종합소득세 과세표준(연소득)	세율(납부해야 하는 세금)
1	1,200만 원 이하	과세표준의 6%
2	1,200만 원 초과 ~ 4,600만 원 이하	72만 원 + 1,200만 원 초과 금액의 15%
3	4,600만 원 초과 ~ 8,800만 원 이하	582만 원 + 4,600만 원 초과 금액의 24%
4	8,800만 원 초과 ~ 1억 5,000만 원 이하	1,590만 원 + 8,800만 원 초과 금액의 35%
5	1억 5,000만 원 초과	9,010만 원 + 1억 5,000만 원 초과 금액의 38%

는 소득 1,200만 원 이하에 해당하는 세금 72만 원과 1,200만 원을 초과하는 금액의 15%에 해당하는 액수를 더해 세금을 내게 된다. 연간 종합소득이 4,600만 원 초과 ~ 8,800만 원 이하의 범위에 있다면 두 가지 하위 구간에 해당하는 세액 총액 582만 원과 4,600만 원 초과액의 24%에 해당하는 액수를 더해 납부해야 한다.

연간소득 규모가 8,800만 원 초과 ~ 1억 5,000만 원 이하의 구간이라면 세 가지 하위 구간의 세액인 1,590만 원과 8,800만 원 초과 소득액의 35%를 더해서 내야 한다. 연소득이 1억 5,000만 원을 초과한다면 하위 네 개 구간의 세액 9,010만 원에 3억 원 초과 금액의 38%에 해당하는 세액을 더해 납부해야 한다. '투자의 귀재'인 미국의 억만 장자 워런 버핏(Warren Buffett) 버크셔 해서웨이 회장이 연간 소득 100만 달러 이상의 고소득자에 대해 증세를 주장한 것을 빗대어 5단계 최고세율 구간을 '한국판 버핏세(Buffet rule) 구간'이라 칭하기도 한다. 우리나라 국회에서는 각종 복지재정에 필요한 세수를 확보하기 위해 '연소득 3억 원 초과'로 규정되어 있던 소득세법상 종합소득세 최고세율(38%) 적용 구간을 대폭 낮추어 2014년 1월 1일 국회 본회의에서 '연소득 1억 5,000만 원 초과'로 개정해 통과시켰다.

프리랜서이자 사업소득자인 배우들은 일반 근로소득자(직장인)보다 소득 세율을 낮게 적용받지만 스스로 독보적인 경쟁력을 갖추지 못할 경우 적절한 소득이 있는 예술인으로 보호받지 못해 사회안전망의 사각지대에 놓이는 경우가 많다. 근로소득자의 경우에는 4대 보험에 의무적으로 가입해야 하고 고용주 입장에서도 매월 4대 보험료의 일부와 퇴직금을 부담해야 한다. 그러나 배우처럼 사업소득자로서 근로계약을 맺어 일할 경우 계약의 상대편인 방송사나 제작사의 4대 보험 가입과 퇴직금 지급 의무가 없다. 문화체육관광부를 비롯한 관련 부처와 기관에서는 배우단체 등 예술인 단체의 의견을 수렴해 문제 해결을 위해 적극적으로 노력하고 있으나 재원 부족 등으로 쉽게 해결되지 못하고 있다.

3) 노동 조건

우리나라에서 배우라는 특정 직업에 대한 노동시간 규정은 따로 마련되어 있지 않아 관행적으로 일반적인 노동자들에게 적용하는 법정 근로시간을 준거로 하되 전적으로 방송사, 영화사, 외주제작사, 음반제작사, 공연기획사 등의 제작 및 촬영 여건과 상황에 맞춰 운용되고 있다. 배우의 경우 제작 환경의 특수성으로 인해 출근과 퇴근의 개념이 희박하고 촬영 스케줄에 따라 밤샘이나 새벽 촬영을 해야 하는 경우가 허다하기 때문이다. 배우들의 촬영 대기시간도 일정하지 않다. 작가의 대본 작업이 제작 스케줄에 임박해 가까스로 끝날 경우, 또는 촬영 장비 등에 이상이 생길 경우 대기시간은 더욱 늘어나게 된다.

특히 '쪽대본', '회치기 대본'과 같은 말이 회자되듯이 급히 스토리가 추가 또는 변경되거나 시간적 여유를 갖고 대본이 쓰이지 못한 경우 배우들의 노동시간이 연장되는 것은 물론 이들이 겪는 스트레스는 더욱 커진다. 완성된 대본의 준비는 배우들에게 가장 기본적인 노동조건이다. '쪽대본'은 스토리의 흐름에 따라 장면 순서대로 쓴 대본이 아닌 중간이나 후반부에서 바로 찍을 특정 장면을 담은 것이다. '회치기 대본'은 매 회 촬영에 들어가기 직전에서야 급박하게 작성되어 나오는 대본을 뜻한다. 배우들이 이런 대본을 접하게 되면 연기를 할 때 몰입과 감정선 연계에서 매우 큰 혼란과 어려움을 겪게 된다. 작가들은 이런 대본을 메일이나 팩스로 현장에 보내는 경우가 허다하다. 배우들과 제작진은 이런 대본을 기다리느라 24시간 비상대기 상태로 있다가 완전하지 못한 감정 상태로 밤샘촬영을 하는 경우가 많아 개선해야 할 병폐로 지적되고 있다.

현재 배우 등 아티스트의 노동시간은 문화예술인의 노동시간과 조건을 규정한 별도의 법이 없기 때문에 앞에서 설명한대로 「근로기준법」을 적용한다. 노동시간, 즉 근로시간이란 '휴게시간을 제외한 노동시간'을 말한다. 「근로기준법」상의 법정근로시간은 1주 40시간, 1일 8시간으로 규정되어 있다. 그러나 고용주와 고용된 사람 간에 합의가 있을 경우에는 1주에 12시간을 한도로 연장할 수 있다. 이 같은 연장근로에는 휴일에 일하는 것도 포함된다. 외국의 경우 가장 노동시간이 적은 나라는 프랑스인데, 프랑스는 2000년 '근로시간 단축 촉진법'으로 불리는 「오브리법(Aubry Law)」 제정을 통해 '주 35시간 근로제'를 도입한 뒤 엄격한 노동시간 상한제를 실시하고 있다.

우리나라 「근로기준법」에서는 법정 근로자의 최저연령을 만 18세 미만인 자, 즉 '연소자'로 규정하고 15세 미만인 자는 근로자로 사용하지 못한다고 정하고 있다. 1인 이상 근로자를 사용하는 모든 사업 또는 사업장에는 법정 최저임금제가 적용된다. 법정 근로자의 최저임금은 공익위원 9명, 근로자위원 9명, 사용자위원 9명으로 구성된 노동부 산하 최저임금위원회가 물가인상 수준 등을 고려해 정하고, 그 뒤 노사의 이의제기를 받아 노동부장관이 최종 결정해 고시한다. 최저임금은 시급 기준으로 2008년 3,770원, 2009년 4,000원, 2010년 4,110원, 2011년 4,320원, 2012년

4,580원, 2013년 4,860원, 2014년 5,210원으로 조금씩 인상되어왔지만 여전히 미약한 수준이다. 이를 위반할 경우 3년 이하의 징역 또는 2,000만 원 이하의 벌금에 처해지고 두 가지 처벌의 병과가 가능하다.

특히 아동과 청소년을 포함한 미성년자 연기자 및 연예인에 대해서는 1일 법정 노동시간을 초과하지 못하도록 하는 등 관련 규정에 대한 엄격한 준수와 특별 관리가 필요하다. 촬영 여건과 일정 때문에 잘 지켜지지 않고 있기 때문이다. 미성년자 연예인의 경우 과도한 시간의 노동과 심야 및 새벽 노동, 무협(武俠) 장면과 수중 장면, 사고 장면 등 위험한 장면의 촬영, 과다 노출, 수면권 및 휴식권과 인격권, 학습권 침해가 가장 문제가 되고 있다. 우리나라에서 아역배우 출신들의 청소년기 신체적 발육과 성장이 일반 학생들에 비해 원활하지 못하다는 연구 결과나 지적이 나오는 것도 이런 환경 때문이다.

「근로기준법」 제69조와 제70조에서는 "15세 이상 18세 미만인 자의 근로시간은 1일 7시간, 일주일 40시간을 초과할 수 없다. 다만 당사자 사이의 합의에 따라 1일 1시간 1주일에 6시간 한도로 연장할 수 있다. 또한 18세 미만인 자는 오후 10시부터 오전 6시까지의 시간 및 휴일에 근로를 시킬 수 없다"고 규정하고 있다. 그러나 우리나라에서는 아역 연기자들에 대한 노동 조건과 절차, 보호자 동행의무, 학습권과 휴식권 보장, 안전조치의 강구 등 허가 전제조건이 법규로 명문화되어 있지 않아 인권 및 학습권 침해 우려가 높은 상황이다.

2009년 한국언론학회의 세미나를 비롯한 다양한 논의의 장에서 이 문제가 여러 차례 공론화되었지만 아직까지 법률이나 제도로 반영되지 못하고 있다. 공정거래위원회가 제정해 사용을 권고한 '표준계약서'의 연기자용 제21조와 가수용 제18조에 '아동·청소년의 보호'에 관한 조항을 두고 있는 것이 그나마 다행스럽다. 이 계약서는 선언적 차원에서 아동과

> ## 연예인(연기자, 가수 중심) 표준계약서의 '아동 · 청소년의 보호' 조항 내용
>
> ① 갑(연예기획사, 프로덕션, 제작사 등 지칭)은 아동 · 청소년 연예인의 신체적 · 정신적 건강, 학습권, 인격권, 수면권, 휴식권, 자유선택권 등 기본적인 인권을 보장한다.
> ② 갑은 연예매니지먼트 계약을 체결하는 경우 연예인의 연령을 확인하고 아동 · 청소년의 경우 영리 또는 흥행을 목적으로 과다노출 및 지나치게 선정적으로 표현하는 행위를 요구할 수 없다.
> ③ 갑은 아동 · 청소년 연예인에게 과도한 시간에 걸쳐서 대중문화예술 용역을 제공하게 할 수 없다.

청소년 연기자의 보호를 담고 있긴 하지만 학습권, 수면권, 휴식권, 안전조치의 강구 등에 관한 구체적 내용과 절차가 규정되어 있지 않다.

외국의 경우 관련 규정이 보다 구체적으로 명문화되어 있다. 미국 노동부 홈페이지에 따르면 18세 미만 어린이와 청소년 연기자의 노동은 연방법인 「공정근로기준법(Fair Labor Standards Act)」(1938)의 어린이 노동 관련 조항을 근거로 몇몇 주에서 세부적인 법을 만들어 엄격하게 규정하고 있다. 캘리포니아 주의 경우 「노동법」, 「교육법」, 「예능관계대리법」, 「쿠건법(Coogan's Law)」에 따라 생후 15일부터 18세까지를 미성년자(minors)로 규정하고, 미성년자가 엔터테인먼트 분야에서 일을 하려면 출연자와 보호자, 고용주가 노동 관련 부처의 허가를 받도록 하고 있다(박석철, 2009). 연기 분야에 출연할 수 있는 최저연령은 생후 15일이다. 출연자가 학생일 경우에는 학교로부터 허가를 받아야 한다. 연령대별로 노동시간이 차등적으로 규정되어 있으며 촬영장에는 부모나 보호자가 반드시 동행해야 한다. 아울러 한 명의 현장교사와 한 명 이상의 간호사를 상주시키도록 하고 있다.

학습권 보장을 위한 장치도 마련되어 있다. 캘리포니아 주에서는 미성

년자 배우의 학습권 보장을 위해 촬영으로 결석할 경우에는 반드시 '스튜디오 교원(studio teacher)' 제도를 활용해 교육을 받도록 하고 있다. 스튜디오 교원은 주 노동담당 장관이 자격을 부여한 전담 교사로서 일반적인 학습 외에 아역 연기자들의 건강, 안전, 도덕성도 함께 돌보는 역할을 한다. 뉴욕 주 노동부에 따르면 뉴욕 주에서는 「연기자교육과 신탁에 관한 법」(2003)에 따라 18세 미만의 청소년 연기자는 노동허가서를 받아야 하며 2일 이상 업무와 관련해 결석한 경우 교원 면허증을 가진 교원이 지도를 해야 한다(Screen Actors Guild, 2010).

영국은 「어린이청소년법」(1963), 「교육법」(1996), 「어린이노동보호법」(2000) 등에 따라 드라마, 영화, 뮤지컬 등에 14세 이상 청소년이 출연할 경우 해당 청소년이 다니는 학교장의 동의를 거쳐야 한다. 이후 촬영이나 공연 21일 전까지 그 청소년이 거주하는 지역의 교육관청에 신고해 허가를 받아야 한다. 아울러 아동의 경우 촬영 현장에서 그를 돌보기 위해 보호자(chaperone, 샤프롱)를 현장에 동행해야 한다. 당국의 허가를 받으려면 교육에 방해를 받지 않도록 방안을 강구해야 하는데, 학습권 보장 차원에서 하루 최저 3시간의 개인교습을 받아야 하며 개인교습을 받는 클래스의 학생 수는 6명을 넘지 않아야 한다(勞働政策研究·研修機構, 2006; 박석철, 2009). 어린이와 청소년 연기자의 경우 연령별 노동 및 휴식 시간을 규정하고 있다. 원칙적으로 공연 시간은 하루 최장 3시간 30분을 넘지 못하며 공연 간 휴식은 1시간 30분 이상을 보장해야 한다. 5세 미만의 경우 휴식이 없는 공연은 최대 30분을 넘지 못한다.

독일의 경우 「연소자 노동 보호법」(1976)에 따라 15세 미만의 어린이와 청소년이 연기를 하려면 부모 등 친권자의 서면 동의, 3개월 이내에 발급받은 의사의 소견서, 안전예방조치, 수업권 확보 확약서 등을 담은 서류를 첨부해 해당 주 노동청의 허가를 받아야 한다. 특히 청소년이 연기를 할 경우 가정교사가 부족한 학교수업을 보충 지도하는 역할을 해주고 미디어 및 교육 전문가가 대본을 교육적 관점에서 문제가 없는지 검토하도록 하고 있다. 독일에서 3세 미만의 아동은 출연이 불가능하다. 어린이와 청소년 연기자의 경우 공연 및 촬영시간은 3~6세의 경우 하루 2시간, 6세 이상은 하루 6시간을 초과할 수 없다.

프랑스에서는 「노동법전」과 「노동협약」의 규정에 따라 16세 미만의 어린이와 청소년이 연예활동을 하려면 부모의 동의서, 촬영 내용 등을 담은 서류를 첨부해 지자체의 허가를 받아야 한다. 특히 학업진도 및 건강관리 외에 가정과의 연계에 충실하는 데 주안점을 두고 있다(박석철, 2009). 또한 3개월 미만의 아동은 출연이 불가능하며 라이브 공연 무대의 경우 9세를 넘어야 출연이 가능하다. 어린이와 청소년 연기자의 경우 법에 따라 당국이 허가하는 하루 최대 노동시간은 생후 6개월~3세는 1시간, 4~5세는 2시간, 6~11세는 3시간, 12~16세는 4시간이다(勞働政策研究 · 研修機構, 2006).

이웃 일본의 경우 「노동기준법」(1947)에 따라 15세 미만의 미성년자를 고용하는 것은 원칙적으로 금지하고 있다. 연기자의 근로허가는 13세 미만일 경우 불허된다. 어린이나 청소년이 연기를 하려면 부모나 친권자의 동의서, 학업에 지장이 없다는 학교의 증명서, 연령을 확인할 수 있는 호적증명서 등을 첨부해 노동기준감독소장의 허락을 받아야 한다(박석철, 2009). 일본 「노동기준법」 제61조에 따르면 오후 9시부터 오전 6시까지 노동이 금지되며 주간 노동시간은 40시간 이내, 1일 노동시간은 7시간을 넘을 수 없도록 규정되어 있다(勞働政策研究 · 研修機構, 2006). 만약 아역배우의 1일 노동시간이 6시간을 넘을 경우에는 원칙적으로 중간에 45분간의 휴식을 부여해야 한다.

특히 어린이 · 청소년 연기자에게 야간이나 심야 및 새벽 촬영을 금지

Division of Labor Standards Enforcement(DLSE)

Information on Minors and Employment

Almost all minors under the **age of 18** are subject to California's child labor protections. Under the California Labor Code, "**minor**" is defined as any person **under the age of 18 years** required to attend school under the provisions of the Education Code, and any person under age six. "Dropouts" are subject to California's compulsory education laws, and thus are subject to all state child labor law requirements. Emancipated minors, while subject to all California's child labor laws, may apply for a work permit without their parents' permission.

Child labor laws

The Division of Labor Standards Enforcement's child labor law booklet contains comprehensive information about child labor laws, school attendance, wage, hour, and age requirements, restrictions, employer requirements and work permits.
For table summaries of child labor law requirements and restrictions arranged by age, and for a summary of penalties which may be imposed for violating child labor laws, click here.
The booklet also contains references and links to the state Labor Code, the Education Code and other relevant laws and regulations.

Work permits

Except in limited circumstances defined in law and summarized in the child labor law booklet, all minors under 18 years of age employed in the state of California must have a permit to work.
Prior to permitting a minor to work, employers must possess a valid permit to employ and

work. The permit to employ and work are issued on the same form. A permit to employ and work in industries other than entertainment is usually issued by an authorized person at the minor's school. During summer months or when school is not in session the work permit is obtained from the superintendent of the school district in which the minor resides.

Typically, after an employer agrees to hire a minor, the minor obtains from his or her school a Department of Education form entitled "Statement of Intent to Employ Minor and Request for Work Permit". The form must be completed by the minor and the employer and signed by the minor's parent or guardian and the employer. After returning the completed and signed form to the school, school officials may issue the permit to employ and work.

Permits issued during the school year expire five days after the opening of the next succeeding school year and must be renewed.

Entertainment work permits

Minors aged 15 days to 18 years employed in the entertainment industry must have a permit to work, and employers must have a permit to employ, both permits being issued by the Division of Labor Standards Enforcement. These permits are also required for minors making phonographic recordings or who are employed as advertising or photographic models. Permits are required even when the entertainment is noncommercial in nature.

There is no fee to obtain an entertainment work permit. The permit can be obtained by the new on-line application process, by mail or in person. If you are a parent or guardian who wishes to apply for an Entertainment Work Permit for a Minor on-line, click on the Permits link above.

If you wish to apply by mail or in person, the application for permission to work in the entertainment industry must be filled out completely and mailed, along with any required documents and a pre-addressed, stamped envelope, to any office of the Division of Labor Standards Enforcement.

To find the nearest DLSE office, use the division's office locator. Please note that the Van Nuys Office, located at 6150 Van Nuys Blvd, Room 100, (818-901-5484) is available for walk-in service. Effective August 15, 2011 the hours of the Van Nuys Minors Entertainment Work Permit Unit will change. Due to the current state budget constraints and inability to fully staff the Unit, the new hours will be Monday through Friday, 9:00 a.m. to noon and 1:00 p.m. to 4:00 p.m.

The Unit's office will be closed from noon to 1:00 p.m. We will continue to strive to offer the best service possible and believe the new hours will allow for enhanced efficiencies in the processing of permit applications. We appreciate your understanding and cooperation.

In addition to the standard six month Entertainment Work Permit, there is now a 10 Day Temporary Entertainment Work Permit which parents guardians can apply for on-line. The 10 day Temporary Entertainment Work Permit is subject to the following requirements:

- Minor must be between the ages of 15 days and 16 years
- Have never applied for a 6 Month Entertainment Permit
- Have not previously applied for a 10 Day Temporary Entertainment Work Permit
- There is a fee for the 10 Day Temporary Entertainment Work Permit.

Employers intending to employ minors in the entertainment industry must complete the application for permission to employ minors in the entertainment industry and submit it, along with proof of workers' compensation insurance coverage, to any Division of Labor Standards Enforcement office. To find a DLSE office, use the division's office locator.

Additional information

Assembly Bill 1900 (Chapter 1175, Statutes of 1994) also known as the Omnibus Child Labor Reform Act of 1993 became effective on January 1, 1995. Among other provisions, the bill added Labor Code §1393, authorizing the Labor Commissioner, Chief of the Division of Labor Standards Enforcement (DLSE) within the Department of Industrial Relations, to grant exceptions to the limitation of the number of hours that 16- and 17-year-old minors may work in a day at an agricultural packing plant during peak harvest season when school is not in session.

The law authorized the Labor Commissioner to grant an exemption to allow minors to work up to ten hours per day, rather than eight hours, if the additional work hours did not materially affect the safety and welfare of the minor.

An application for an exemption shall be made by an employer on a form provided by the

Labor Commissioner, and a copy of the application shall be posted at the employer's place of employment at the time the application is filed with the Division.

Employers must follow all relevant health and safety laws to keep young workers safe on the job. Visit Cal/OSHA's Web site for more information on health and safety laws and regulations in California.

Job safety and labor law tips are also available for a variety of industries in English and Spanish on the e-youngworkers Web site.

자료: http://www.dir.ca.gov/dlse/DLSE-CL.html

시키고 있다. 이 때문에 매년 12월 31일 밤 생방송되는 최대 가요 프로그램인 NHK의 〈홍백가합전(紅白歌合戰)〉에서는 진풍경이 연출된다. 방송을 하다가 오후 9시가 되면 어김없이 아이돌 가수를 비롯한 미성년 가수들을 퇴장시키는 것이다.

4) 예술인 보호 및 지원제도

예술인에 대한 보호 및 지원제도는 예술계의 오랜 요구 끝에 제정되어 2012년 11월 18일부터 시행된 「예술인복지법」에 응축되어 있다. 이 법은 2011년 1월 시나리오 작가 최고은 씨가 생활고로 사망한 사건이 발생하자 사회적 이슈로 떠오른 것을 계기로, 예술인의 직업적 지위와 권리를 법으로 보호하고 복지지원을 통해 예술인의 창작 활동을 증진시킬 목적에서 제정되었다. 이와 관련된 정책은 문화체육관광부 예술정책과에서 관장한다. 이 법률에서는 문학, 미술, 음악·국악, 무용, 연극, 영화, 연예, 기술지원 분야에서 각각 실적 기준에 따라 '지원 대상 예술인'을 규정하고 있다. 가령 영화 분야는 최근 3년 동안 3편 이상의 영화에 출연하거나

1편 이상의 영화를 연출한 사람, 문학 분야는 최근 5년 동안 5편 이상의 작품·비평을 문예지에 발표하거나 1권 이상의 작품·비평집을 출판한 사람이다.

이 기준에 해당되는 것으로 인정되면 창작자금이 지원되고 건강보험, 산재보험 등 4대 보험에도 가입할 수 있다. 그러나 출연 실적을 달성하지 못하면 지원 대상 예술인의 범주에서 제외되어 국민연금, 건강보험, 고용보험에 가입할 수 없으며 산재보험도 전액 본인이 부담해야 한다. 문화체육관광부는 예산이 부족하다는 이유로 예술인 복지의 핵심인 4대 보험을 실행하지 못하고 있다. 2013년 1월부터 예술인 900명에게 매월 창작준비금 월 100만 원을 3개월간 지급했으며, 1,500명에게는 무료 교육과 월 20만 원을 각각 3개월간 지원하는 데 그쳤다. 문화체육관광부는 「예술인복지법」 시행 전에 200억 원에 이르는 예술인복지기금 설립을 포함해 예술인복지 관련 예산 355억 원을 기획재정부에 신청했지만, 예산심사에서 80%를 삭감당한 70억 원만 반영되었기 때문이다.

이 법은 어느 정도 예술활동을 하여 수입이 있는 예술인을 지원 대상으로 한정하고 있어 정작 활동이 적어 사회안전망의 차원에서 도움이 절실한 빈곤한 예술인은 지원 대상에서 배제하는 문제점을 안고 있다. 정부는 「예술인복지법」이 마련된 이상 정책 의지를 갖고 「예술인복지법」의 규정에 걸맞게 관련 예산을 확보해 정책을 실현하며, 점차 지원이 절실하게 필요한 사람을 돕도록 재조정해야 할 필요성이 있다.

[시행 2012.11.18] [법률 제11089호, 2011.11.17, 제정]

제1장 총칙

제1조(목적) 이 법은 예술인의 직업적 지위와 권리를 법으로 보호하고, 예술인 복지 지원을 통하여 예술인들의 창작활동을 증진하고 예술 발전에 이바지하는 것을 목적으로 한다.

제2조(정의) 이 법에서 "예술인"이란 예술 활동을 업(業)으로 하여 국가를 문화적, 사회적, 경제적, 정치적으로 풍요롭게 만드는 데 공헌하는 자로서 「문화예술진흥법」 제2조 제1항 제1호에 따른 문화예술 분야에서 대통령령으로 정하는 바에 따라 창작, 실연(實演), 기술지원 등의 활동을 증명할 수 있는 자를 말한다.

제2장 예술인의 지위와 권리 등

제3조(예술인의 지위와 권리) ① 예술인은 문화국가 실현과 국민의 삶의 질 향상에 중요한 공헌을 하는 존재로서 정당한 존중을 받아야 한다.
② 모든 예술인은 자유롭게 예술 활동에 종사할 수 있는 권리가 있으며, 예술 활동의 성과를 통하여 정당한 정신적, 물질적 혜택을 누릴 권리가 있다.

제4조(국가 및 지방자치단체의 책무 등) ① 국가와 지방자치단체는 예술인의 지위와 권리를 보호하고 예술인의 복지 증진에 관한 시책을 수립하여 시행하여야 한다.
② 국가와 지방자치단체는 예술인이 지역, 성별, 연령, 인종, 장애, 소득 등에 따른 차별 없이 예술 활동에 종사할 수 있도록 시책을 마련하여야 한다.
③ 국가 또는 지방자치단체는 예산의 범위에서 예술인의 복지 증진을 위한 사업과 활동에 필요한 지원을 할 수 있다.

제5조(표준계약서의 보급) ① 국가는 예술인의 복지 증진을 위하여 「문화예술진흥법」 제2조 제1항 1호에 따른 문화예술 분야 중 문화체육관광부령으로 정하는 문화예술 영역에 관하여 계약서 표준양식을 개발하고 이를 보급하여야 한다.
② 국가와 지방자치단체는 제1항에 따른 계약서 표준양식을 사용하는 경우 「문화예술진흥법」 제16조에 따른 문화예술진흥기금 지원 등 문화예술 재정 지원에 있어 우대할 수 있다.

③ 제1항에 따른 계약서 표준양식의 내용 및 보급 방법 등에 관하여 필요한 사항은 문화체육관광부령으로 정한다.

제6조(예술인의 경력 증명 등에 관한 조치 마련) 문화체육관광부장관은 예술인이 고용, 임금, 그 밖의 근로조건 등에 있어서 합리적인 이유 없이 불리하게 처우를 받지 아니하도록 예술인의 경력 증명 등에 필요한 별도의 조치를 마련하여야 한다.

제3장 사회보장

제7조(예술인의 업무상 재해에 대한 보호) 예술인의 업무상 재해 및 보상 등에 관하여는 「산업재해보상보험법」에서 정하는 바에 따른다.

제4장 한국예술인복지재단

제8조(한국예술인복지재단의 설립 등) ① 예술인복지사업을 효율적으로 수행하기 위하여 한국예술인복지재단(이하 "재단"이라 한다)을 설립한다.
② 재단은 법인으로 한다.
③ 재단은 문화체육관광부장관의 인가를 받아 주된 사무소의 소재지에서 설립등기를 함으로써 성립한다.
④ 재단에 대하여 이 법에 규정한 것 외에는 「민법」 중 재단법인에 관한 규정을 준용한다.

제9조(정관) ① 재단의 정관에는 다음 각 호의 사항을 기재하여야 한다.
    1. 목적
    2. 명칭
    3. 주된 사무소의 소재지
    4. 이사회에 관한 사항
    5. 임원 및 직원에 관한 사항
    6. 재산 및 회계에 관한 사항
    7. 공고에 관한 사항
    8. 예술인 복지금고의 관리 및 운영에 관한 사항
    9. 정관의 변경에 관한 사항
② 재단이 정관을 작성하거나 변경할 때에는 문화체육관광부장관의 인가를 받아야 한다.

제10조(재단의 사업) ① 재단은 다음 각 호의 사업을 수행한다.
    1. 예술인의 사회보장 확대 지원

2. 예술인의 직업안정·고용창출 및 직업전환 지원
3. 원로 예술인의 생활안정 지원 등 취약예술계층의 복지 지원
4. 개인 창작예술인의 복지 증진 지원
5. 예술인의 복지실태 및 근로실태의 조사·연구
6. 예술인 복지금고의 관리·운영
7. 예술인 공제사업의 관리·운영
8. 정부로부터 위탁받은 사업
9. 그 밖에 예술인의 복지 증진을 위하여 대통령령으로 정하는 사업
② 재단은 문화체육관광부장관의 인가를 받아 제1항 각 호에 따른 사업 외에 목적 달성을 위하여 필요한 수익사업을 할 수 있다.

제11조(유사명칭의 사용금지) 이 법에 따른 재단이 아닌 자는 한국예술인복지재단 또는 이와 유사한 명칭을 사용할 수 없다.

제12조(임원) ① 재단에 임원으로서 이사장을 포함한 15명 이내의 이사와 감사 1명을 둔다.
② 재단의 이사장은 문화체육관광부장관이 임면하고, 상임이사는 이사장이 이사회의 추천을 받은 사람 중에서 문화체육관광부장관의 승인을 받아 임면하며, 이사장 및 상임이사를 제외한 이사의 선임에 대하여는 재단의 정관으로 정한다.
③ 이사장·이사 및 감사의 임기는 3년으로 하되, 1회에 한하여 연임할 수 있다.
④ 이사장은 재단을 대표하고, 재단의 업무를 총괄한다.
⑤ 감사는 재단의 업무 및 회계를 감사한다.

제13조(이사회) ① 재단에 그 업무에 관한 중요 사항을 심의·의결하기 위하여 이사회를 둔다.
② 이사회는 이사장을 포함한 이사로 구성한다.
③ 이사장은 이사회를 소집하고 그 의장이 된다.
④ 이사장이 사고가 있을 때에는 정관으로 정하는 바에 따라 다른 이사가 그 직무를 대행한다.
⑤ 이사회의 회의는 재적이사 과반수의 출석과 출석이사 과반수의 찬성으로 의결한다.
⑥ 감사는 이사회에 출석하여 의견을 진술할 수 있다.

제14조(사업연도 및 사업계획서) ① 재단의 사업연도는 정부의 회계연도에 따른다.
② 재단은 대통령령으로 정하는 바에 따라 매년도 사업계획서 및 예산서, 세입세출결산서를 문화체육관광부장관에게 제출하여야 한다. 사업계획서 및 예산서를 변경하고자 할 때에도 또한 같다.
③ 문화체육관광부장관은 필요한 경우 재단에 사업계획 및 예산·결산 관련 자료의 제

출을 요청할 수 있다.

제15조(감독 등) ① 문화체육관광부장관은 소속 공무원으로 하여금 재단의 업무, 회계 및 자산 상황을 검사하게 하거나 검사에 필요한 자료의 제출을 명령하게 할 수 있다.
② 문화체육관광부장관은 제1항에 따른 검사의 결과 위법하거나 부당한 사항이 있을 때에는 재단에 시정을 명령하거나 그 밖에 필요한 조치를 할 수 있다.

제5장 보칙

제16조(벌칙적용에서의 공무원 의제) 재단의 임원 및 직원은 「형법」이나 그 밖의 법률에 따른 벌칙을 적용할 때에는 공무원으로 본다.

제6장 벌칙

제17조(과태료) ① 제11조를 위반하여 한국예술인복지재단 또는 이와 유사한 명칭을 사용한 자에게는 300만 원 이하의 과태료를 부과한다.
② 제1항에 따른 과태료는 대통령령으로 정하는 바에 따라 문화체육관광부장관이 부과·징수한다.

부칙 〈법률 제11089호, 2011.11.17〉
이 법은 공포 후 1년이 경과한 날부터 시행한다.

2. 예술활동과 명예에 관한 권리

오늘날 엔터테인먼트가 산업화되면서 배우, 가수 등 아티스트들의 권리 보호는 매우 중요한 문제로 부각되고 있다. 배우, 가수는 물론 배우, 가수가 소속된 엔터테인먼트 기업의 수익과 경영에 결정적인 영향을 미치기 때문이다. 아티스트나 엔터테이너, 엔터테인먼트 기업은 인적자원 외에 창의적으로 만든 고유한 콘텐츠나 특허를 보유하고 있어 이것이 창출하는 수익을 보전하려면 저작권, 출판권, 저작인접권, 초상권 등을 보호하는 노력을 해야 한다. 한류 열풍 이후 국내 엔터테인먼트 기업들은 이처럼 경제적 이익과 관련된 법적 권리를 보호하기 위해 법률 전문가를 경영진에 합류시키거나 사내에 법무팀을 별도로 두고 있다. 에이전트를 활용하거나 자유롭게 프리랜서로 활동 중인 배우들도 자문 변호사를 두고 계약 단계부터 철저하게 관리하고 있다.

1) 저작권

(1) 저작권의 개념

배우 등 엔터테이너들은 자신이 창작한 작품을 보유할 경우 독점적인 권리로서 '저작권(著作權, copyright)'을 갖게 된다. 「저작권법」에 따르면 '저작권'이란 "배우 등 예술가가 그의 사상과 감정을 표현하여 독창적으로 만들어낸 연극, 영상, 각본 등 저작물(이와 같은 순수 창작물을 '1차 저작물'이라 한다)과 이를 번역, 편곡, 각색 등 변형한 2차 저작물과 순수 창작물을 편집하여 구성한 편집 저작물에 대한 배타적이고 독점적인 권리"를 말한다. 최근에는 가수의 안무에 대해서도 자발적으로 저작권을 보장하여 가수 싸이(PSY)가 이른바 '시건방춤'의 안무저작자에게 저작권료를 지급했다. 요약하면 저작권이란 저작자가 인간의 사상 또는 감정을 표현한 창작물인 저작물을 독점적으로 이용하거나 이를 남에게 허락할 수 있는 인격적·재산적 권리인 것이다.

저작권은 저작물에 대한 독점적이고 배타적인 이용을 보장하는 권리이기 때문에 복제를 통해 저작권자의 저작물을 출판하거나 저작물을 임의적으로 사용할 수 없다. 저작자가 세계저작권협약상의 권리를 인정받으려면 '©' 기호를 표시해야 한다. 스토리와 구성이 매력적인 소설이나

〈사례 1〉

2013년 문화체육관광부 국정감사 자료에 따르면 가수 겸 엔터테인먼트 사업가 박진영이 2012년 한 해 동안 음악 저작권료로 12억 783만 원의 수익(세전)을 거둬들여 2년 연속 국내 음악 **저작권료** 수익 부문 1위를 차지했다. 2위는 SG워너비의 히트곡 대부분을 작곡한 작곡가 조영수가 2년 연속 기록했다. 조영수는 2007~2010년 4년 연속 음악 저작권 수익 1위 기록했다. 원타임 출신의 YG엔터테인먼트 전속 작곡가 테디는 9억 467만 원으로 3위, SM엔터테인먼트 소속 가수들의 음악을 만드는 작곡가 유영진은 8억 3648만 원으로 4위를 차지했다. 지드래곤은 7억 9632만 원으로 5위를 차지했다(≪머니투데이≫, 2013년 10월 30일자 요약).

〈사례 2〉

연극 〈행복〉의 연출가 정세혁 씨는 2013년 10월 8일 배우 강지환이 자신의 일본 팬미팅에서 선보인 연극 〈고마워, 여보〉가 자신의 작품을 무단으로 사용한 것이라며 강지환을 **저작권법 위반** 혐의로 검찰에 고소했다. 이에 대해 강지환 소속사는 "해당 연출가에게 꾸준하게 연락을 취했으며 팬미팅의 일환으로 한 것인데, 갑자기 소송을 제기해 당황스럽다"며 "향후 대응 방침을 밝히겠다"고 반응했다(≪SBSCNBC≫, 2013년 10월 25일자 요약).

만화를 바탕으로 각색해 상업 영화를 제작할 때 원작자에게 저작권료를 지불하거나 연극영화 관련 학과에서 공연을 할 때 창작물이 아닌 경우 원저작자에게 저작권료를 주거나 무료로 사용하겠다는 허가를 받는 과정을 거치는 것도 바로 저작권을 인정하고 저작권법을 준수하기 위한 것이다.

저작권은 철저하게 보호되어야 하기 때문에 저작권 보호운동(copyright campaign)이 활발하지만 정보민주주의 발전 차원에서 정보공유의 확대를 위해 이를 나누자는 운동도 시작된 지 오래이다. 영화계의 '굿 다운로더(Good Downloader) 캠페인'은 남의 저작권을 침해하지 말라는 훈계성 캠페인을 뛰어넘은 포지티브적 관점의 저작권 보호운동이다(김정섭, 2012). 창작물이나 콘텐츠를 합당한 비용을 지불하고 바르게 이용하자는 것이 '저

카피레프트 운동

카피레프트(Copyleft)는 저작권을 뜻하는 '카피라이트(Copyright)'의 반대말로 정보화 시대 소수의 지식 독점을 경계하며 지적 재산물의 활발한 공유를 추구한다. 저작권 소유자가 공유 가치를 확대하기 위해 모든 사람들에게 무상으로 자신의 창작물을 쓸 수 있도록 허용하자는 것이다. 디지털 분야에 적용하면 파일 공유를 통해 지식을 나누자는 것인데, 이렇게 누구나 사용할 수 있는 프로그램은 '프리웨어(freeware)'라고도 불린다.

이 캠페인은 미국 메사추세츠공대(MIT) 인공지능연구소의 연구원이자 컴퓨터 프로그래머였던 리처드 스톨만(Richard Matthew Stallman)이 정부와 기업 등 소수의 '정보 독점'에 대항해 소프트웨어 개발 초기의 상호협력 정신을 강조하면서 창안한 개념이다. 스톨만은 컴퓨터 운영체제인 '유닉스'가 1970년대 대학가에서 무료로 배포된 후 이를 대기업인 AT&T가 상용화하려 할 즈음인 1982년 '소스코드 공유'라는 개념을 주창했다. 스톨만은 1983년 기업들의 소프트웨어 독점 추세에 반발해 자유소프트웨어재단(FSF)을 설립한 후 본격적으로 카피레프트 운동을 전개했다. 이어 1991년 '리눅스'를 개발한 뒤 3년 만에 누구나 무료로 사용하도록 개방했다.

『지식 독점에 반대한다』(에코리브르, 2013)라는 책은 카피레프트의 필요성을 예화를 들어 논리적으로 역설하고 있다. 저작권이 독점을 강화하는 대신 경쟁, 혁신, 창조를 가로막는 걸림돌로 작용하기도 한다는 비판이다. 저자인 미셀 볼드린(Michele Boldrin)과 데이비드 K. 러바인(David K. Levine)은 "세계 최초로 증기기관을 만든 사람으로 알려진 제임스 와트는 사실은 1712년 토머스 뉴커먼이 만든 증기기관을 참고해 새로운 아이디어를 덧붙여 개량한 것"이라며 "와트는 정작 자신의 기술을 개량해 보다 성능이 좋은 증기기관을 만든 혼블로워를 고발해 기술의 상용화가 지연됐다"라고 소개했다.

문화예술이나 엔터테인먼트 관련 콘텐츠는 저작권자가 이용을 허용하느냐의 여부에 따라 이용자들에게 '합법'과 '불법'의 딱지가 붙게 된다. 저작권은 보호되는 것이 원칙이지만 이용료가 너무 비싸거나 이용 방법이 지나치게 제한적이라면 이용자들로부터 외면을 받기 때문에 효용가치가 떨어질 수도 있다. 역설적으로 '한류열풍'의 중요한 원인 가운데 하나는 거대한 인구 규모를 지닌 중국에서 이용자들이 자국에 불법으로 유통된 비디오 등을 보고 한국의 드라마와 가요에 빠져들었기 때문이라고 보는 전문가들도 있다.

이렇듯 문화 콘텐츠는 폭넓은 전파와 보급, 유통을 통해 트렌드를 형성할 경우 더 높은 가치가 눈덩이처럼 만들어질 수 있기 때문에 유튜브 등을 통해 음원이나 동영상을 무료로 공개하는 아티스트들이 늘어나고 있다. 이용자들의 이용 욕구에 부응해 팬덤을 확대하면서 작은 이익보다 더 큰 이익을 얻겠다는 전략이다. 가수 싸이는 2013년 8월 15일 뮤직 비디오 '오빠 딱 내 스타일'을 무료로 공개했다. 같은 해 10월 24일 힙합그룹 에픽하이(미쓰라진, 타블로, 투컷)는 데뷔 10주년을 기념한 곡 〈420〉의 음원을 무료로 공개했다. 같은 달 25일 가수 윤종신은 '독도의 날'을 맞아 한국홍보전문가 서경덕 성신여대 교수의

작권 보호운동'이다. '카피레프트 운동(Copyleft Campaign)'은 이용자들 간에
각자의 지적 재산물을 활발하게 공유하자는 공유저작권 운동을 말한다.

「저작권법」이 규정한 저작물에는 소설, 시(詩), 논문, 강연, 연술(演述),
각본, 음악, 연극, 무용, 회화, 서예, 도안, 조각, 공예, 건축물, 사진, 영상,
도형, 컴퓨터 프로그램 등이 있다. 「저작권법」에 따르면 2차 저작물과 편
집저작물도 저작권이 보호된다. 여기에서 '2차 저작물'이란 원저작물을
번역, 편곡, 변형, 각색, 영상제작 등의 방법으로 다시 만든 창작물을 말
한다. 즉 원재료를 이용한 재창작물인 것이다. '편집저작물'은 1차 창작물
에 대한 편집물로서 그 소재의 선택 또는 배열을 볼 때 창작성이 있는 것
을 말한다. 저작권은 창작을 한 때부터 자동적으로 효력이 발생하기 때문
에 등록과 같은 행정적인 절차의 이행을 필요로 하지 않는다. 저작권은
'저작인격권'과 '저작재산권'으로 구성되어 있다.

저작권의 보호 기간은 우리나라와 자유무역협정(FTA)을 체결한 미국,
유럽 등의 경우 국제 표준을 적용해 실명 저작물을 창작한 시점부터 저작
자가 생존하는 동안과 사망한 이후 70년간이다. 인간의 수명이 늘면서 기
존의 '저작권자의 생존 기간을 포함 사후 50년 보호' 체제가 '생존 기간을
포함한 사후 70년 보호' 체제로 20년간 연장된 것이다. 대표적으로 미국
에서는 애니메이션 왕국을 이룬 월트 디즈니 후손들의 요구로 미국 국내
법이 생존 기간을 포함한 사후 70년 보장 체제로 바뀌었으며, 미국과 FTA
를 맺은 국가들도 국내법과 국제법의 충돌을 막기 위해 똑같이 국내법을
순차적으로 바꾸게 되었다.

(2) 저작권의 종류

① 저작인격권

저작인격권(著作人格權, moral rights of the author)은 '저작자가 자기의 저작물에 대해 갖는 정신적·인격적 이익에 대한 보호 권리'로서, 넓게 보면 정신적 권리인 '인격권'의 범주에 속한다. 경제적 또는 물질적으로 파악하거나 산정하기 어렵다는 특징이 있다. 저작인격권은 저작자 자신에게 전속되어 양도나 상속 등 권리 이전이 불가능하며 공동 저작물의 경우 저작자 전원의 합의가 없으면 이를 행사할 수 없다. 이 권리는 저작자가 사망하거나 저작자인 법인이 해산하게 되면 없어진다. 그러나 저작자가 사망한 경우라도 이용자가 저작자의 명예를 현저히 침해하는 행위를 해서는 안 된다. 저작인격권의 침해는 저작자 당사자만이 느낄 수 있다. 결국 가해자의 침해 정도를 입증해야만 '위자료' 등 물질적인 배상을 청구할 수 있다.

저작인격권은 '동일성유지권', '성명표시권', '공표권' 등 세 가지 권리를 포함하고 있다. 첫째, 동일성유지권은 저작자가 자신의 저작물에 대해 내용과 형식 및 제목의 동일성을 유지할 권리이다. 드라마, 영화, 뮤지컬, 연극의 제목, 내용, 포맷 등을 저작자의 허락 없이 마음대로 바꿔 재편집이나 유통을 할 수 없도록 한 권리로 원래 작품과 똑같은 상태를 유지하도록 하는 권리를 말한다.

둘째, 성명표시권은 저작물을 사용할 때 저작자의 이름을 표시해야 한다는 것이다. 저작자는 자신이 원하는 이름, 즉 '가명(假名)', '예명(藝名)', '실명(實名)' 가운데 하나로 표시할 수 있다. 드라마, 영화, 뮤지컬, 연극 제작을 할 때 사전 허가나 양해 없이 작가, 연출자, 감독 등의 이름을 실수나 고의로 표시하지 않았거나 뺐다면 성명표시권을 침해한 것이다. 아울러 같은 유형의 작품을 만들 때 원작자의 이름을 표기하지 않았을 경우도

<表 4-2> 저작권의 구성 체계

저작인격권	- 동일성유지권 - 성명표시권 - 공표권
저작재산권	- 복제권 - 공연권 - 방송권 - 전시권 - 배포권 - 대여권 - 공중송신권 - 2차적 저작물의 작성권

해당된다.

셋째, 공표권은 저작물의 공표 여부, 공표할 시기와 방법을 저작자가 결정할 수 있는 권리를 뜻한다. 저작자가 영화, 드라마를 제작한 뒤 비공개를 원하는데도 누군가 이를 무시하고 무단으로 공개해 유포했거나 제작한 영화의 상영을 원하지 않는데도 이를 무시하고 제3자가 상영을 했다면 모두 공표권 침해에 해당한다.

② 저작재산권

'저작재산권(著作財産權, economic right)'이란 '저작자가 자신의 저작물에 대해 갖는 배타적인 이용권이자 재산적 권리'를 뜻한다. 구체적으로 저작물의 복제권, 공중송신권, 배포권, 공연권, 방송권, 대여권, 전시권, 2차적 저작물의 작성권 등 여덟 가지를 포함하고 있다.

'복제권(reproduction right)'은 저작물을 여러 가지 방법에 의해 전자적으로 고정하거나 유형물로 다시 제작할 수 있는 권리를 지칭한다. '복제(複製)'는 인쇄 · 사진 · 복사 · 녹음 · 녹화나 그 밖의 방법에 의해 유형물에 고정하거나 유형물로 다시 제작하는 것을 말한다. '공중송신권'은 저작물, 실연·음반·방송 또는 데이터베이스를 공중이 수신하거나 접근하게 할 목적으로 무선 또는 유선통신의 방법에 의해 송신하거나 이용에 제공할 수 있는 권리를 말한다. '배포권'이란 저작물의 원작품 또는 그 복제물을 일반 공중에게 유상 또는 무상으로 양도하거나 대여할 수 있는 권리를 말한다. '공연권'은 저작자의 저작물을 공연한 권리를, '방송권'은 저작자의 저작물을 방송할 권리를 말한다. '대여권'은 판매용 음반이나 프로그램을 영리를 목적으로 대여할 권리를 갖는 것을 말한다. '전시권'은 미술저작물 등의 원본 및 복제물을 전시할 권리를 말한다. '2차적 저작물 작성권'은 자기 저작물을 원저작물로 하는 2차적 저작물(derivative work)을 작성해 이용할 수 있는 권리를 말한다. 2차적 저작물이란 원저작물을 번역·편곡·변형·각색·영상제작하거나 그 밖의 방법으로 작성한 창작물을 지칭한다.

저작재산권은 양도와 상속의 대상이다. 아울러 채권과 같은 효력이 있어 실제적인 권리의 행사는 남에게 저작물을 이용하도록 허락하고 그 대가를 받는 모습으로 나타난다. 저작자만이 갖는 저작인격권과는 달리 다른 사람에게 양도나 상속이 가능하다. 즉 누군가가 저작재산권을 양도한다면 저작재산권을 양도 받은 사람이 저작재산권자로서 권리를 행사할 수 있는 것이다. 저작권의 하위 범주에 속하는 저작재산권은 저작자가 생존하는 동안과 사망 후 또는 저작물의 공표 후 70년간 존속한다. 공동저작물의 경우에는 최후에 사망한 저작자의 사망 후 70년간 보호된다. 상속인 없이 사망했을 때에는 그 발행자가 저작권자가 된다. 공동저작물의 경우에는 그 저작재산권자 전원의 합의가 있어야 저작재산권을 행사할 수 있다. 공동저작물의 저작재산권자는 자신의 지분을 포기할 수도 있다. 영화의 경우 저작권 관련 국제협약인 '베른 조약(Berne Convention)'에 따라 저작권법상 영상저작물(cinematographic works)이나 영화(Film), 또는 시청각적 저작물(audiovisual works)로 규정해 보호되고 있다. 우리나라에서는 영화를 영상저작물로 규정하고 있다. 구체적으로 영상저작물의 범위는 극장용 영화, 텔레비전 영화, 뉴스 영화, 문화 영화, 기록 영화, 비디오 외에 비디오 게임, 레이저 디스크, 멀티미디어 등에 수록된 동영상이 포함된다. 현행 「저작권법」은 저작재산권자가 해당 저작물의 영상화를 다른 사람에게 특약 없이 허락한 경우에는 저작물의 각색, 영상 저작물의 복제 및 배포, 공개 상영, 방송 등의 권리를 허락한 것으로 간주한다. 또 저작재산권자는 특약 없이 그 저작물의 영상화를 허락한 경우 허락한 날로부터 5년이 경과한 때에 그 저작물을 다른 영상 저작물로 영상화하는 것을 허락할 수 있다.

(3) 저작권 보호 대상의 예외

공표된 저작물을 저작권자의 허락을 받아 이용하려면 저작권자의 실명, 주소지 등을 파악하기 위해 최대한 노력해야 한다. 그러나 상당한 노력을 기울였음에도 결국 저작자에 관한 실체나 연락처를 알 수 없을 때는 매우 난감한 상황에 처하게 된다. 특히 공익 목적의 방송에서 특정 저작물의 활용이 꼭 필요한데 저작자와 협의가 불가능해 방송을 제작하지 못할 수도 있기 때문이다. 이런 경우에는 문화체육부장관의 승인을 얻고 상당한 보상금을 공탁한 뒤 해당 저작물을 이용할 수 있다.

저작권자가 저작권을 갖고 있는 저작물이라 해도 저작권 보호의 예외가 되는 경우가 있다. 저작권을 보호받지 못하는 대상물은 대부분 정부와 언론의 저작물 가운데 공적 가치 및 공유 가치가 높은 것들이다. 현행 저작권법은 국회나 정부 등이 제정한 법령, 국가 또는 지방공공단체의 고시(告示)·공고(公告)·훈령(訓令)이나 그 밖의 이와 유사한 것, 법원의 판결·결정·명령 및 심판이나 행정심판 절차와 그 밖의 이와 유사한 절차에 의한 의결·결정 등, 국가 또는 지방자치단체가 작성한 것으로서 법령, 훈령, 행정결정 등에 해당하는 것의 편집물 또는 번역물은 저작권의 객체(보호 대상)로 인정하지 않고 있다. 아울러 사실의 전달에 불과한 언론기관의 시사보도 등도 저작권의 보호 대상으로 인정하지 않고 있다.

아울러 저작재산권 가운데 하나인 복제권의 보호가 제한되는 경우도 있다. 재판절차 등에서의 복제, 학교 교육 목적 등에의 이용, 시사보도를 위한 이용, 공표된 저작물 인용, 비영리적인 공연·방송, 사적 이용을 위한 복제, 도서관 등의 복제, 시험문제 복제, 점자에 의한 복제, 방송사업자의 일시적 녹음·녹화, 미술저작물 등의 전시 또는 복제, 번역 등에 의한 이용 등 공익적 목적으로 이용하는 경우가 이에 해당한다. 이런 경우 저작자의 허락 없이 합법적으로 저작물을 복제해 이용할 수 있다. 이렇게 개인의 재산권인 저작권 행사에 제한을 둔 이유는 재판, 공교육, 언론 등 공적 기능을 원활하게 유지하도록 하기 위함이다.

(4) 저작권의 관리와 저작권 침해에 관한 처벌

특정 저작물의 저작자는 그 저작재산권의 소유에 관계없이 그 실명을 등록할 수 있다. 저작자가 사망했다면 저작자가 세상을 떠나기 전에 미리 특별한 의사 표시를 하지 않았을 경우 저작자가 유언(遺言)을 통해 지정한 사람이나 법적 상속인이 저작권을 등록할 수 있다. 문화체육부장관이 허가한 저작권위탁관리업체를 통해 위탁관리도 가능하다. 저작권자는 반드시 문화체육관광부의 저작권등록부에 등록해야 저작재산권에 대한 양도나 처분제한, 저작재산권을 목적으로 하는 질권 설정, 이전, 변경, 소멸 또는 처분제한 등에 대해 법적 대항을 할 수 있다(김기태, 2008; 2010). 저작권에 대한 다툼이 발생하면 저작권심의조정위원회가 저작권에 관한 사항을 심의하고 분쟁을 조정한다. 위원회는 학계, 법조계, 언론계 등 각계 인사 15인 이상 20인 이내의 위원으로 구성되며, 임기는 3년이다. 위원회는 조정 신청이 있는 날로부터 3개월 이내에 조정해야 하며, 그 기간이 지나면 조정에 실패한 것으로 본다. 조정 비용은 신청인이 부담하지만 조정 성립 후 특약이 없는 경우에는 당사자들이 나눠 똑같이 부담한다.

자신의 저작권을 침해당했다면 그 권리 침해자에 대해 더 이상 침해 행위를 하지 말라고 청구할 수 있다. 권리 침해를 할 것으로 우려되는 자에 대해서도 침해의 예방 또는 손해배상의 담보를 청구할 수 있다. 국산 저작물이든 수입한 저작물이든 마찬가지이다. 이때 저작권 침해 행위로 만들어진 물건의 폐기나 기타 필요한 조치를 요구할 수 있다. 저작자가 사망한 후에 그 유족이나 유언 집행자는 해당 저작물에 대해 저작인격권을 침해하거나 침해할 우려가 있는 자에 대해 침해의 정지 및 예방을 청구할 수 있다. 또 공동저작물의 경우 각각의 저작자나 각각의 저작재산권자는 다른 구성원의 동의 없이 권리침해정지를 청구할 수 있고, 자신의 지분에 관해서도 손해배상청구를 할 수 있다. 저작물을 불법으로 복제해 이용한 경우 피해에 대한 배상을 청구할 때 피해의 정도와 크기를 산정해야 한다. 그러나 피해를 정확히 산정하기는 힘들며 더구나 디지털 시대에는 더욱 어려운 측면이 있다. 이 경우 음반은 1만 장, 출판물은 5,000부로 추정해 적용한다.

처벌 규정도 법에 명시되어 있다. 저작재산권 등 보호되는 재산적 권리를 복제, 공연, 방송, 전시 등의 방법으로 침해한 자, 저작인격권을 침해하여 저작자의 명예를 훼손한 자, 실명의 등록 및 등록의 효력 규정에 의한 등록을 허위로 한 자 등은 3년 이하의 징역 또는 3,000만 원 이하의 벌금에 처해진다. 저작자가 아닌 자를 저작자로 하여 실명이나 다른 이름을 표시해 저작물을 공표한 자, 저작자가 사망한 후에 저작인격권을 침해한

자, 저작권위탁관리업을 허가받지 않고 이용한 자, 저작권법상의 침해 간주 행위를 한 자 등은 1년 이하의 징역이나 1,000만 원 이하의 벌금에 처한다. 대상은 죄를 범한 행위자, 개인, 법인 등 모두가 해당된다. 그러나 허위등록을 한 경우 등 몇 가지 행위를 제외한 저작권 침해죄는 친고죄이기 때문에 고소가 있어야 처벌이 가능하다.

2) 출판권

'출판권(出版權, publication right)'은 저작자가 자신의 저작물을 인쇄, 문서, 도화(圖畵) 등의 방법으로 출판할 권리와 저작자로부터 출판권을 인수하거나 양도받은 자가 그 저작물을 출판할 수 있는 권리를 지칭한다. 전통적인 출판뿐만 아니라 온라인 출판 체제인 이북(e-book)에도 적용된다. 출판권은 별도의 약정이 없는 한 첫 출판일로부터 3년간 존속된다. 출판권은 등록 대상이므로 출판권 설정 내용을 등록하지 않으면 제3자인 다른 출판사가 같은 내용을 출간하는 일이 발생했을 때 권리의 보호를 위해 법적으로 맞설 수 없다(김기태, 2008; 2010). 출판권자가 사망해 그 권리가 상속되는 경우에는 별도의 허락이 없어도 자동적으로 출판권이 상속인에게 이전되는 것으로 해석한다. 출판권 존속 기간 중 저작자가 사망한 경우에는 출판권의 존속 기간에 저작자를 위해 저작물을 전집, 그 밖의 편집물에 수록하거나, 전집 그 밖의 편집물의 일부인 저작물을 분리해 이를 따로 출판할 수 있다.

배우도 일반인과 마찬가지로 에세이집이나 화보집 등 책을 출간하는 경우가 많다. 이 경우 책의 내용을 창작한 저작자에게 주어지는 '저작권'과 저작권에서 파생되는 '출판권'이란 개념을 잘 이해해야 한다. 배우는 지명도와 인기가 높아질수록 출판을 권유받거나 스스로 출판을 해 문화

〈사례 1〉

애경이 마릴린 먼로의 **출판권**을 가지고 있는 더 에스테이트 오브 마릴린 먼로(The estate of marilynmonroe LLC)와 사진, 상표 등과 관련된 저작권 계약을 체결해 마릴린 먼로의 사진과 그의 입술 로고 등을 2013년 8월 추석 선물세트에 담아 내놓았다. 2013년 8월 5일 사망 51주년을 맞이한 마릴린 먼로는 1950년대의 유명 영화배우이자 가수로서 '섹시 아이콘'으로 상징되어 문화, 패션을 이끌며 대중의 사랑을 한 몸에 받았다(≪조선비즈≫, 2013년 8월 12일자 요약).

〈사례 2〉

2000년대 이후 드라마 제작사나 영화 제작사들이 만화를 원작으로 작품을 기획하고 이의 판권을 확보하기 위한 경쟁을 펼치고 있다. 만화 「풀 하우스」, 「궁」, 「탐나는 도다」의 **출판권**과 「꽃보다 남자」, 「미녀는 괴로워」, 「앤티크: 서양골동양과자점」의 정식 한국어 판권을 가진 서울문화사를 상대로 영화 제작사의 교섭이 쇄도하고 있다(≪시사저널≫, 2009년 8월 26일자 요약).

적 가치 및 경제적 가치를 창출하려는 흐름이 자연스럽게 나타나기 때문에 출판권은 배우의 권리 보호에 있어서 매우 중요한 부분을 차지한다. 현행 「저작권법」에서 저작자는 그 저작물을 스스로 복제해 출판할 권리를 가진다고 규정했다. 그러나 출판업계의 구조상 저작자가 직접 출판사를 설립해 그 저작물을 출판하는 경우는 드물고, 일반적으로 제3자인 출판사와 계약해 출판권을 설정한다.

복제권자는 그 저작물을 인쇄 등의 방법으로 발행하고자 하는 자에 대해 이를 출판할 권리를 설정할 수 있는데 이러한 '출판할 권리'가 바로 출판권이다. 출판권자는 출판권 설정 행위에서 정하는 바에 따라 그 출판권의 목적인 저작물을 원작 그대로 출판할 권리를 가진다. 채권자가 채권(부채)의 담보로서 채무자나 제3자로부터 받은 담보물권이 질권(質權)인데, 복제권에 대한 질권이 설정된 경우에는 질권자의 허락을 받아야 복제권자가 출판권을 설정할 수 있다. 복제권자가 이를 무시하고 출판권을 설정해 피해를 보지 않으려면 한국저작권위원회의 저작권등록부를 통해 관련 사항의 유무를 정확하게 확인해야 한다.

출판사 등 출판권자는 계약서에서 정한 저작물 이용 조건과 범위 안에서만 출판권을 행사해야 한다. 저자와 출판사가 함께 서명하는 출판권 계약서에는 일반적으로 출판 시기, 출판 방법, 발행 부수, 저작권 사용료 등이 포함되어 있다. 출판권자의 의무, 출판권의 존속 기간, 출판권 소멸 후 출판물의 배포 등과 관련해 또 다른 약정 사항도 담을 수 있다. 출판권이 설정되면 복제권자는 계약한 출판사, 즉 별도의 제3자를 통한 출판을 할 수 없다. 대신 출판권자는 계약서에 명기한 출판 기한, 계속 출판, 복제권자 표지(標識) 의무를 이행해야 한다. 출판권을 가진 자가 소정의 의무를 이행하지 않아 6개월 이상 그 이행을 촉구했는데도 이행하지 않으면 통고를 통해 출판권이 자동 소멸된다. 출판권을 지닌 사람은 복제권자의 동의 없이 자신의 출판권을 전체 또는 단행본, 문고본처럼 부분적으로 쪼개어 양도하거나 부채의 담보물로 설정할 수 없다.

3) 저작인접권

'저작인접권(著作隣接權, neighboring rights)'은 저작물을 일반 공중이 향유 및 이용할 수 있도록 매개하는 자에게 부여한 권리를 말한다. 저작권에 이웃해 있는 저작권과 유사한 권리라는 뜻에서 이렇게 칭했다. 저작인접권은 실연(實演), 즉 실제 공연을 했을 때, 그 음을 맨 처음 그 음반에 고정한 때, 방송을 한 때부터 발생하며 70년간 존속한다. 아울러 저작인접권의 제한·양도·등록 등은 저작재산권의 경우와 같게 취급한다. 「저작

저작인접권

권법」 제64조에 따르면 저작인접권은 배우, 가수, 연주자, 지휘자 등 실제 공연하는 사람인 실연자(實演者)의 권리, 음원이나 음반을 기획하고 제작하는 음반제작자(音盤製作者)의 권리, 음반을 이용해 방송을 하거나 프로그램을 제작하는 방송사업자(放送事業者)의 권리 등으로 구성된다. 즉, 저작인접권을 갖는 주체는 실연자, 음반제작자, 방송사업자라는 뜻이다. 따라서 배우, 가수, 연주자, 지휘자 등 실연자는 자신의 실제 공연을 녹음·녹화·사진촬영·방송할 권리를 갖고 있다.

음반제작자는 자신의 기획으로 자신의 기술과 자본을 이용해 제작한 음반을 복제·배포할 수 있다. 방송사업자는 자신의 방송을 녹음·녹

〈표 4-3〉 저작인접권의 구성 체계

개념	기존 저작물을 공중이 향유하거나 이용하기 쉽도록 전달, 해석, 재현 등 매개하는 역할을 하는 사람으로서 자신이 행하는 실제 공연에 대한 녹음·녹화·복제·배포·촬영·방송·중계 등의 권리
구성	- 실연자의 권리: 배우, 가수, 연주자, 지휘자 등의 권리 - 음반제작자의 권리: 음원·음반 기획 및 제작자 등의 권리 - 방송사업자의 권리: 프로그램 기획 및 제작자 등의 권리

화·사진촬영, 그 밖의 이와 유사한 방법으로 복제하거나 동시 중계 방송할 권리를 갖고 있다. 아울러 판매용 음반을 사용해 방송하는 경우에는 그 음반제작자에게 상당한 보상을 해야 한다. 저작인접권의 성립 및 보호 원리는 간단하다. 실연자, 음반제작자, 방송사업자는 저작물을 직접적으로 창작하는 주체가 아니기 때문에 저작권의 권리 주체가 될 수는 없다. 그러나 저작물을 일반 공중이 온전하고 풍부하게 누릴 수 있도록 적격하게 전달, 해석, 재현 등 매개하는 역할을 하기 때문에 이들의 권리를 저작인접권이란 이름으로 보호하는 것이다. 공연 관련 학과 학생들을 비롯해 공연기획자나 방송사 프로그램 제작자가 특정 실연, 음반, 영상물을 담아 공연, 영상물 제작, 방송제작을 할 경우에는 저작권법을 준수하기 위해 저작권자, 저작인접권자의 허락을 차례로 받아야 한다.

4) 초상권

초상권(肖像權, right of likeness)이란 자기의 초상(肖像)이 자신의 의사에 반해 무단으로 촬영 및 공표되거나 그 사진 등이 사용되지 않도록 할 권리를 뜻한다. 「헌법」상 사생활의 비밀과 자유를 보장하는 자유권에 속한다. '초상'은 사진, 그림 따위에 나타낸 사람의 얼굴이나 모습을 의미한다.

〈사례 1〉

2013년 6월 24일 서울중앙지법(민사 28단독 정찬우 판사)은 가수 백지영과 배우 남규리가 성형외과 병원을 운영하는 최 모 씨를 상대로 낸 소송에서 피고가 원고에게 500만 원씩 지급하라는 원고 일부 승소 판결을 내렸다. 재판부는 해당 병원 직원들이 이른바 '블로그 마케팅'을 하면서 백지영과 남규리의 사진을 사용, **초상권**을 침해한 사실을 인정하며 이 같은 판결을 내렸다. 재판부는 "블로그 포스트들이 외견상 텔레비전 프로그램에 대한 후기나 감상을 적는 형식이지만 실제로는 병원 홍보를 첨부해 마케팅이 이뤄졌다"며 "사진이 지속적으로 무단 사용되면 광고 모델로서 백지영과 남규리의 상품성은 감소할 수밖에 없다"고 덧붙였다(≪스포츠조선≫, 2013년 6월 24일자 요약).

〈사례 2〉

스마트폰으로 사진을 찍어 입력하면 외모를 분석해 닮은꼴 연예인을 알려주는 '푸딩 얼굴인식' 어플을 선보인 KT하이텔이 연예인들의 사진을 동의 없이 사용했다는 이유로 소송을 당해 억대 배상금을 물게 되었다. 서울중앙지법 민사합의42부(부장판사 이건배)는 2013년 10월 7일 가수 수지, 배우 김수현, 배용준 등 연예인 60명이 KT하이텔을 상대로 **퍼블리시티권**, 성명권, **초상권**을 침해당했다며 낸 손해배상 청구소송에서 'KT하이텔은 연예인 1인당 300만 원씩 총 1억 8,000만 원을 지급하라'며 판결했다. 재판부는 "연예인의 흡인력을 이용해 관심을 끈 뒤 광고 수익을 얻는 불법행위를 하여 사진과 이름이 무단 사용된 연예인들이 정신적 고통을 입었다"고 판결 이유를 밝혔다. 법원은 성명권과 초상권 침해에 따른 정신적 손해만 인정하고 퍼블리시티권 침해는 인정하지 않았다. KT하이텔은 같은 해 4월 서비스를 종료했다(≪동아일보≫, 2013년 10월 8일자 요약).

초상은 법률적으로 좁게 해석하면 '특정인의 모습이나 형태를 그림, 사진, 영상 등으로 표현한 것'인데 넓게 해석하면 '특정인의 사진이나 그림은 물론 성명, 음성, 서명 등 특정인의 동일성을 인지할 수 있는 모든 요소'를 포함하는 개념이다. 따라서 초상권의 개념은 누구든지 다른 사람의 초상을 당사자 본인의 동의 없이, 특히 영리상의 목적으로 이용할 수 없는 권리라고 요약할 수 있다. 따라서 유명 배우 등 특정인을 활용하고 싶어도 당사자의 허락 없이 자신의 책에 그의 사진을 사용했다면 초상권 침해에 해당된다. 아울러 길거리나 운동경기장에서 자신의 동의 없이 자신의 얼굴이 선명하게 촬영되어 본인이 원치 않는 보도나 프로그램에 사용되었을 경우 초상권 침해로 고소할 수 있다.

초상권은 배우, 가수, 개그맨, 아나운서, MC, 스포츠 선수 등 지명도, 이미지, 인기 등을 바탕으로 예술, 방송, 스포츠 활동을 하는 사람들에게 가장 중요한 재산이다. 특히 탤런트, 영화배우, 뮤지컬 배우, 연극배우 등 배우는 대중의 인기를 한 몸에 받는 존재이므로 초상권이 상당한 경제적 가치를 갖고 있어 잘 보호해야 하며 초상을 제공할 때는 적절한 경제적 대가를 받아야 한다. 배우의 초상을 다루는 곳에서 보호 규정을 지키지 않을 경우 배우와 방송사, 배우와 영화사, 배우와 출판사, 배우와 언론사 간에 분쟁이 발생할 가능성이 높다.

초상권은 '프라이버시권'과 '퍼블리시티권'을 포함하고 있다. 프라이버시권은 타인이 자신의 사생활을 엿보거나 넘보지 못하게 하는 인격적인 권리를 말한다. 퍼블리시티권은 유명인의 초상과 같이 경제적인 가치가 있는데 무단 또는 대가를 지불하지 않고 사용하는 것을 금지하는 재산적인 권리를 말한다. 즉 초상의 무단 이용으로 인한 정신적 고통을 구제하기 위한 권리가 프라이버시권이며, 초상의 경제적 가치를 보호하는 권리가 퍼블리시티권이다. 우리나라에서는 초상권 보호를 위한 별도의 법률이 없기 때문에 다른 사람의 초상을 본인의 동의 없이 사용한 경우는 프라이버시권의 침해로 간주해 처벌한다. 사람의 초상은 이름과 마찬가지로 인격권에 속하기 때문에 이를 함부로 쓰는 것은 사생활 침해라고 판단하는 것이다.

그러나 초상권을 무단 사용했는데도 처벌을 하지 않기도 한다. 배우 등 다른 사람의 초상을 공공의 이익, 공적 목적을 위해 사용한 경우이다. 언론기관에 배포되는 보도자료나 방송사가 제공하는 사진, 언론기관의 취재보도에 사용되는 공적 인물에 관한 초상이 처벌의 예외가 적용되는 대표적 사례이다. 그러나 이 같은 공익적 목적의 사용이라 하더라도 본래 취지에 어긋나게 흥미본위나 재밋거리로 포장되어 당사자의 명예를 훼손하거나 모욕하는 인상을 줌으로써 정신적 피해를 입힌 경우에는 처벌이 가능하다.

연예인에 대한 노출 사진이나 가십거리를 많이 다루는 스포츠 연예지나 온라인 매체 등은 합법과 불법의 경계를 넘나드는 일이 흔하기 때문에 주의해야 한다. 배우의 입장에서는 언론에서 자신의 초상이 원치 않게 저속하게 다뤄지는지 잘 살펴서 피해를 입었을 경우 법률가의 조언을 받아 그것의 구제를 제때 청구해야 한다. 「헌법」상 자유권(사생활의 비밀과 자유)에 속하는 초상권과 언론의 자유가 충돌할 경우에는 두 가지 법익 가운데 어느 쪽이 큰 지를 따지는 이익형량(利益衡量)을 적용해 판결한다. 초상권의 보호를 위한 별도의 법률을 제정해 운용하고 있는 나라는 독일, 이탈리아 등 일부 국가에 국한되어 있다.

(1) 프라이버시권

프라이버시권은 개인의 신상이나 사생활을 간직할 수 있으며, 그것이 자신의 의사에 반해 함부로 외부에 알려지거나 공개되지 아니하거나 침해당하지 아니할 권리와 자신에 관한 정보의 유통을 자기 스스로 통제할 수 있는 권리를 말한다. 즉, 소극적 의미로는 혼자 있으면서 자신의 사생활을 보호받을 수 있는 권리이다. 적극적 의미는 자신에 관한 개인정보의 수집, 보유, 처리, 전달 등 모든 형태의 유통 과정과 행위에 대해 자기 스스로 결정할 수 있는 권리까지를 포함하는 개념이다. 따라서 프라이버시가 침해받을 수 있는 내용은 사적 문서, 공표된 언어, 사생활, 개인정보로 나타날 수 있다(박도희, 2005).

프라이버시라는 용어는 '남의 눈을 피하다'는 뜻의 라틴어 'privatue'로부터 유래되었는데, 이 단어는 중세에 이르러 'privy'로, 현대 영어에서는 'private'로 변화되었다(권영성, 1983). 우리나라는 「헌법」에서 '사생활의 비밀과 자유'를 규정해 이를 폭넓게 보호하고 있다(손형섭, 2008). 우리 「헌법」은 제17조에서 "모든 국민은 사생활의 비밀과 자유를 침해받지 아니한다"라고 명시해놓음으로써 개인의 사생활이 강제로 공개되거나 침해되어서는 안 되며 사생활을 특정한 방식으로 영위하지 않았다고 해 불이익이 가해져서는 안 된다는 의미를 밝히고 있다(김철수, 2007; 권영성, 2010; 허영, 2010, 석인선, 2013).

현재 각국에서는 프라이버시를 「헌법」상의 권리로 인정하면서 소극적인 성격의 '혼자 있을 권리'의 측면과, '개인정보 자기결정권'이라는 적극적인 측면까지 인정하기에 이르고 있다. 프라이버시권의 기원은 미국의 사무엘 워런과 루이스 브랜다이스(Samuel D. Warren and Louis D. Brandeis)의 논문 「프라이버시에 대한 권리(The Right to Privacy)」(1890)에서 찾고 있다. 이 논문에서 저자들은 개인의 사생활에 대한 신문의 과잉 보도로 인해 정당화될 수 없는 '개인의 정신적 고통'이라는 가해가 야기되는 바, 프라이버시권의 인정을 통해 개인의 인격이 보호될 수 있다고 주장했다. 그 이전에는 1880년대의 토마스 쿨리(Tomas Cooley) 판사가 쓴 저서 『불법행위법(Laws of Torts)』에서 '혼자 있을 권리(the right to be let alone)'라는 개념이 사용되긴 했으나 프라이버시권이란 표현을 쓰지는 않았다(손형섭, 2008).

프라이버시권은 개인이 다른 사람의 간섭을 받지 아니하고 공적인 영역에 고유한 정보를 노출시키지 않는 자유를 확보하는 권리라는 점에서 명예훼손과 비슷한 점이 있다. 연기예술 분야를 비롯한 각 분야의 유명인으로서 언론과 대중의 주목을 받는 사람들에게 특히 중요하고도 민감한 권리이다. 초상권은 개인의 초상이 본인의 허락 없이 공표를 당함으로써 받게 되는 정신적 고통을 방지하는 데 기본적 목적이 있다. 그러나 배우, 가수, 스포츠 스타 등은 유명세를 활용해 자신의 가치와 상품성을 높여 경제적 활동을 하기 때문에 초상의 무단 공표 및 노출에 따른 정신적 고통 방지라는 본래 취지 외에도 경제적 권리를 지키기 위해 프라이버시권의 보호가 매우 중요하다.

영미법계에서는 개인의 사생활이나 평온의 침해, 난처한 사적인 사실의 무단 공개, 개인에게 부당한 대중적 주목을 받게 하는 것, 개인의 이름이나 유사성을 타인이 자신의 이익을 위해 사용하는 것 등 네 가지 행위를 프라이버시권 침해로 간주한다. 따라서 당사자의 허락 없이 특정 개인의 사진이나 이름, 경력 등을 영화, 드라마의 표현 요소로 사용한 경우도 프라이버시권 침해로 처벌받을 수 있다. 많은 드라마나 영화 등에서는 실제 사건을 소재로 하면서도 실제 인물과 같은 이름을 사용하지 않고 그 사람이 특정되지 않도록 장소나 상황 등에서 세심한 배려를 한다. 아울러 영화 〈변호사〉(2013)의 예처럼 이 영화는 실제 사건을 참조해 가공한 것(픽션)이라는 것을 명시하기도 한다.

(2) 퍼블리시티권

퍼블리시티권(초상사용권, right of publicity)은 초상권의 재산권적 성격을 구체화한 것이다. '자신의 정체성에 해당되는 초상을 독점적으로 이용할 권리'를 말한다. 문화예술의 영역에서는 유명 배우, 가수 등 한류 스타들이 출연한 콘텐츠나 이들의 초상이 사용된 상품과 관련된 한류의 상품화 과정에서 논의가 구체화되었으며, 인격권의 지적재산권화와 직결된다(남형두, 2005). 국립국어원은 외국어인 퍼블리시티권을 '초상사용권(肖像使用權)'으로 순화해 사용하길 권하고 있다.

퍼블리시티권이란 용어는 1953년 미국 제2연방항소법원의 제롬 프랭크(Jerome Frank) 판사의 '해란 사건(Haelan Laboratories, Inc. v. Topps Chewing Gum)' 판결문["인간은 전통적으로 인정되던 프라이버시권 외에도 자신의 초상이 갖는 공개적 가치에 대한 또 다른 권리를 보유하고 있는데 이것이 퍼블리시티권(The Right of Publicity)이다"]에서 유래되었다. 이어 멜빌 니머(Melvile B. Nimmer)는 자신의 논문 「퍼블리시티권(The Right of Publicity)」을 통해 "19세기 후반부터 광고, 영화, TV, 비디오 등 새로운 시장이 나타나 초상의 상업적 이익인 초상의 공개 가치를 프라이버시권만으로는 보호하는 데 한계가 있어 새로운 법리인 퍼블리시티권이 나타난 것"(Nimmer, 1954)이라고 뒷받침을 했다.

퍼블리시티권은 프라이버시권을 좀 더 적극적으로 해석해 초상, 이름, 목소리 등의 사용을 독점하는 권리를 보호해야 한다는 관점이 성립되면서 따로 부각된 권리이다. 넓은 의미에서 프라이버시권에 속한다고 볼 수 있다. 미국에서도 퍼블리시티권을 순수한 재산권으로 보는 견해가 우세하다.

퍼블리시티권은 우리나라에서 법률상 확립된 개념은 아니다. 2000년대 이전 하급심 판례는 초상권과 분별될 수 있는 개념으로 보는 입장에 가깝게 다뤄지고 있으며 대법원의 판례도 아직 나온 것이 없다(남형두, 2005). 그러나 인터넷과 미디어 기술의 발달, 한류열풍으로 인한 엔터테인먼트 산업의 흥행 등으로 인해 퍼블리시티권에 대한 침해 사례가 늘면서 이와 관련된 소송의 하급심 판례에서 퍼블리시티권을 인정하는 추세가 늘어나고 있다. 박준우(2008)는 우리나라에서 나타나는 퍼블리시티권의 침해 유형을 분석해 아홉 가지로 분류했다. 그것은 첫째, 광고에 이용한 경우(포스터, 카탈로그, 잡지광고, TV 홈쇼핑 광고, 신문광고, 인터넷 광고 등 광고 출연계약이 없는 무단 이용, 광고 출연계약이 정한 광고 출연계약 만료 이후에 이용하는 경우, 광고 출연계약이 정한 매체 이외의 매체에 이용한 경우), 둘째, 유명인을 모델로 삼은 소설 등에 성명과 초상을 이용한 경우, 셋째, 상품 또는 서비스의 목적물로 이용한 경우(화보집, 밀랍인형과 사진 등의 전시물, 휴대전화 모바일 콘텐츠 캐릭터), 넷째, 상품홍보에 이용한 경우(권리자의 허락 없이 상품이나 끼워팔기용 상품의 홍보, 허위 광고에 활용한 경우, 게임물에 이용한 경우, 도메인에 이용한 경우, 인터넷 사이트의 부가 콘텐츠로 이용한 경우, 상품의 디자인으로 이용한 경우, 상표로 사용한 경우), 다섯째, 게임물에 이용한 경우, 여섯째, 온라인 사이트의 도메인에 이용한 경우, 일곱째, 인터넷 사이트의 부가적인 콘텐츠로 이용한 경우, 여덟째, 상품의 디자인으로 이용한 경우, 아홉째, 상표로 사용한 경우이다.

2004년 영화배우 이영애가 광고 모델 계약기간이 만료된 후에도 초상을 사용한 모 화장품 회사에 대해 퍼블리시티권 침해를 사유로 손해배상을 청구한 사건에서 법원은 "탤런트, 영화배우 겸 광고 모델로 대중적 지명도가 있어 재산적 가치가 있는 원고의 초상 등을 상업적으로 이용할 권리인 퍼블리시티권을 침해했다"고 판시했다. 2007년에는 배드민턴 전 국가대표였던 박주봉 씨가 계약기간 만료 후에도 자신의 이름과 초상을 계속 사용한 스포츠용품 업체를 상대로 낸 소송에서 승소했다. 2009년 가수 서태지는 티셔츠 제작 업체인 B사가 지난 7월부터 자신의 이미지를 무단 도용해 티셔츠를 제작해 판매한 것에 대해 판매 중지와 사과를 요청했지만, 이를 받아들이지 않아 2009년 12월 1일 '퍼블리시티권' 침해로 3억 원의 손해배상을 청구했다.

특정 개인이나 사업체가 배우, 가수, 개그맨, 스포츠 스타 등 유명인의 성명이나 초상을 상품 등의 홍보, 마케팅, 광고 등에 이용하려면 당사자의 허락을 받아야 한다. 그렇지 아니하면 고소나 고발을 당해 처벌을 받고 피해를 배상하게 된다.

5) 명예훼손

(1) 명예훼손의 개념과 적용

'명예(名譽)'는 사전적으로 '세상에서 훌륭하다고 인정되는 이름이나 자랑 또는 그런 존엄이나 품위'를 지칭한다. 명예의 「형법」상 정의는 '사람의 인격적 가치에 대한 사회적 평가'를 말한다. 나쁜 일과 추한 행동 등 윤리적인 것에 국한하지 않으며 사람의 신분·성격·혈통·용모·지식·능력·직업·건강·품성·덕행·명성 등에 대한 사회적인 평가, 즉 외부적인 명예를 포괄한다. 특정인이 지닌 진가(眞價)인 내부적인 명예와는 관계가 없다. 사람은 지위고하나 신분, 남녀노소, 그리고 생사(生死)와 관계없이 누구나 명예를 지니기 때문에 이러한 명예를 보호받는 것은 인간의 기본적 권리의 하나이다.

일반적으로 '명예훼손(名譽毁損, libel, defamation of character)'은 공연히 [즉, 불특정 또는 다수인이 인지(認知)할 수 있는 상황에서] 사실 또는 허위의 사실을 적시해 산 사람이나 죽은 사람의 정직성, 성실성, 명성 등을 모욕, 조롱, 사곡(邪曲)하거나 혐오하게 만들거나 또는 그의 가족, 사업 및 직업에 대해 치욕, 기피, 불명예 등을 초래하게 하는 것을 말한다. 인격적 가치에 대한 자기 자신의 주관적인 평가, 즉 명예의식 또는 명예감정을 침해하는 행위는 별도로 '모욕죄'로 처벌한다.

명예훼손에 관한 「형법」과 「민법」의 범죄 구성요건은 각기 다르다. 구체적으로 「형법」의 시각에서 명예훼손은 '공연히, 사실 또는 허위의 사실을 적시해 사회적 평가를 저하시킬 위험이 있는 경우'에 적용하도록 되어 있다. 「민법」(764조)에서는 「민법」상 고의 또는 과실로 다른 사람의 명예를 훼손한 경우에는 불법행위가 되어 손해배상 책임을 지게 될 뿐만 아니라, 피해자의 청구에 의해 손해배상과 함께 또는 손해배상에 갈음해 명예

명예훼손

〈사례 1〉

서울중앙지검 형사7부는 자신을 진료한 한의원 관계자들을 **명예훼손** 혐의로 고소한 배우 신은경 씨를 5일 고소인 자격으로 불러 조사했다. 신 씨는 지난해 6월 양악수술을 받고 부기가 빠지지 않아 A씨가 운영하는 한의원을 찾았는데 한의원 측이 마치 자신이 진료를 받고 완치된 것처럼 홍보 게시글을 한의원 사이트에 올려 명예를 훼손했다며 올해 초 A씨 등을 고소했다. 신 씨는 "한의원에서 진료 효과를 보지 못했는데 한의원 광고 사이트에서 이를 이용했다"고 주장한 것으로 알려졌다(≪연합뉴스≫, 2012년 9월 5일자 요약).

〈사례 2〉

배우 이영애와 남편 정호영 씨가 허위 소문을 유포해 **명예**를 **훼손**한 악플러 및 블로거들을 '정보통신망이용촉진 및 정보보호 등의 관한 법률 위반죄'로 25일 서울 용산경찰서에 형사 고소했다. 이영애 부부 측 법률대리인 법무법인 다담은 26일 오전 공식 보도자료를 통해 "이영애 씨와 정호영 씨는 여배우 한채영 씨 및 러시앤캐시 사장과 혈연관계는커녕 일면식도 없는 사이"라고 언급하며 "그럼에도 고부관계가 된다는 허위소문을 인터넷상에 마치 진실인 것처럼 게재해 이영애 씨와 정호영 씨를 비롯해 가족의 명예를 훼손했다"고 밝혔다(≪매일경제≫, 2013년 9월 26일자 요약).

를 회복시키기에 적당한 처분을 법원에서 명할 수 있다고 규정되어 있다.

따라서 우리나라에서 남의 명예를 훼손했다면 두 가지 법을 위반하게 된다. 「형법」상으로는 '명예훼손죄', 「민법」상으로는 '불법행위'가 성립되는 것이다. 피해자의 입장에서 보면 「형법」과 「민법」 등 두 가지 범주에서 명예훼손에 대한 구제제도가 마련되어 있다고 볼 수 있다. 명예훼손에 대한 피해 구제는 사람의 생존 여부에 차별을 두지 않는다. 즉 산 사람에 대한 것이나, 죽은 사람에 대한 것이나 모두 그 피해에 대해 구제받을 수 있다.

「형법」 제309조에는 신문·잡지·방송 및 기타 출판물을 통해 산 사람의 명예를 훼손한 자는 3년 이하의 징역이나 금고 또는 벌금형에 처하며, 죽은 사람의 명예를 훼손한 자는 7년 이하의 징역이나 10년 이하의 자격정지에 처하도록 규정되어 있다. 보통 미디어나 영상물, 공연물 또는 타인(개인)이 특정인이나 단체 또는 조직의 명예를 훼손했을 경우 당사자의 고발 또는 소송 제기가 있으면 피해구제 절차가 가동된다. 명예를 훼손하거나 훼손당한 사람은 배우, 가수, 스포츠 선수 등 명사에서 일반인 등 개인은 물론 정부, 기관, 조직, 기업 등 모든 주체가 해당될 수 있다.

(2) 명예훼손의 예외

명예훼손을 했다 하더라도 처벌이 이루어지지 않는 경우가 있다. 공적 인물, 즉 공인(公人, public figure)에 대한 보도 또는 공익적 목적을 충족하는 공적 사안에 관한 보도가 그런 경우에 해당한다. '공인'은 고위 공직자를 포함한 공적인 인물이거나 사회적으로 널리 명성을 얻은 인물, 또는 스스로 공론의 장에 자발적으로 뛰어들어 명성을 얻은 사람으로서 그에 대한 비판과 품평이 표현의 자유에 의해 널리 보장되는 인물을 지칭한다 (윤성옥, 2007; 이재진·이창훈, 2010; 심석태, 2011; 이부하, 2012). 공인의 범주에 속하는 공직자(public officials)는 그 범위를 '정부의 업무 수행에 관해 실질적인 책임과 통제권을 가질 뿐 아니라, 동시에 정부 내에서 명백하게 중요한 지위를 보유해 그 자격과 능력에 관해 일반 국민이 특별한 이해관계를 갖는 자'로 제한해 해석할 수 있다(이부하, 2012).

공적 인물의 경우 유명 연예인, 저명인사, 사회운동 등으로 유명해진 인물, 대기업의 회장, 유명 프로 운동선수, 작가, 비평가, 칼럼니스트, 종교지도자, 유명 사건의 변론을 담당한 변호사 등 뉴스 가치가 있는 저명성(celebrity)을 가졌거나 또는 공적인 관심사에 대한 영향력으로 인해 언론의 주목을 받는 '전면적 공적 인물'과 '제한적 공적 인물(vortex)' 그리고

'비자발적 공적 인물'이 있다. '제한적 공적 인물'은 'vortex(소용돌이)'라는 어의가 암시하듯 공공에 영향을 미치는 특정한 공적 논쟁의 장에 자발적으로 뛰어들어 그 문제의 해결에 영향을 미치려는 사람을 지칭한다.

'비자발적 공적 인물'은 유명 인사의 가족, 범죄의 피해자, 민사소송의 피고와 같이 원래는 평범한 사람이었으나 우연한 사건이나 계기에 의해 자신이 의도하지 않았는데도 공적 관심을 받게 된 사람을 말한다. 이재진(2011)은 공인을 미디어 접근에 대한 자발성과 정책결정 및 자원분배에 있어서의 영향력을 기준으로 자발적 · 정치적 공인(공직자, 정치인, 정당 등), 자발적 · 비정치적 공인(연예인, 스포츠 스타), 비자발적 · 정치적 공인(기업 대표, 문화계 인물), 비자발적 · 비정치적 공인(범죄 연루자, 피해자)으로 구분했다.

우리나라에서는 공인에 대한 표현의 자유를 폭넓게 인정하고 있다. 대법원 판례상, 공인의 경우 언론의 보도 내용이 명예를 훼손한 경우라도 그 내용이 진실하거나, 악의가 없고 보도할 가치가 있으며, 공정한 논평인 경우에는 처벌을 하지 아니한다. 「형법」 제310조에도 "만약 언론이 타인의 명예를 훼손했더라도 그 행위가 진실한 사실로서 오로지 공공의 이익에 관한 때에는 처벌하지 아니한다"고 명시되어 있다. 이렇게 언론에 명예훼손에 대해 일부 면책특권을 보장한 이유는 바로 「헌법」에 보장된 언론의 자유를 포괄적으로 보장하기 위한 목적이다.

미국의 경우 공인에 대한 표현의 자유가 우리나라보다 더 넓게 보장되어 있다. 동시에 명예훼손 피해자가 공인인 경우 피해자에게 입증 책임을 부과해 소송을 남발하지 못하도록 하는 효과도 꾀하고 있다(이재진, 2004). 일례로 신문사나 방송사 등이 특정 보도를 통해 공인에 대해 명예훼손을 했다고 판단되었을 경우, 범죄의 구성요건에 해당하는 '내용의 허위성(falsity)'과 '과실(fault)' 외에 '현실적 악의(actual malice)'에 대한 입증을 피해를 당했다며 소송을 제기한 공인이 하도록 하고 있다. 현실적 악의란 언론사 등의 표현 주체가 실제적으로 악의를 갖고 보도를 했다는 것인데, 여기에서 '악의'란 "문제된 표현이 거짓이라는 것을 알고도 모른 체하거나 거짓인지 여부를 판단하는 것을 무모하게 무시한 경우"를 뜻한다(이재진, 2004; 손형섭, 2008).

■ ■ ▫ 참고문헌

국내문헌

권영성. 1983. 「사생활권의 의의와 변천」. ≪언론중재≫, 여름호(1983), 6~14쪽.

_____. 2010. 『헌법학원론』. 서울: 법문사, 452~453쪽.

김기태. 2008. 『저작권: 편집자를 위한 저작권 지식』. 서울: 살림.

_____. 2010. 「저작권법상 출판권 관련 조항의 실무적 한계와 개선방안」. ≪계간 저작권≫, 92, 88~104쪽.

김정섭. 2012. 「영화계의 '굿 다운로더(good downloader) 캠페인'에 대한 수용태도 연구」. ≪주관성연구≫, 25호, 57~74쪽.

김철수. 2007. 『헌법학개론』. 서울: 박영사, 622~626쪽.

남형두. 2005. 「세계시장 관점에서 본 퍼블리시티권: 한류의 재산권보장으로서의 퍼블리시티권」. ≪저스티스≫, 86호, 87~129쪽.

문화체육관광부 · 한국저작권위원회. 2010. 『출판과 저작권』(저작권아카데미 표준교재). 서울: 문화체육관광부 · 한국저작권위원회.

박도희. 2005. 「인격권으로서 프라이버시권과 퍼블리시티권의 법리(1)」. ≪한양법학≫, 18집, 187~215쪽.

박석철. 2009. 「어린이 · 청소년 연기자 보호를 위한 해외 법제 사례」. 한국언론학회 주최 '아동(청소년) 방송 출연과 미디어 윤리 세미나'(2009.9.18) 발제문, 11~30쪽.

박준우. 2008. 「퍼블리시티권 침해의 유형에 관한 연구: 판례에 나타난 피고의 이용형태를 중심으로」. ≪서강법학≫, 10권 1호, 47~70쪽.

석인선. 2013. 「헌법상 프라이버시권리 논의의 현대적 전개」. ≪미국헌법연구≫, 24권 1호, 247~289쪽.

손형섭. 2008. 「프라이버시권 · 명예권 · 언론의 자유의 법적관계: 표현의 진실성을 중심으로」. ≪언론과 법≫, 7권 1호, 309~344쪽.

심석태. 2011. 「공인 개념의 현실적 의의와 범위에 대한 고찰 모바일 이용가능-

법무부 '수사공보준칙'에 나타난 공인 개념을 중심으로」. ≪언론과 법≫, 10권 2호, 207~236쪽.

윤성옥. 2007. 「공인의 미디어 소송 특징과 국내 판결 경향에 관한 연구: 1989년 이후 정치인 및 고위 공직자 명예훼손 판례를 중심으로」. ≪한국언론정보학보≫, 40호, 150~191쪽.

이부하. 2012. 「공인(公人)의 인격권과 표현의 자유」. ≪서울법학≫, 20권 1호, 43~77쪽.

이재진. 2004. 「연예인 관련 언론소송에서 나타난 한·미간의 위법성조각사유에 대한 비교 연구: '공인이론'과 '알권리'를 중심으로」. ≪한국방송학보≫, 18권 3호, 7~50쪽.

_____. 2011. 「공인의 사생활 보도 어디까지가 한계인가?」. ≪관훈저널≫, 119호, 83~89쪽.

이재진·이창훈. 2010. 「법원과 언론의 공인 개념 및 입증책임에 대한 인식적 차이 연구」. ≪미디어 경제와 문화≫, 8권 3호, 235~286쪽.

한국언론연구원. 1993. 『매스컴대사전』. 서울: 한국언론연구원

허영. 2010. 『한국헌법론』. 서울: 박영사, 396쪽.

국외문헌

勞働政策研究·研修機構. 2006. 「諸外國における年少勞働者の深夜業の實態についての研究: 演劇子役等に從事する兒童の勞働の實態」. ≪勞働政策研究報告書≫, 62, pp. 1~380.

Cooley, T. M. 1888. *The Law of Torts 29*(2d ed. 1888), p.211.

Nimmer, M. B. 1954. "The Right of Publicity." *19 Law and Contemporary Problems*, Spring, pp. 203~223.

Screen Actors Guild(SAG). 2010. *Young Performers Handbook*. Screen Actors Guild Inc.

Warren , S. D. and D. Brandeis. 1890. "The Right to Privacy". *Harvard Law Review*, Vol. IV(5), pp. 193~220.

기타자료

법제처 국가법령정보센터(www.law.go.kr). 「헌법」, 「행정조직법」, 「예술인복지법」, 「문화예술진흥법」, 「소득세법」, 「저작권법」, 「민법」, 「형법」, 「근로기준법」 등.

State of California, Division of Labor Standards Enforcement(DLSE): Information on Minors and Employment. http://www.dir.ca.gov/dlse/DLSE-CL.htm

New York State. The Child Performer Education and Trust Act of 2003.

New York State Department of Labor. Labor Standard; Child Perfomer. http://labor.ny.gov/workerprotection/laborstandards/secure/child_index.shtm

United States Department of Labor. Fair Labor Standards Act: Child Labor. http://www.dolgov/whd/childlabor.htm

05 배우의 예술활동과 과학적 자기경영

1. 예술활동과 계약

1) 배우의 예술활동과 경제활동

배우의 작품활동은 직업적 정체성과 연관된 자기실현의 관점에서는 '예술활동'이며, 생활인의 관점에서는 '생계유지'를 위한 '경제활동'이라는 성격을 내포하고 있다. 그래서 이러한 활동을 효과적으로 하기 위해 자기경영(self-management)과 관리가 필요하다. 배우의 활동은 결국 예술적 목적과 경제적 목적을 동시에 충족시키기는 것이 최선이다. 그런 조건이 배우에게는 가장 적합한 상황이다. 그러나 경쟁이 치열한 냉엄한 현실 세계에서는 두 가지 가운데 하나만 충족하는 경우도 있으며, 두 가지 모두 충족하지 못하는 경우도 허다하다. 예술적 목적과 경제적 목적을 동시에 만족시키려면 배우는 자신의 가치에 맞는 적합한 작품에 출연할 수 있도록 어필과 교섭을 잘해야 한다.

배우는 작품에 대한 집중, 다시 말해 작품에서 맡은 배역의 능숙한 소화를 위해 감정과 정서의 관리에 충실해야 한다. 따라서 일(작품 등 연예활동)과 매니지먼트를 혼자 수행할 경우 매니지먼트에 대한 전문지식이 부족해 위험과 손실을 야기할 가능성이 많은 데다 일 자체가 버거워 회사나 대리인에게 위임하는 경우가 많다. 일정 관리, 출연 교섭, 계약 등의 매니지먼트 업무는 일정한 시간과 절차가 요구되고 과정이 복잡하기 때문이다. 따라서 배우들은 대체로 매니지먼트 분야의 전문가를 임직원으로 두고 있는 소속사와 계약해 활동하거나 개인 매니저를 활용하고 있다. 그러나 그것이 번거롭다고 느낄 경우에는 자신이 프리랜서 배우로서 매니지먼트를 겸한다. 엔터테인먼트 산업이 성장하고 경영적 틀이 도입되면서 배우의 작품활동을 원활하게 하기 위한 교섭과 계약은 갈수록 복잡화, 전문화되고 있으며 배우의 매니지먼트를 전문적으로 담당하는 매니저들도 갈수록 늘어나고 있다.

(1) 소속사의 활용

배우들은 보편적으로 예술활동을 효율적으로 수행하기 위해 연예인 매니지먼트 기능이 있는 엔터테인먼트 기업과 '전속계약'을 체결해 일을 하고 있다. 전속계약이란 "연예인이 사업자에게 전속되어 연예활동으로서의 노무를 제공할 것을 약정하고 이에 대해 방송사, 음반제작사, 모델회사, 프로덕션, 영화사 등의 사업자가 제공한 노무에 상응하는 보수를 지급할 것을 약정함으로써 성립하는 계약"을 말한다(고시면, 2009). '연예 매니지먼트'란 배우, 가수 등 엔터테이너나 아티스트의 작품 출연을 효율적으로 교섭해 계약을 성사시키고 관련 작품의 제작을 성공적으로 마치도록 체계적으로 관리해 기업과 아티스트의 이윤과 브랜드 가치를 창출하는 업무를 말한다. 이런 일을 하는 사람들을 직급과 관계없이 통틀어

'매니저(manager)'라 한다. 따라서 배우와 엔터테인먼트 기업은 '동업자' 관계라 할 수 있다.

엔터테인먼트 기업에는 여러 가지 직급의 매니저가 존재한다. 규모가 비교적 큰 회사에서 매니지먼트에 관한 총괄적인 기획·관리 업무를 하는 사람을 '매니지먼트 담당 이사' 또는 '매니지먼트 실장'이라 한다. 그 아래 단계에서 스케줄 관리나 출연 교섭, 계약 등을 담당하는 매니저를 '스케줄 매니저(schedule manager)'라고 한다. 이어 아티스트와 촬영 현장 등을 동행하면서 현장 상황을 챙기고 진행하며 동행한 아티스트에게 촬영이나 제작 과정의 편의를 제공하는 매니저를 '로드 매니저(road manager)' 라 한다. 작은 규모의 회사에서는 한 사람이 이사 및 실장의 직무와 스케줄 매니저의 직무를 병행하는 경우가 많다.

보통 매니저 업무 전문가들은 현장의 업무와 지식부터 꿰뚫어야 하기 때문에 로드 매니저를 거친 뒤 스케줄 매니저, 실장, 이사, 사장의 단계로 성장하는 경우가 많다. 우리나라 엔터테인먼트 업계에서는 스케줄 매니저부터 로드 매니저를 거쳐 실장, 이사로 성장한 뒤 투자 자금을 확보해 매니지먼트사나 매니지먼트 기능을 갖춘 종합 엔터테인먼트 기업을 세운 경우가 많다. 매니저 출신으로 매니지먼트 회사를 창업해 운용하고 있는 최고경영자(CEO)로는 김광수(코어콘텐츠미디어), 정훈탁(IHQ), 심정운(심엔터테인먼트), 나병준(판타지오), 김민숙(바른손엔터테인먼트), 이진성(킹콩엔터테인먼트) 등이 알려져 있다. 음반 프로듀서도 경영자로 성장하는 경우가 많다. 음반 프로듀서 및 음반 기획자 출신 대표로는 이수만(SM엔터테인먼트), 박진영(JYP엔터테인먼트), 양현석(YG엔터테인먼트) 등이 있다.

소속사와 계약을 할 때는 회사의 경영 상태, 계약 조건, 매니저의 능력과 신뢰도 등을 고려해야 한다. 무조건 회사의 규모가 크고 대외적으로 유명하다고 해서 자신과 맞는 회사라 할 수 없다. 가장 먼저 체크해야 할 사항은 회사의 경영 및 재정 상태이다. 경영능력과 자금력은 소속사가 체계적이며 안정적으로 매니지먼트를 할 수 있느냐의 여부와 소속 아티스트들에게 요구하는 스케줄이 무리한 수준인가 여부를 판가름하는 지표라서 꼭 살펴봐야 한다. 소속사가 자금 압박을 받거나 자금난에 시달리면 배우들의 출연을 교섭해주는 일이 허술해지고 일탈적 행위를 할 수 있기 때문이다. 대외적으로 신뢰를 얻고 있는가도 점검해봐야 한다.

그러나 무엇보다도 소속사 선택을 할 때 가장 중요한 것은 배우 등 아티스트인 자신의 상품가치와 아티스트로서의 능력, 그리고 이미지를 지금보다 크게 신장시키거나 높여줄 가능성이 있는 회사를 잘 골라야 한다는 것이다. 소속사에 들어갈 때는 전속계약을 하게 되는데, 계약기간은 공정거래위원회 표준계약서를 준거로 삼을 경우 최소 3년, 최장 7년의 범위 내에서 할 수 있다. 계약을 할 때는 계약서에 수익배분율을 명시하는 것 외에 소속사로부터 별도로 계약금을 받을 수 있다. 이전 소속사와 계약기간이 남아 있는 상태에서 다른 회사와 전속계약을 체결해서는 안 된다. '이중계약'이 되어 무효가 되기 때문이다.

수익배분율은 차량유지비, 숙식비, 의상비, 미용 및 분장비 등 매니지먼트 활동에 필요한 제반 비용(국세청이 인정하거나 공정거래위원회가 표준계약서에 규정한 기준은 '차량유지비, 의식주 비용, 교통비 등 연예활동의 보조·유지를 위해 필요적으로 소요되는 실비'이다)을 제외하고 산정하는 경우와 비용을 제외하지 않은 상태에서 산정하는 경우가 있다. 따라서 계약을 할 때 회사와 협의해 어느 하나를 선택할 수 있다. 수익배분율은 신인의 경우 보통 '50 : 50(배우 : 회사)'이며 점차 인기가 높아져 가치가 상승할수록 '60 : 40', '70 : 30'으로 배우의 몫이 확대된다. 슈퍼스타나 톱스타의 반열에 오르면 '80 : 20', '90 : 10'으로 배우의 몫이 더욱 격상된다. 특별한 경우에는 '100 : 0'인 계약도 하게 된다. 회사 몫의 이익배분율이 '0'이라 해도 톱스타는 소속사의 다른 배우들을 출연시키는 캐스팅 교섭력을 확보하고 있으며, 해당 톱스타를 소속사의 투자 및 브랜드 가치를 높이는 데 활용할 수 있기 때문에 회사가 선택하는 '고육지책(苦肉之策)'이라 할 수 있다.

'한국연예매니지먼트협회(http://www.cema.or.kr)'에는 배우의 이적에 관한 교섭 규약 등 회원사인 매니지먼트사가 준수해야 할 규정을 정해놓고 있으며, 불미스러운 일이 발생할 경우를 대비해 상벌조정위원회를 운용하고 있다. 협회의 규약에 따르면 프로야구의 '프리 에이전트(FA)' 규정과 마찬가지로 현 소속사에 우선 교섭권을 부여하고 있다. 따라서 특정 기획사에 소속되어 계약 만료를 앞둔 아티스트는 소속사와 먼저 재계약 교섭을 해야 하며, 계약 만료 3개월 전까지는 다른 기획사와 접촉하거나 계약을 체결할 수 없다. 프로야구계에 존재하는 것처럼 '탬퍼링(tampering, 사전접촉) 금지'를 명문화한 것이지만 현실적으로 매니지먼트 서비스나 계약금, 수익배분율 등의 조건이 맞지 않으면 엔터테이너들은 얼마든지 비밀리에 다른 회사와 접촉을 통해 떠날 수 있기 때문에 사실상 지켜지기 어려운 조항이다. 탬퍼링은 사전적으로 '간섭' 또는 '참견'이란 뜻이지만 프로 스포츠 분야에서는 '정해진 시점 이전에 구단이 선수에게 접근해 설득하거나 회유하는 일'을 지칭한다.

(2) 에이전트의 활용

배우는 첫째, 소속사에 소속되는 것이 번거로운 경우, 둘째, 자신만의 브랜드 가치가 확보되어 어느 정도 활동에 자신이 있다고 판단될 경우, 셋째, 배우 몫의 수익을 더욱 더 보전하고자 할 경우 '에이전시(agency)'나 '에이전트(agent)'를 활용한다. 에이전시는 배우의 작품 출연 교섭과 일정 관리, 계약 등 일련의 매니지먼트 업무를 주선하거나 대행해주는 회사를 말한다. 에이전트는 에이전시에 속해 있거나 독립적으로 에이전시 업무를 해주는 사람을 지칭한다. 현재까지 연예인 매니저 등록 제도를 채택하지 않고 있는 우리나라에서는 개인 매니저도 에이전트의 범주에 속한다고 할 수 있다.

동업자 관계인 배우와 매니지먼트사의 관계와 달리 배우가 에이전트나 에이전시를 통해 매니지먼트 대행 계약을 맺을 경우, 배우는 '고용주'가 되며 에이전시나 에이전트는 '고용인'이 된다. 따라서 에이전시나 에이전트는 담당한 아티스트에 대해 고용 창출을 해야 할 의무가 있다. 미국 캘리포니아 주를 비롯한 몇몇 주에서는 일정한 교육을 받고 에이전트(전문 매니저) 자격증을 취득한 사람을 '에이전트'라 하고 자격증이 없으면 '개인 매니저'라 구분하기도 한다(하윤금·김영덕, 2003). 우리나라에서는 아직 자격증 제도를 도입하고 있지 않지만 문화체육관광부가 추진 중인 매니지먼트업을 비롯한 '엔터테인먼트 산업 선진화 방안'을 고려하면 머지않아 도입될 가능성이 있다. 계약 업무의 경우 자문 변호사를 활용하기도 한다.

에이전트나 에이전시는 미국 엔터테인먼트 산업에서 유래한 제도이기 때문에 배우가 에이전트나 에이전시를 활용하는 경우는 미국 연예계에서 흔한 일이다. 최근 우리나라에서도 구속성이 있는 전속계약을 싫어하거나 조금이라도 배우 몫의 수익을 확대하고자 하는 배우들을 중심으로 이런 방식의 매니지먼트 사례가 늘어나고 있다. 이 경우 배우들은 자신에 대한 매니지먼트 업무가 만족스러우면 에이전트에 대한 고용을 계속 유지하고 마음에 들지 않으면 에이전트를 교체할 수 있다. 에이전트나 에이전시들은 경영을 유지하기 위해 대체로 여러 배우들을 동시에 관리하며, 행해진 매니지먼트 시간과 건수에 대해서만 매니지먼트 대행료를 받는다.

윌리엄모리스엔데버 엔터테인먼트(WME)

세계에서 가장 큰 규모의 탤런트 에이전시는 윌리엄모리스엔데버 엔터테인먼트(William Morris Endeavor Entertainment: WME)이다. WME는 세계 최초의 탤런트 에이전시인 윌리엄모리스 에이전시(William Morris Agency: WMA)가 2009년 4월 엔데버 에이전시(Endeavor Agency)와 합병하면서 설립되었다. WME는 WWE, UFC, NFL 등의 브랜드를 구축하고 있으며 영화, 텔레비전, 음악, 극장, 온라인과 출판을 망라하는 모든 미디어 플랫폼과 연관된 아티스트들을 관리함으로써 사업 다각화 체제를 구축했다. 특히 합병의 한 축인 WMA는 1898년 윌리엄 모리스와 그의 아들 윌리엄 주니어(William Jr), 아브라함 라스트포겔(Abraham Lastfogel) 등 3인이 캘리포니아 비벌리힐스에 설립, 115년간 '탤런트 및 문예 에이전시(talent and literary agency)'를 표방해온 기업이다(Bloomberg, 2012). WME는 CAA(Creative Artist Agency), ICM(International Creative Management)와 함께 미국 내 '3대 탤런트 에이전시'로 불린다(하윤금 · 김영덕, 2003; 하윤금, 2006).

WMA는 북미에서 풍자성이 짙은 노래인 '보드빌(vaudeville)'이 유행할 때 이를 사업으로 승화시키기 위해 출발했다. 현재 사업 분야는 영화, TV, 음악, 극장사업, 브로드웨이 공연, 투어형 공연, 출판, 광고대행, 스포츠 마케팅, 성우, 기업 컨설팅, 디지털 미디어와 비디오 게임 등을 망라하고 있다. 지금까지 배출한 스타들은 알 졸슨, 마크스 브라더스, 찰리 채플린, 루이 암스트롱, 엘비스 프레슬리, 마릴린 먼로 등이 있으며, 배우뿐 아니라 가수, 작가, 감독들까지 다양하다. 또한 〈스파이더 맨 3〉, 〈엑스맨〉, 〈킬 빌〉과 같은 블록버스터 영화와 시즌제 드라마 〈24시〉와 〈로스트〉, 〈아메리칸 아이돌〉 등 텔레비전 프로그램을 제작 및 배급했다.

현재 미국 내 뉴욕, 비벌리힐스, 내쉬빌, 마이애미비치 등 다섯 곳에 지사를 두고 있으며 런던과 상하이에 해외 지사를 두고 있다. 뉴욕 지사는 영화, TV, 음악, 광고, 기업 컨설팅에 치중하고 비벌리힐스 지사는 영화, TV, 음악, 이미지 관리, 브로드웨이 공연, 공연투어, 출판, 광고대행, 스포츠 마케팅, 기업 컨설팅 등 글로벌 전략 커뮤니케이션 사업을 중심으로 운용되고 있다. 내쉬빌 지사는 전시와 박람회, 음악, TV 사업을, 마이애미비치 지사는 남미 지역 방송과 프로덕션 회사 진출을 위한 교두보 역할을 하고 있다. 런던 지사는 유럽 전역을 대상으로 영화, 방송, 음악, 출판사업을 전개하고 있는데 특히 영화 및 드라마와 연계한 출판권 사업과 유럽권 프로그램 포맷의 미국 판매 사업에 중점을 두고 있다.

2006년에 개설된 상하이 지사는 동아시아권 배우의 매니지먼트와 콘텐츠 판권 확대 등에 치중하고 있다. 김윤진, 비, 다니엘 헤니와 골퍼 미셸 위, 박찬욱 감독이 소속되어 있다. 특히 영화배우 김윤진은 2003년 WMA와 계약을 체결해 ABC 드라마 〈로스트(Lost)〉에 출연했다. 한국가수 비(정지훈)도 WMA과 계약해 할리우드 영화 〈스피드레이서(Speed Racer)〉에 캐스팅되었다. 2007년 4월에는 중국 스타 크리스털 류이페이(치亦菲)가 계약했으며, 같은 해 8월에는 일본의 도쿄팝과 계약해 도쿄팝의 영화, 텔레비전, 디지털 판권 및 게임 등의 모든 저작권 관련 업무를 대행하기로 했다.

이와 달리 CAA는 1975년 WMA에서 독립한 마이클 오비츠(Michael Ovitz)가 설립했다. 영화 중심의 매니지먼트 운용이 두드러지는 회사로 브래드 피트, 샤론 스톤, 톰 크루즈 등 수많은 영화배우 및 감독들과 전속계약을 맺고 있다. ICM은 1953년 설립해 현재 우디 앨런, 올랜도 블룸, 할리 베리, 조디 포스터, 멜 깁슨 등의 스타와 계약을 맺고 있다.

(3) 프리랜서(비전속) 활동

배우는 매니지먼트사에 소속되지 않거나 에이전시 및 에이전트를 활용하지 않을 경우 혼자서 연기활동과 매니지먼트 업무를 병행해야 한다. 이 같은 프리랜서 활동을 한다면 배우의 입장에서는 연기에만 집중하기도 어려운데 매니지먼트 업무까지 해야 하기 때문에 육체적·심리적 부담이 큰 단점이 있다. 특히 전문적인 지식과 노하우의 축적이 요구되는 출연 교섭과 계약, 새로운 작품의 발굴까지 본인이 감당해야 한다. 매니지먼트의 과학화, 전문화 경향에 비춰 추세에 역행하는 모습일 수도 있다. 한편 프리랜서 방식의 활동은 방송사나 외주제작사 또는 영화제작사가 지불하는 출연료를 매니지먼트사나 에이전트에 분배하지 않고 배우가 통째로 가져감으로써 수익의 축적에 유리하다. 그러나 매니지먼트사나 에이전트가 능력이 뛰어나 작품 출연 기회를 대폭 늘린다면 프리랜서 방식의 활동 수익이 더 적을 수도 있다.

이런 특성 때문에 프리랜서 활동은 연기에 전력하지 않고 틈틈이 연기활동을 하는 배우에게 적합하다. 실제로 우리나라에서는 유명세를 구가하면서 젊은 시절을 풍미했던 50대 이상의 중년 및 원로 배우들이 이런 방식의 활동을 선호하고 있다. 과거 많은 작품을 하면서 형성된 프로듀서나 영화감독을 비롯한 제작진 네트워크를 갖고 있기 때문에 가능한 일이다. 그러나 20~30대 배우들 가운데 일부도 프리랜서 방식을 채택하고 있다. 매니저에 대해 부정적인 느낌이 있거나 과거 소속사를 두고 활동하면서 좋지 않은 경험과 기억을 갖게 된 배우들이 그렇다. 그러나 작품활동을 하는 데 벽에 부딪히거나 한계를 절감하면 다시 소속사를 찾거나 에이전트를 활용하기도 한다.

2) 공정거래위원회 표준계약서의 이해와 활용

공정거래위원회는 배우 등 연예인들의 계약 분쟁이 늘어나자 기획사, 배우단체 등 이해 당사자들과 법률가, 엔터테인먼트 연구자 등 전문가들의 의견을 모아 '표준계약서'를 마련하고, 이를 준수하도록 권고하고 있다. 표준계약서는 연기자의 계약, 가수의 계약 등 직종별로 구분되어 있으며 그간 실질적으로 문제가 된 내용들을 수렴해 개선하고자 했다. 연예인의 계약에서 그간 문제시된 사항은 '노예계약'이라는 지적을 받아온 10년 이상의 장기 계약, 상법상 갑을 관계에서 흔히 나타나는 '갑(甲)의 횡포'처럼 실질적 수익배분율 등이 회사 측에 일방적으로 유리한 계약 내용, 배우에게 불리한 과도한 위약금 조항, 접대 등 아티스트로서 해서는 안 될 업무를 계약서에 규정한 점 등이다.

(1) 연기자의 전속계약

'대중문화예술인(연기자 중심) 표준전속계약서'는 2009년 7월 처음 제정되어 2011년 6월 개정되었다. 이 계약서에 따르면 연기자와 소속사는 상호 이익과 발전을 도모하는 '동업자 관계'이다. 소속사가 아티스트를 활용해 경영활동을 원활하게 할 수 있도록 소속사에 매니지먼트에 대한 전권을 부여하는 대신 아티스트는 제3자(다른 기획사)에 대한 계약을 못하도록 하는 내용을 담고 있다. 아울러 소속사는 배우에 대해 사생활 침해 방지를 비롯한 대내외적인 인격권의 보호와 품위 유지 의무를 명시하고 있다. 계약기간은 그간 사회적 문제로 비화되었던 '노예계약' 논란을 고려해 최장 7년을 초과하지 못하도록 하고 있다.

연예활동의 범위도 TV, 라디오, 모바일 기기 등의 매체 출연, 영화·광고 출연, 행사, 초상권 사업 등 문화예술 분야로 명확히 규정해 술접대, 성접대처럼 과거 극히 일부 기획사가 벌여온 악습과 구태를 원천적으로 차단하도록 했다. 특히 계약할 때 매니지먼트사가 아동·청소년인지 여부를 직접 확인하고 아동·청소년 연예인의 경우 신체적·정신적 건강, 학습권, 인격권, 수면권, 휴식권, 자유선택권 등 기본적인 인권을 보장하고 과도한 노동을 금지시키도록 명문화했다. 아울러 영리 또는 흥행을 목적으로 과다 노출 및 지나치게 선정적으로 표현하는 행위를 요구할 수 없도록 했다. 특히 걸그룹 공연에서 나타나듯이 미성년자의 섹스어필(sex appeal), 성적 표현 등 선정적 표현을 금지하기 위한 것이다.

표준계약서에서는 저작권, 저작인접권(실연권), 퍼블리시티권 등 아티스트가 당연히 누려야 할 권리를 보장했으며, 반대로 아티스트는 계약기간 중 소속사의 신용을 저해하는 일체의 행위를 하지 못하도록 규정했다. 소속사는 아티스트가 대중문화예술인으로서 자질과 인성을 갖추는 데 필요한 교육을 제공할 수 있고, 극도의 우울증세 등이 발견될 경우 아티스트의 동의하에 적절한 치료 등을 지원할 수 있도록 했다. 연예인들의 잦은 우울증 투병과 이와 연관된 마약 사건이나 자살 사건의 피드백을 반영한 것이다.

계약서에 명기되어 있지 않은 내용은 '부속합의서'에 별도로 써서 계약할 수 있도록 했다. 따라서 아티스트의 위상이 높을 경우 자신과 호흡이 맞는 매니저를 지정해 일을 할 수 있는 조항을 합의해 삽입할 수도 있다. 이렇게 특정한 매니저와 업무 관계를 맺겠다는 점을 계약에 명시하는 항

〈계약서 양식 1〉 대중문화예술인(연기자 중심) 표준전속계약서

공정거래위원회
표준약관 제10063호

[매니지먼트사]   (이하 '**갑**'이라 한다)[와, 과]
[대중문화예술인]   (본명 :   ) (이하 '**을**'이라 한다)[는, 은]
다음과 같이 전속 매니지먼트 계약을 체결한다.

제1조 (목적)
이 계약은 을이 대중문화예술인으로서의 활동(이하 "연예활동"이라 한다)에 대한
매니지먼트 권한을 갑에게 위임하고, 이에 따라 갑이 그 권한을 행사하는 데에 있어
서 필요한 제반 사항을 정함으로써, 연예활동에 있어서의 갑과 을의 상호의 이익과
발전을 도모함에 그 목적이 있다.

제2조 (매니지먼트 권한의 부여 등)
① 을은 갑에게 제3조에서 정하는 연예활동에 대한 독점적 매니지먼트 권한을 위
임하고, 갑은 이러한 매니지먼트 권한을 위임 받아 행사한다. 다만 을이 갑에게 위 독
점적인 매니지먼트 권한의 일부를 위임하는 것을 유보하기로 양 당사자가 합의하는
경우에는 그러하지 아니하다.

② 갑은 을이 자기의 재능과 실력을 최대한 발휘할 수 있도록 **성실히 매니지먼트
권한을 행사**하고, 갑의 매니지먼트 권한 범위 내에서의 연예활동과 관련하여 **을의 사
생활보장 등 을의 인격권이 대내외적으로 침해되지 않도록 최대한 노력**한다.

③ 을은 계약기간 중 갑이 독점적으로 권한을 행사하도록 되어 있는 연예활동과
관련하여 **갑의 사전승인 없이** 자기 스스로 또는 갑 이외의 제3자를 통하여 출연교섭

을 하거나 연예활동을 할 수 없다.

제3조 (연예활동의 범위 및 매체)

① 을의 연예활동은 다음 각 호의 활동을 말한다.

1. 배우 · 모델 · 성우 · TV탤런트 등 연기자로서의 활동 및 그에 부수하는 방송 출연, 광고출연, 행사진행 등의 활동
2. 작사, 작곡, 연주, 가창 등 뮤지션으로서의 활동(단, 갑의 독점적 매니지먼트 의 대상이 되는 범위에 대하여는 갑과 을이 별도로 합의하는 바에 따른다)
3. 기타 위 제1호 또는 제2호의 활동과 밀접히 관련되거나 문예 · 미술 등의 창 작활동 등으로서 갑과 을이 별도로 합의한 활동

② 을의 연예활동을 위한 매체 등은 다음 각 호와 같다.

1. TV(지상파 방송, 위성방송, 케이블, CCTV, IPTV 기타 새로운 영상매체를 포 함한다) 및 라디오, 모바일 기기, 인터넷 등
2. 레코드, CD, LDP, MP3, DVD 기타 음원 및 영상물의 고정을 위한 일체의 매체 물과 비디오테이프, 비디오디스크 기타 디지털방식을 포함한 일체의 영상 녹음물
3. 영화, 무대공연, 이벤트 및 행사, 옥외광고
4. 포스터, 스틸 사진, 사진집, 신문, 잡지, 단행본 기타 인쇄물
5. 저작권, 초상권 및 캐릭터를 이용한 각종 사업이나 뉴미디어 등으로 갑과 을 이 별도로 합의한 사업이나 매체

③ 제1항 및 제2항의 규정에도 불구하고 구체적인 연예활동 범위와 연예활동 매체 등은 갑과 을이 부속 합의서에서 달리 정할 수 있다.

제4조 (갑의 매니지먼트 권한 및 의무 등)

① 갑이 제2조에 따라 행사하는 을에 대한 매니지먼트 권한 및 의무의 범위는 다음 각 호와 같다.

1. 연예활동에 필요한 능력의 습득 또는 향상을 위한 일체의 교육실시 또는 위탁
2. 제3조 제1항의 연예활동을 위한 계약교섭 및 계약체결
3. 제3조 제2항의 매체에 대한 출연교섭
4. 을의 연예활동에 대한 홍보 및 광고
5. 제3자로부터 을의 연예활동에 대한 출연료 등 대가 수령 및 관리

6. 연예활동 일정의 관리
7. 콘텐츠의 기획·제작, 유통 및 판매
8. 기타 을의 연예활동을 위한 제반 지원

② 갑은 을을 대리하여 제3자와 을의 연예활동에 관한 계약의 조건과 이행방법 등을 협의 및 조정하여 계약을 체결할 권한을 가지는데, 그 대리권을 행사함에 있어 갑은 **을의 신체적, 정신적 준비상황을 반드시 고려**하고, 급박한 사정이 없는 한 미리 을에게 계약의 내용 및 일정 등을 **사전에 설명**하며, 또 을의 명시적인 의사표명에 반하는 계약을 체결할 수 없다.

③ 갑은 을의 연예활동과 관련하여 계약기간 이후에도 효력을 미치는 계약을 교섭·체결하기 위해서는 **을의 동의**를 얻는다.

④ 을의 연예활동을 제3자가 침해하거나 방해하는 경우 갑은 **그 침해나 방해를 배제하기 위한 필요한 조치**를 취한다.

⑤ 갑은 이 계약에 따른 을의 연예활동 또는 연예활동 준비 이외에 **을의 사생활이나 인격권을 침해하거나 침해할 우려가 있는 행위**를 요구할 수 없고, **부당한 금품을 요구**할 수도 없다.

제5조 (을의 일반적 권한 및 의무)
① 을은 제2조에 따라 갑이 위임받아 행사되는 매니지먼트 활동에 대하여 **언제든지 자신의 의견을 제시**할 수 있고, 필요한 경우 을의 연예활동과 관련된 자료나 서류 등을 **열람 또는 복사**해 줄 것을 갑에게 요청할 수 있고, 갑은 이에 응한다.

② 을은 갑의 매니지먼트 권한 행사에 따라 **자신의 재능과 실력을 최대한 발휘**하여 연예활동을 한다.

③ 을은 연예활동에 지장을 초래할 정도로 **대중문화예술인으로서의 품위를 손상**시키는 행위를 하지 아니하며, **갑의 명예나 신용을 훼손하는 행위**를 하지도 아니한다.

④ 을은 갑이 제4조 제5항의 규정에도 불구하고 **부당한 요구를 하는 경우에는 이를 거부**할 수 있다.

⑤ 을은 계약기간 중 **갑의 사전 동의 없이는** 제3자와 이 계약과 동일하거나 유사한 계약을 체결하는 등 **이 계약을 부당하게 파기 또는 침해하는 행위**를 할 수 없다.

제6조 (을의 인성교육 및 정신건강 지원)

갑은 을이 **대중문화예술인으로서 자질과 인성**을 갖추는 데 필요한 교육을 제공할 수 있고, 을에게 극도의 우울증세 등이 발견될 경우 을의 동의하에 **적절한 치료** 등을 지원할 수 있다.

제7조 (수익의 분배 등)

① 수익분배방식(예: 슬라이딩 시스템)이나 구체적인 분배비율은 갑과 을이 별도로 합의하여 정한다. 이때 수익분배의 대상이 되는 수익은 을의 연예활동으로 발생한 모든 수입(을과 관련된 콘텐츠 판매와 관련된 수입도 포함)에서 **을의 공식적인 연예활동으로 현장에서 직접적으로 소요되는 비용**(차량유지비, 의식주 비용, 교통비 등 연예활동의 보조·유지를 위해 필요적으로 소요되는 실비)과 **광고수수료 비용 및 기타 갑이 을의 동의하에 지출한 비용을 공제**한 금액을 말한다.

② 갑은 자신의 매니지먼트 권한 범위 내에서 을의 연예활동에 필요한 능력의 습득 및 향상을 위한 **교육(훈련)에 소요되는 제반비용을 원칙적으로 부담**하며, 을의 의사에 반하여 불필요한 비용을 을에게 부담시킬 수 없다.

③ 을은 **연예활동과 무관한 비용**을 갑에게 부담시킬 수 없다.

④ 이 계약을 통하여 얻는 모든 수입은 일단 갑이 수령하여 **매월 (　)일자로 정산하여 다음 달 (　)일까지** 을이 지정하는 입금계좌로 지급한다. 단, 매월 정산하기 어려운 부분에 대해서는 을에게 이러한 사실을 알리고 **별도의 정산주기 및 지급일**을 정할 수 있다.

⑤ 을의 귀책사유로 갑이 을을 대신하여 제3자에게 배상한 금원이 있는 경우 을의 수입에서 그 배상비용을 우선 공제할 수 있다.

⑥ 갑은 **정산금 지급과 동시에 정산자료**(총수입과 비용공제내용 등을 증빙할 수 있는 자료)를 **을에게 제공**한다. 을은 정산자료를 수령한 날로부터 **30일 이내**에 정산내역에 대하여 공제된 비용이 과다 계상되었거나 을의 수입이 과소 계상되었다는 등 갑

에게 이의를 제기할 수 있고, 갑은 그 정산근거를 성실히 제공한다.

⑦ 갑과 을은 각자의 소득에 대한 세금을 **각자 부담**한다.

제8조 (상표권 등)

갑은 계약기간 중 본명, 예명, 애칭을 포함하여 을의 모든 성명, 사진, 초상, 필적, 기타 을의 동일성(identity)을 나타내는 일체의 것을 사용하여 상표나 디자인 기타 유사한 **지적재산권을 개발**하고, 갑의 이름으로 이를 **등록**하거나 을의 연예활동 또는 갑의 업무와 관련하여 **이용(제3자에 대한 라이선스 포함)**할 수 있는 권리를 갖는다. 다만 **계약기간이 종료된 이후에는 모든 권리를 을에게 이전**하며, 갑이 지적재산권 개발에 상당한 비용을 투자하는 등 특별한 기여를 한 경우에는 **을에게 정당한 대가를 요구**할 수 있다.

제9조 (퍼블리시티권 등)

① 갑은 계약기간에 한하여 본명, 예명, 애칭을 포함하여 을의 모든 성명, 사진, 초상, 필적, 음성, 기타 을의 동일성(identity)을 나타내는 일체의 것을 을의 연예활동 또는 갑의 업무와 관련하여 이용할 수 있는 권한을 가지며, **계약기간이 종료되면 그 이용권한은 즉시 소멸**된다.

② 갑은 제1항의 권한을 행사함에 있어 을의 명예나 기타 을의 인격권이 훼손하는 방식으로 행사할 수 없다.

제10조 (콘텐츠 귀속 등)

① 계약기간 중에 을과 관련하여 **갑이 개발·제작한 콘텐츠**(이 계약에서 "콘텐츠"라 함은 을의 연예활동과 관련하여 제3조 제2항의 매체 등을 통해 개발·제작된 결과물을 말한다)는 **갑에게 귀속**되며, **을의 실연이 포함된 콘텐츠의 이용을 위하여 필요한 권리**는 발생과 동시에 자동적으로 갑에게 부여된다.

② 계약종료 이후 제1항에 따라 매출이 발생할 경우, 갑은 을에게 **매출의   %를 정산하여 ( )개월 단위로 지급**한다. 다만, 을이 갑에게 지급하여야 할 금원이 있는 경우에는 위 정산금에서 우선 공제할 수 있고, 갑은 을의 요구가 있는 때에는 정산금 지급과 동시에 정산자료를 을에게 제공한다.

③ 이 조항과 관련하여 갑은 대한민국 저작권 관련 법령에 따라 보호되는 **을의 저작권 및 저작인접권(실연권)을 인정**하고, 을은 자신의 저작권 및 저작인접권(실연권) 활용을 통해 **갑의 콘텐츠 유통 등을 통한 매출확대 및 수익구조 다변화**를 기할 수 있도록 적극 협력한다.

제11조 (권리 침해에 대한 대응)

제3자가 제8조 내지 제10조에 규정된 권리를 침해하는 경우, 갑은 갑 자신의 책임과 비용으로 그 침해를 배제하기 위한 조치를 취할 수 있으며 을은 이와 같은 갑의 침해배제조치에 협력한다.

제12조 (계약의 적용지역)

이 계약의 적용범위는 **대한민국을 포함한 전 세계 지역**으로 한다.

제13조 (계약기간 및 갱신)

① 이 계약의 계약기간은 <u>7년</u>을 **초과하지 않는 범위 내에서** _____년 _____월 _____일부터 _____년 _____월 _____일까지 (_____년 _____개월)로 한다.

② 계약기간 중 다음 각 호의 어느 하나와 같이 을의 개인 신상에 관한 사유로 을이 정상적인 연예활동을 할 수 없게 된 경우에는 **그 기간만큼 계약기간이 연장**되는 것으로 하며, **구체적인 연장일수는 갑과 을이 합의하여 정한다.**
  1. 군복무를 하는 경우
  2. 임신·출산 및 육아, 대학원에 진학하는 경우
  3. 연예활동과 무관한 사유로 인하여 병원 등에 연속으로 30일 이상 입원하는 경우
  4. 기타 을의 책임 있는 사유로 연예활동을 할 수 없게 된 경우

제14조 (확인 및 보증)

① 갑은 을에 대해 계약체결 당시 제4조 제1항의 매니지먼트 권한 및 의무를 행사하는데 필요한 **인적·물적 자원을 보유하거나 그러한 능력**을 갖추고 있다는 것을 확인하고 보증한다.

② 을은 갑에 대해 다음 각 호의 사항을 확인하고 보증한다.
  1. 이 계약을 유효하게 체결하는 데 필요한 권리 및 권한을 보유하고 있다는 것

2. 이 계약의 체결이 제3자와의 다른 계약을 침해하지 않는다는 것

3. 계약기간 중 이 계약내용과 저촉되는 계약을 제3자와 체결하지 않는다는 것

제15조 (계약내용의 변경)

이 계약내용 중 일부를 변경할 필요가 있는 경우에는 갑과 을의 서면합의에 의하여 변경할 수 있으며, 그 서면합의에서 달리 정함이 없는 한, 변경된 사항은 그 다음 날부터 효력을 가진다.

제16조 (권리 등의 양도)

갑은 을의 사전 서면동의를 얻은 후 이 계약상 권리 또는 지위의 전부 또는 일부를 제3자에게 양도할 수 있다.

제17조 (계약의 해제 또는 해지 등)

① 갑 또는 을이 이 계약상의 내용을 위반하는 경우, 그 상대방은 위반자에 대하여 14일간의 유예기간을 정하여 위반사항을 시정할 것을 먼저 요구하고, 그 기간 내에 위반사항이 시정되지 아니하는 경우에 상대방은 계약을 해제 또는 해지하고, 손해배상을 청구할 수 있다.

② 갑이 계약내용에 따른 자신의 의무를 충실히 이행하고 있음에도 불구하고, 을이 계약기간 도중에 계약을 일방적으로 파기할 목적으로 계약상의 내용을 위반한 경우에는 을은 제1항의 손해배상과는 별도로 계약 잔여기간 동안 을의 연예활동으로 인해 발생된 매출액의 _____%를 위약벌로 갑에게 지급한다. 단, 위약벌은 을의 연예활동으로 인해 발생된 매출액의 15%를 넘지 못한다.

③ 계약해지일 현재 이미 발생한 당사자들의 권리·의무는 이 계약의 해지로 인하여 영향을 받지 않는다.

제18조 (불가항력에 따른 계약종료)

을이 중대한 질병에 걸리거나 상해를 당하여 연예활동을 계속하기 어려운 사정이 발생한 경우 이 계약은 종료되며, 이 경우에 갑은 을에게 손해배상 등을 청구할 수 없다.

제19조 (비밀유지)

갑과 을은 이 계약의 내용 및 이 계약과 관련하여 알게 된 상대방의 업무상의 비밀

을 제3자에게 정당한 사유 없이 **누설할 수 없으며** 이를 비밀로 유지한다. 이 비밀유지 의무는 계약기간 종료 후에도 유지된다.

제20조 (분쟁해결)
① 이 계약에서 발생하는 모든 분쟁은 갑과 을이 **자율적으로 해결하도록 노력**한다.

② 제1항에 따라 해결되지 않을 때에는 다음 중 _____에 따라 해결한다.
1. 중재법에 의하여 설치된 **대한상사중재원의 중재(仲裁)**
2. 민사소송법 등에 따른 법원에서의 **소송(訴訟)**

제21조 (아동 · 청소년의 보호)
① 갑은 아동 · 청소년 연예인의 신체적 · 정신적 건강, 학습권, 인격권, 수면권, 휴식권, 자유선택권 등 기본적인 인권을 보장한다.

② 갑은 연예매니지먼트 계약을 체결하는 경우 연예인의 연령을 확인하고 아동 · 청소년의 경우 영리 또는 흥행을 목적으로 과다노출 및 지나치게 선정적으로 표현하는 행위를 요구할 수 없다.

③ 갑은 아동 · 청소년 연예인에게 과도한 시간에 걸쳐서 대중문화예술용역을 제공하게 할 수 없다.

제22조 (부속 합의)
① 갑과 을은 이 계약의 내용을 보충하거나, 이 계약에서 정하지 아니한 사항을 규정하기 위하여 부속 합의서를 작성할 수 있다.

② 제15조에 따른 계약내용 변경 및 제1항에 따른 부속 합의는 이 계약의 내용과 배치되거나 위반하지 않는 범위로 한정한다.

이 계약의 성립 및 내용을 증명하기 위하여 계약서 2부를 작성하고, 갑과 을이 서명 날인 후 각 1부씩 보관한다.

_____년 _____월 _____일

갑 : 매니지먼트사

주소 :

회사명 :

대표자 :   인

을 : 대중문화예술인

주소 :

주민등록번호 :

성명(실명) :   인

[개인인감증명서 및 주민등록등본 첨부]

을의 법정대리인(을이 미성년자인 경우)

을과의 관계 :

주소 :

주민등록번호 :

성명(실명) :   인

[개인 인감증명서 및 주민등록등본 첨부]

〈 첨 부 〉

1. 부속 합의서

목을 미국에서는 '키맨 조항(key man caluse)'이라 칭한다. '키맨'은 원래 '중심인물', '간부', '중간관리자'란 뜻을 지니고 있다. 아티스트가 계약을 위반해 소속사가 벌을 부과할 경우 아티스트의 활동으로 발생한 매출액의 15%를 넘지 않도록 했다. 사실상 소속사가 문제가 있어도 엔터테이너가 탈퇴를 하지 못하도록 구속했던 계약금의 2~10배와 같은 과도한 위약금을 설정하지 못하도록 원천적으로 방지한 것이다.

또한 계약 당사자 가운데 어느 일방이 계약상의 내용을 위반하는 경우, 그 상대방은 위반자에 대해 14일간의 유예기간을 정해 위반사항을 시정할 것을 먼저 요구하고, 그 기간 내에 위반사항이 시정되지 아니하면 상대방은 계약을 해제 또는 해지하고 손해배상을 청구할 수 있도록 했다. 이 계약서에 대한 주무기관은 공정거래위원회 약관심사과이다.

(2) 가수의 전속계약

'대중문화예술인(가수 중심) 표준전속계약서'는 가수가 소속사와 계약할 경우 그 기준으로 삼는 참조용 계약서이다. 연기자 중심 계약서와 마찬가지로 2009년 7월 제정되어 2011년 6월에 개정되었다. 계약기간, 갑(프로덕션)과 을(가수)의 권리와 의무 등 전체적인 내용은 앞에서 설명한 '연기자 중심의 표준전속계약서'와 유사하다. 그러나 위약에 따른 벌금 규정 등이 약간 다르다. 표준계약서에 따르면 가수가 계약기간 도중에 계약을 일방적으로 파기할 목적으로 계약상의 내용을 위반한 경우에는 손해배상과 별도로 계약해지 당시를 기준으로 직전 2년간의 월평균 매출액에 계약 잔여기간 개월 수를 곱한 금액을 위약벌로 프로덕션에 지급해야 한다. 가수의 연예활동 기간이 2년 미만이라면 실제 매출이 발생한 기간의 월평균 매출액에서 잔여기간 개월 수를 곱한 금액으로 한다.

음반 및 콘텐츠 판매와 관련된 수입은 각종 유통수수료, 저작권료, 실연료 등의 비용을 공제한 후 프로덕션과 가수가 분배해 갖지만 그 분배방식(예: 슬라이딩 시스템)이나 구체적인 분배비율은 갑과 을이 별도로 합의하여 정하도록 규정했다. 제10조(콘텐츠 귀속) 3항에는 '일몰조항(sunset clause)'과 같은 성격을 가진 내용이 규정되어 있다. 일몰조항이란 '가수의 매니지먼트 계약기간 이후에 발생하는 수익에 대하여 분배 규정을 명시한 조항'을 말한다. 해당 조항에는 계약종료 후 1년간 가수(을)는 프로덕

〈계약서 양식 2〉대중문화예술인(가수 중심) 표준전속계약서

공정거래위원회

표준약관 제10062호

[프로덕션] _____ (이하 '갑' 이라 한다)[와, 과]
[아티스트] _____ (본명 : _____)(이하 '을' 이라 한다)[는, 은]
다음과 같이 전속계약을 체결함에 있어 상호 신의성실로서 이를 이행한다.

제1조 (목적)

이 계약은 갑과 을이 서로의 이익과 발전을 위하여 적극적으로 협력하는 것을 전제로, 을은 최선의 노력을 통해 자신의 재능과 자질을 발휘하여 자기 발전을 도모함은 물론, 대중문화예술인으로서 명예와 명성을 소중히 하며, 갑은 을의 재능과 자질이 최대한 발휘될 수 있도록 매니지먼트 서비스를 충실히 이행하고 을의 이익이 극대화되도록 최선을 다함으로써 상호 이익을 도모함에 그 목적이 있다.

제2조 (매니지먼트 권한의 부여 등)

① 을은 갑에게 제4조에서 정하는 대중문화예술인으로서의 활동(이하 "연예활동"이라 한다)에 대한 독점적인 매니지먼트 권한을 위임하고, 갑은 이러한 매니지먼트 권한을 위임 받아 행사한다. 다만 을이 갑에게 위 독점적인 매니지먼트 권한의 일부를 위임하는 것을 유보하기로 양 당사자가 합의하는 경우에는 그러하지 아니하다.

② 갑은 을이 자기의 재능과 실력을 최대한 발휘할 수 있도록 **성실히 매니지먼트 권한을 행사**하고, 갑의 매니지먼트 권한 범위 내에서의 연예활동과 관련하여 **을의 사생활보장 등 을의 인격권이 대내외적으로 침해되지 않도록 최대한 노력**한다.

③ 을은 계약기간 중 갑이 독점적으로 권한을 행사하도록 되어 있는 연예활동과

관련하여 **갑의 사전승인 없이** 자기 스스로 또는 갑 이외의 제3자를 통하여 **출연교섭**을 하거나 연예활동을 할 수 없다.

제3조 (계약기간 및 갱신)

① 이 계약의 계약기간은_____년 _____월 _____일부터 _____년 _____월 _____일까지 (_____년 _____개월)로 한다.

② 제1항에 따른 계약기간이 7년을 초과하여 정해진 경우, 을은 **7년**이 경과되면 언제든지 이 **계약의 해지**를 갑에게 통보할 수 있고, 갑이 그 통보를 받은 날로부터 **6개월이 경과**하면 이 계약은 **종료**한다.

③ 다음 각 호의 어느 하나에 해당하는 경우에는 제2항의 규정에도 불구하고 **갑과 을이 별도로 서면으로 합의**하는 바에 따라 **해지권을 제한**할 수 있다.
1. 장기의 해외활동을 위해 **해외의 매니지먼트 사업자와의 계약체결 및 그 계약 이행**을 위하여 필요한 경우
2. 기타 **정당한 사유**로 장기간 계약이 유지될 필요가 있는 경우

④ 계약기간 중 다음 각 호의 어느 하나와 같이 을의 개인 신상에 관한 사유로 을이 정상적인 연예활동을 할 수 없게 된 경우에는 **그 기간만큼 계약기간이 연장**되는 것으로 하며, **구체적인 연장일수는 갑과 을이 합의**하여 정한다.
1. 군복무를 하는 경우
2. 임신·출산 및 육아, 대학원에 진학하는 경우
3. 연예활동과 무관한 사유로 인하여 병원 등에 연속으로 30일 이상 입원하는 경우
4. 기타 을의 책임 있는 사유로 연예활동을 할 수 없게 된 경우

⑤ 이 계약의 적용범위는 **대한민국을 포함한 전 세계 지역**으로 한다.

제4조 (연예활동의 범위 및 매체)

① 을의 연예활동은 다음 각 호의 활동을 말한다.
1. 작사·작곡·연주·가창 등 뮤지션으로서의 활동 및 그에 부수하는 방송출연, 광고출연, 행사진행 등의 활동
2. 배우, 모델, 성우, TV탤런트 등 연기자로서의 활동(단, 갑의 독점적 매니지먼

트의 대상이 되는 범위에 대하여는 갑과 을이 별도로 합의하는 바에 따른다)
3. 기타 위 제1호 또는 제2호의 활동과 밀접히 관련되거나 문예·미술 등의 창
작활동 등으로서 갑과 을이 별도로 합의한 활동

② 을의 연예활동을 위한 매체 등은 다음 각 호와 같다.
1. TV(지상파 방송, 위성방송, 케이블, CCTV, IPTV 기타 새로운 영상매체를 포
함한다) 및 라디오, 모바일기기, 인터넷 등
2. 레코드, CD, LDP, MP3, DVD 기타 음원 및 영상물의 고정을 위한 일체의 매체
물과 비디오테이프, 비디오디스크 기타 디지털방식을 포함한 일체의 영상
녹음물
3. 영화, 무대공연, 이벤트 및 행사, 옥외광고
4. 포스터, 스틸 사진, 사진집, 신문, 잡지, 단행본 기타 인쇄물
5. 저작권, 초상권 및 캐릭터를 이용한 각종 사업이나 뉴미디어 등으로 갑과 을
이 별도로 합의한 사업이나 매체

③ 제1항 및 제2항의 규정에도 불구하고 구체적인 연예활동 범위와 연예활동 매체
등은 갑과 을이 부속 합의서에서 달리 정할 수 있다.

제5조 (갑의 매니지먼트 권한 및 의무 등)
① 갑은 이 계약에 따라 을에 대하여 다음 각 호의 매니지먼트 권한 및 의무를 가
진다.
1. 필요한 능력의 습득 및 향상을 위한 일체의 교육실시 또는 위탁
2. 제4조 제1항의 연예활동을 위한 계약의 교섭 및 체결
3. 제4조 제2항의 매체에 대한 출연교섭
4. 을의 연예활동에 대한 홍보 및 광고
5. 제3자로부터 을의 연예활동에 대한 대가 수령 및 관리
6. 연예활동에 대한 기획, 구성, 연출, 일정관리
7. 콘텐츠의 기획·제작, 유통 및 판매
8. 기타 을의 연예활동을 위한 제반 지원

② 갑은 을을 대리하여 제3자와 을의 연예활동에 관한 계약의 조건과 이행방법 등
을 협의 및 조정하여 계약을 체결할 권한을 가지는데, 그 대리권을 행사함에 있어 갑
은 **을의 신체적, 정신적 준비상황을 반드시 고려**하고, 급박한 사정이 없는 한 미리 을

에게 계약의 내용 및 일정 등을 **사전에 설명**하며, 또 을의 명시적인 의사표명에 반하는 계약을 체결할 수 없다.

③ 갑은 을의 연예활동과 관련하여 계약기간 이후에도 효력을 미치는 계약을 교섭·체결하기 위해서는 **을의 동의**를 얻는다.

④ 을의 연예활동을 제3자가 침해하거나 방해하는 경우 갑은 **그 침해나 방해를 배제하기 위한 필요한 조치**를 취한다.

⑤ 갑은 이 계약에 따른 을의 연예활동 또는 연예활동 준비 이외에 **을의 사생활이나 인격권을 침해하거나 침해할 우려가 있는 행위**를 요구할 수 없고, **부당한 금품을 요구할 수도 없다.**

⑥ 갑은 **을의 사전 서면동의**를 얻은 후 이 계약상 권리 또는 지위의 전부 또는 일부를 제3자에게 **양도**할 수 있다.

제6조 (을의 일반적 권한 및 의무)
① 을은 제2조 및 제5조에 따라 행사되는 갑의 매니지먼트 활동에 대하여 **언제든지 자신의 의견을 제시**할 수 있고, 필요한 경우 을의 연예활동과 관련된 자료나 서류 등을 **열람 또는 복사**해줄 것을 갑에게 요청할 수 있고, 갑은 이에 응한다.

② 을은 갑의 매니지먼트 권한 행사에 따라 **자신의 재능과 실력을 최대한 발휘**하여 연예활동을 한다.

③ 을은 연예활동에 지장을 초래할 정도로 **대중문화예술인으로서의 품위를 손상시키는 행위를 하지 아니하며, 갑의 명예나 신용을 훼손하는 행위**를 하지도 아니한다.

④ 을은 갑이 제5조 제5항의 규정에도 불구하고 **부당한 요구를 하는 경우에는 이를 거부**할 수 있다.

⑤ 을은 계약기간 중 **갑의 사전 동의 없이는** 제3자와 이 계약과 동일하거나 유사한 계약을 체결하는 등 **이 계약을 부당하게 파기 또는 침해하는 행위**를 할 수 없다.

제7조 (을의 인성교육 및 정신건강 지원)

갑은 을이 **대중문화예술인으로서 자질과 인성**을 갖추는데 필요한 교육을 제공할 수 있고, 을에게 극도의 우울증세 등이 발견될 경우 을의 동의하에 **적절한 치료** 등을 지원할 수 있다.

제8조 (상표권 등)

갑은 계약기간 중 본명, 예명, 애칭을 포함하여 을의 모든 성명, 사진, 초상, 필적, 기타 을의 동일성(identity)을 나타내는 일체의 것을 사용하여 상표나 디자인 기타 유사한 **지적재산권을 개발**하고, 갑의 이름으로 이를 **등록**하거나 을의 연예활동 또는 갑의 업무와 관련하여 **이용(제3자에 대한 라이선스 포함)**할 수 있는 권리를 갖는다. 다만 **계약기간이 종료된 이후에는 모든 권리를 을에게 이전**하며, 갑이 지적재산권 개발에 상당한 비용을 투자하는 등 특별한 기여를 한 경우에는 **을에게 정당한 대가를 요구할** 수 있다.

제9조 (퍼블리시티권 등)

① 갑은 계약기간에 한하여 본명, 예명, 애칭을 포함하여 을의 모든 성명, 사진, 초상, 필적, 음성, 기타 을의 동일성(identity)을 나타내는 일체의 것을 을의 연예활동 또는 갑의 업무와 관련하여 이용할 수 있는 권한을 가지며, **계약기간이 종료되면 그 이용권한은 즉시 소멸**된다.

② 갑은 제1항의 권한을 행사함에 있어 을의 명예나 기타 을의 인격권이 훼손하는 방식으로 행사할 수 없다.

제10조 (콘텐츠 귀속 등)

① 계약기간 중에 을과 관련하여 **갑이 개발·제작한 콘텐츠**(이 계약에서 "콘텐츠"라 함은 을의 연예활동과 관련하여 제4조 제2항의 매체를 통해 개발·제작된 결과물을 말한다)는 **갑에게 귀속**되며, **을의 실연이 포함된 콘텐츠의 이용을 위하여 필요한 권리**는 발생과 동시에 자동적으로 갑에게 부여된다.

② 계약종료 이후 제1항에 따라 매출이 발생할 경우, 갑은 을에게 **매출의 ____%를 정산하여 ( )개월 단위로 지급**한다. 다만, 을이 갑에게 지급하여야 할 금원이 있는 경우에는 위 정산금에서 우선 공제할 수 있고, 갑은 을의 요구가 있는 때에는 정산금 지급과 동시에 정산자료를 을에게 제공한다.

③ **계약종료 후 1년간** 을은 갑이 을을 통하여 개발 · 제작한 콘텐츠의 소재가 된 것과 동일 또는 유사한 것을 해당 콘텐츠와 동일 또는 유사한 형태의 콘텐츠(예컨대, 가수가 동일 곡을 재가창한 음반, 디지털파일 등의 녹음물)로 직접 또는 제3자를 통하여 **제작하여 사용하거나 판매할 수 없다.**

④ 이 조항과 관련하여 갑은 대한민국 저작권 관련 법령에 따라 보호되는 **을의 저작권 및 저작인접권(실연권)을 인정**하고, 을은 자신의 저작권 및 저작인접권(실연권) 활용을 통해 **갑의 콘텐츠 유통 등을 통한 매출확대 및 수익구조 다변화**를 기할 수 있도록 적극 협력한다.

제11조 (권리 침해에 대한 대응)
제3자가 제8조 내지 제10조에 규정된 권리를 침해하는 경우, 갑은 갑 자신의 책임과 비용으로 그 침해를 배제하기 위한 조치를 취할 수 있으며 을은 이와 같은 갑의 침해배제조치에 협력한다.

제12조 (수익의 분배 등)
① 이 계약을 통하여 얻는 모든 수입은 일단 갑이 수령하며, 아래 제2항 및 제3항에 따라 분배한다. 단, 을이 그룹의 일원으로 활동할 경우, 해당 연예활동으로 인한 수입에 대해서는 해당 그룹의 인원수로 나눈다.

② **음반 및 콘텐츠 판매와 관련된 수입**은 각종 유통 수수료, 저작권료, 실연료 등의 비용을 공제한 후 갑과 을이 분배하여 가지는데, 그 분배방식(예: 슬라이딩 시스템)이나 구체적인 분배비율은 갑과 을이 별도로 합의하여 정한다.

③ **연예활동과 관련된 수익**에 대한 수익분배방식(예: 슬라이딩 시스템)이나 구체적인 분배비율도 갑과 을이 별도로 합의하여 정한다. 이때 수익분배의 대상이 되는 수익은 을의 연예활동으로 발생한 모든 수입에서 **을의 공식적인 연예활동으로 현장에서 직접적으로 소요되는 비용**(차량유지비, 의식주 비용, 교통비 등 연예활동의 보조 · 유지를 위해 필요적으로 소요되는 실비)과 **광고수수료 비용 및 기타 갑이 을의 동의하에 지출한 비용을 공제**한 금액을 말한다.

④ 갑은 자신의 매니지먼트 권한 범위 내에서 을의 연예활동에 필요한 능력의 습득 및 향상을 위한 **교육(훈련)에 소요되는 제반비용을 원칙적으로 부담**하며, 을의 의사

에 반하여 불필요한 비용을 을에게 부담시킬 수 없다.

⑤ 을은 **연예활동과 무관한 비용**을 갑에게 부담시킬 수 없다.

⑥ 을의 귀책사유로 갑이 을을 대신하여 제3자에게 배상한 금원이 있는 경우 을의 수입에서 그 배상비용을 우선 공제할 수 있다.

⑦ 갑은 을에게 분배할 금원을 **매월 (   )일자로 정산하여 다음 달 (   )일까지** 을이 지정하는 입금계좌로 지급한다. 단, 매월 정산하기 어려운 부분에 대해서는 을에게 이러한 사실을 알리고 **별도의 정산주기 및 지급일**을 정할 수 있다.

⑧ 갑은 **정산금 지급과 동시에 정산자료**(총수입과 비용공제내용 등을 증빙할 수 있는 자료)를 **을에게 제공**한다. 을은 정산자료를 수령한 날로부터 **30일 이내에** 정산내역에 대하여 공제된 비용이 과다 계상되었거나 을의 수입이 과소 계상되었다는 등 갑에게 이의를 제기할 수 있고, 갑은 그 정산근거를 성실히 제공한다.

⑨ 갑과 을은 각자의 소득에 대한 세금을 **각자 부담**한다.

제13조(확인 및 보증)

① 갑은 을에 대해 계약체결 당시 제5조 제1항의 매니지먼트 권한 및 의무를 행사하는데 **필요한 인적·물적 자원을 보유하거나 그러한 능력**을 갖추고 있다는 것을 확인하고 보증한다.

② 을은 갑에 대해 다음 각 호의 사항을 확인하고 보증한다.
1. 이 계약을 유효하게 체결하는데 필요한 권리 및 권한을 보유하고 있다는 것
2. 이 계약의 체결이 제3자와의 다른 계약을 침해하지 않는다는 것
3. 계약기간 중 이 계약내용과 저촉되는 계약을 제3자와 체결하지 않는다는 것

제14조 (계약내용의 변경)

이 계약내용 중 일부를 변경할 필요가 있는 경우에는 갑과 을의 서면합의에 의하여 변경할 수 있으며, 그 서면합의에서 달리 정함이 없는 한, 변경된 사항은 그 다음 날부터 효력을 가진다.

제15조 (계약의 해제 또는 해지)

① 갑 또는 을이 이 계약상의 내용을 위반하는 경우, 그 상대방은 위반자에 대하여 **14일간의 유예기간**을 정하여 위반사항을 시정할 것을 먼저 요구하고, 그 기간 내에 위반사항이 시정되지 아니하는 경우에 상대방은 계약을 해제 또는 해지하고, 손해배상을 청구할 수 있다.

② 갑이 계약내용에 따른 자신의 의무를 충실히 이행하고 있음에도 불구하고, 을이 계약기간 도중에 계약을 일방적으로 파기할 목적으로 계약상의 내용을 위반한 경우에는 **을은 제1항의 손해배상과는 별도로** 계약해지 당시를 기준으로 **직전 2년간의 월평균 매출액에 계약 잔여기간 개월 수를 곱한 금액**(을의 연예활동 기간이 2년 미만인 경우에는 실제 매출이 발생한 기간의 월평균 매출액에서 잔여기간 개월 수를 곱한 금액)을 **위약벌**로 갑에게 지급한다. 이 경우 계약 잔여기간은 제3조 제3항의 규정이 적용되는 경우가 아닌 한, 제3조 제1항에 따른 계약기간이 7년을 초과하는 경우에는 7년을 초과한 기간은 계약 잔여기간에서 제외한다.

③ 계약 해지일 현재 이미 발생한 당사자들의 권리·의무는 이 계약의 해지로 인하여 영향을 받지 않는다.

④ 을이 중대한 질병에 걸리거나 상해를 당하여 **연예활동을 계속하기 어려운 사정**이 발생한 경우 이 계약은 종료되며, 이 경우에 갑은 을에게 손해배상 등을 청구할 수 없다.

제16조 (비밀유지)

갑과 을은 이 계약의 내용 및 이 계약과 관련하여 알게 된 **상대방의 업무상의 비밀**을 제3자에게 정당한 사유 없이 **누설할 수 없으며** 이를 비밀로 유지한다. 이 비밀유지 의무는 계약기간 종료 후에도 유지된다.

제17조 (분쟁해결)

① 이 계약에서 발생하는 모든 분쟁은 갑과 을이 **자율적으로 해결하도록 노력**한다.

② 제1항에 따라 해결되지 않을 때에는 다음 중 _____에 따라 해결한다.
1. 중재법에 의하여 설치된 **대한상사중재원의 중재(仲裁)**
2. 민사소송법 등에 따른 법원에서의 **소송(訴訟)**

제18조 (아동 · 청소년의 보호)

① 갑은 아동 · 청소년 연예인의 신체적 · 정신적 건강, 학습권, 인격권, 수면권, 휴식권, 자유선택권 등 기본적인 인권을 보장한다.

② 갑은 연예매니지먼트 계약을 체결하는 경우 연예인의 연령을 확인하고 아동 · 청소년의 경우 영리 또는 흥행을 목적으로 과다노출 및 지나치게 선정적으로 표현하는 행위를 요구할 수 없다.

③ 갑은 아동 · 청소년 연예인에게 과도한 시간에 걸쳐서 대중문화예술용역을 제공하게 할 수 없다.

제19조 (부속 합의)

① 갑과 을은 이 계약의 내용을 보충하거나, 이 계약에서 정하지 아니한 사항을 규정하기 위하여 부속 합의서를 작성할 수 있다.

② 을이 그룹의 일원으로 연예활동을 하는 경우에 제8조(상표권 등) 내지 제10조(콘텐츠 귀속 등)의 규정은 별도의 합의로 정할 수 있다.

③ 제14조에 따른 계약내용 변경 및 제1항에 따른 부속 합의는 이 계약의 내용과 배치되거나 위반하지 않는 범위로 한정한다.

이 계약의 성립 및 내용을 증명하기 위하여 계약서 2부를 작성하고, 갑과 을이 서명 날인 후 각 1부씩 보관한다.

계약체결 일시 :　　년　　월　　일

계약체결 장소 :

갑 : 프로덕션

주소 :

회사명 :

대표자 :　　　　　인

<u>을 : 아티스트</u>
주소 :
주민등록번호 :
성명(실명) :　　　　　　　인
[개인인감증명서 및 주민등록등본 첨부]

<u>을의 법정대리인</u>(을이 미성년자인 경우)
을과의 관계 :
주소 :
주민등록번호 :
성명(실명) :　　　　　　　인
[개인인감증명서 및 주민등록등본 첨부]

〈첨 부〉
1. 부속 합의서

선(갑)이 가수를 통해 개발·제작한 콘텐츠의 소재가 된 것과 동일 또는
유사한 것을 해당 콘텐츠와 동일 또는 유사한 형태의 콘텐츠(예컨대, 다른
가수가 동일 곡을 재가창한 음반, 디지털 파일 등의 녹음물)로 직접 또는 제3자
를 통해 제작해서 사용하거나 판매할 수 없도록 규정하고 있다.

3) 프로그램 출연 계약과 프로그램 제작권·방영권 구매계약

　　문화체육관광부(대중문화산업과)는 2013년 7월 30일 「콘텐츠산업진흥법」
제25조에 따라 '대중문화예술인(가수, 배우) 방송출연 표준계약서'와 '방송
프로그램 제작 표준계약서'를 마련했다. 2013년 단역 및 보조 출연자에
대한 외주제작사의 잇따른 출연료 미지급 사태, 제작사 대표였지만 수익

을 제대로 보전받지 못한 채 세상을 떠난 김종학 프로듀서의 자살 사건, 지상파 방송사의 출연료 미지급 사태가 계기가 되었다. 그러나 대중문화예술·방송 산업의 지속 가능한 발전과 공정한 산업 생태계 조성을 위한 기본적인 여건을 마련하는 데 궁극적 목적이 있다.

이 표준계약서는 2010년 '외주제도개선협의회'를 발족하고 2011년 '대중문화예술 분야 표준계약서 제정방안' 연구를 시작한 이후 그간 분야별 특별연구팀 운용과 공청회 등을 거쳐 마련되었다. 출연료 지급 시점과 기준, 계약 불이행에 따른 조치, 권리귀속 등의 주요 쟁점을 중심으로 방송사와 제작사, 그리고 한국방송연기자노조, 가수협회, 방송연기자협회 등의 대중문화예술인 단체 간에 논쟁과 협의 끝에 마련된 것이다. 법적 구속력이 없는 일종의 권고안이지만 분쟁 시 법정에서 판단의 준거가 될 수 있으며, 문화체육관광부가 이 계약서의 이행상황을 방송 콘텐츠 정책에 반영하기 때문에 이행하지 않은 주체는 불이익을 받을 가능성이 높다. 그러나 이 표준계약서는 노출된 각종 문제에 대한 모든 대안을 담은 것은 아니기 때문에 방송제작 시장의 상황에 따라 향후 정기적으로 수정, 보완될 가능성이 높다. 문화체육관광부는 추가로 제작 스태프와 제작사·방송사 간 규정, 작가의 집필계약을 담은 표준계약서를 마련하기로 했다.

(1) 대중문화예술인 방송출연 표준계약서

'대중문화예술인 방송출연 표준계약서'는 연기자·가수와 제작사·방송사 간 관계를 규정했다. 즉 배우, 가수 등 대중문화예술인들이 방송에 출연할 때 준거가 되는 계약서이다. 이 계약서에 따르면 출연료는 제작사가 방송 다음 달로부터 15일 이내에 지급해야 한다. 미지급 상황이 발생한 경우에는 제작사와 계약한 방송사가 직접 대중문화예술인에게 출연료를 지급해야 한다. 출연 횟수는 방송을 기준으로 하되, 이미 촬영을 마

〈계약서 양식 3〉 대중문화예술인(가수 · 배우) 방송출연 표준계약서(2013.8.1. 제정)

Ⅰ. 목적

동 표준계약서는 「콘텐츠산업진흥법」 제25조에 의거, 방송사 또는 제작사와 대중문화예술인 그리고 소속 기획사(매니지먼트) 간의 권리 의무 관계를 규정함으로써 대중문화예술 산업의 지속가능한 발전과 공정한 산업생태계 조성에 기여하는 것을 그 목적으로 한다.

Ⅱ. 적용 범위

동 표준계약서는 방송 출연과 관련하여 방송사(또는 제작사)와 대중문화예술인 (가수, 배우) 및 그 소속기획사(매니지먼트) 간 공정한 거래 환경 조성을 위한 각각의 권리와 의무 등에 관한 권고 사항이다.

따라서 당사자들은 본 표준계약서에 따른 계약을 신의 성실의 원칙에 의거하여 이행하되, 개별 계약의 특수성을 고려하여 당사자 간 협의를 통해 본 표준계약서를 수정, 추가, 삭제할 수 있다.

대중문화예술인 방송출연표준계약서(가수) 제정안

영상물 등 제작업을 영위하는 ㈜_____(이하 '방송사 또는 제작사'라고 한다)와 _____(이하 '가수'라고 한다) 및 가수의 소속사 ㈜_____ (이하 '매니지먼트사'라고 한다. 단, 가수가 전속계약을 체결한 소속사가 없는 경우는 해당 없음)는 방송사 또는 제작사가 제작하는 프로그램 _____(가제)(이하 '프로그램'이라 한다)에 대한 출연 및 가창계약을 다음과 같이 체결한다.

프로그램	제목	○○○○○ (가제)	
	장르 및 횟수	○○○○ / ○회 (예정)	
	방송사/제작사	○○○○	
	방송예정일	○○○○년 ○○월 ○○일~○○○○년 ○○월 ○○일	
지급내역	출연료	자유계약	1회당 　원(부가세 별도)
		등급계약	1회당 　등급
	지급방법	방송 익월 15일 이내에 지급	

	* 본 계약은 상기된 프로그램에 출연하는 것에 한해 '방송사 또는 제작사'와 을이 합의함을 의미한다. * 본 프로그램을 활용한 2차적 저작물 및 본 프로그램과 관련된 초상권, 성명권의 상업적 사용권 등에 대한 사용권 및 권리 배분에 대한 합의는 별도로 한다.

제1조 (계약의 목적)

본 계약은 '방송사 또는 제작사'가 제작하는 프로그램에 '가수'가 출연하여 가창하기로 합의하고 이에 필요한 당사자 간의 권리와 의무를 정함을 목적으로 한다.

제2조 (계약기간)

본 계약은 체결일로부터 효력을 발생하며, 본 계약에 따른 '가수'의 모든 서비스의 제공이 완결될 때 종료된다.

제3조 (계약의 대상)

본 계약의 대상이 되는 프로그램의 제목과 내용은 다음과 같다.

1. 프로그램명 : "   "
2. 제작형식 :
3. 방송 일정 : ○○○○년 ○○월 ○○일 ~ ○○○○년 ○○○○월 ○○○○일(예정)
4. 제작사 :

제4조 ('방송사 또는 제작사'의 의무)

(1) '방송사 또는 제작사'는 본 계약에서 정하는 바에 따라 '가수'에게 출연료를 지급한다. 출연료의 지급방식은 '가수'와 '매니지먼트사'가 합의하여 지정하는 다음 계좌에 입금하는 형식으로 한다. '방송사 또는 제작사'는 '가수' 또는 '매니지먼트사'의 요청이 있는 경우에 출연료의 내역을 제공하여야 한다.

계좌번호 :

(2) '방송사 또는 제작사'는 본 프로그램과 관련한 제작사업 전 과정에서 '가수'의 신체적, 정신적 준비상황을 고려하여야 하며, 특히 '가수'의 프라이버시나 인격을 훼손하지 않도록 선량한 관리자의 주의 의무를 다하여야 한다.

(3) '방송사 또는 제작사'는 '가수'가 자신의 능력을 발휘할 수 있는 환경을 제공하기 위하여 최선을 다해야 한다. 이를 위하여 '방송사 또는 제작사'는 '가수'에게 프로그램의 촬영에 필요한 대본이나 촬영내용을 파악할 수 있는 자료를 촬영일 2일 전까지 제공하여 '가수'가 프로그램의 내용을 숙지하고 촬영에 임할 수 있도록 한다. 1일 최대 촬영시간은 12시간을 초과할 수 없으며, 1일 최대 촬영시간을 3일을 초과하여 지속할 수 없다. '방송사 또는 제작사'는 '가수'가 촬영장에서 충분히 휴식을 취할 수 있는 공간(화장실 등 편의시설 포함)을 제공하여야 한다.

(4) '방송사 또는 제작사'는 '가수'가 '방송사 또는 제작사'의 연출이나 연출에 필요한 일반적인 지시에 따른 행위 중에 사고를 당하는 경우 이에 필요한 조치를 적극적으로 취해야 한다.

(5) '방송사 또는 제작사'는 '가수'가 미성년자인 경우에 '가수'의 신체적, 정신적 건강 및 학습권, 수면권 등이 침해되지 않도록 하여야 하며, '가수'가 폭력적이거나 선정적으로 표현되지 않도록 하여야 한다.

(6) 해외 촬영이 있는 경우는 촬영 내용, 체류 기간, 제반 비용, 촬영에 필요한 필수 인원, 여행보험 및 안전에 대해 '가수'의 의견을 충분히 반영하여 별도의 협의를 하여야 한다.

(7) '방송사 또는 제작사'가 본 계약에 정해진 촬영일정을 변경하는 경우는 부득이한 경우로 한하며, 이로 인하여 '가수'의 다른 스케줄이나 업무가 방해되지 않도록 사전에 협의하고 조율할 의무를 진다.

(8) '방송사 또는 제작사'는 본 프로그램의 제작 방영과 관련하여 사회적 물의(약물, 도박 등 법령위반과 이에 준하는 물의)를 일으키거나 대중문화예술인의 품위를 손상시키는 행위를 하지 않아야 한다.

제5조 ('가수' 및 '매니지먼트사'의 의무)
(1) '가수'는 대중문화예술인으로서 필요한 재능과 역량을 최대한 발휘하여 성실히 임해야 하며, 사회적 물의(약물, 도박 등 법령위반과 이에 준하는 물의)를 일으키거나 대중문화예술인으로서의 품위를 손상시키는 행위를 하지 않아야 한다. 또한 '매니지먼트사'는 '가수'가 전단의 의무를 다할 수 있도록 소속사로서의 주의를 게을리하여서

는 아니 된다.

1) 촬영 전
① '가수'와 '매니지먼트사'는 신체적, 정신적으로 최선의 상태로 촬영에 임할 수 있도록 준비하여야 한다.
② '가수'는 '방송사 또는 제작사'(방송사 또는 제작사가 지정하는 자를 포함한다. 이하 같다)의 요청에 따라 본 프로그램의 협의, 리허설 및 홍보활동 등에 참여하여야 한다. '방송사 또는 제작사'는 위와 같은 활동에 필요한 일정이나 비용부담 등에 대하여 사전에 '가수'와 협의하여야 한다.

2) 촬영기간 중
① '가수'는 '방송사 또는 제작사'의 본 프로그램 제작과 관련한 정당한 지시나 요청에 대해 거부하여서는 아니 된다.
② '가수'는 '방송사 또는 제작사'가 제작하는 프로그램에 대한 모든 연출적 상황 (의상, 분장, 미용, 코디네이션 선등)에 대해 제작의도에 반하지 않는 한도 내에서 연출자와 상의하여 협조를 다하여야 한다. 또한 다른 출연자들이 피해를 입지 않도록 하여야 한다.

3) 촬영 후
'가수'는 '방송사 또는 제작사'가 보충촬영, 재촬영, 사후녹음 등의 서비스의 제공을 요청하는 경우 이에 협조하며 '방송사 또는 제작사'는 이에 준하는 제비용을 부담한다.

(2) '가수'는 본 프로그램의 홍보와 관련된 '방송사 또는 제작사'의 요청에 적극 협조하여야 한다. '가수'는 프로그램의 홍보활동(포스터 촬영, 예고편 제작, 홍보 인터뷰(일간지, 스포츠지, 방송 등) 등을 포함한다)에 대해 협조한다. '방송사 또는 제작사'는 위 홍보활동에 필요한 일정이나 비용부담 등에 대하여 사전에 '가수'와 협의하여야 한다.

제6조 (권리의 귀속)
(1) 제3조에 명시한 프로그램에 포함된 '가수'의 저작인접권은 동조 제2항 내지 제6항에 따른다.

(2) 방송사업자는 저작권 신탁관리단체와 특약을 체결하여 프로그램에 포함된 '가

수'의 저작인접권 이용에 따른 사용료를 지급해야 한다. '가수'는 특별한 사유가 없는 한 이에 따라야 하며, '가수'가 저작권 신탁관리단체에 속하지 않은 경우에는 저작권법에 따른다.

(3) 제작사는 프로그램에 포함된 '가수'의 저작인접권 이용에 따른 사용료를 제2항의 특약을 준용하여 '가수' 또는 '가수'가 속한 저작권 신탁관리단체에 지급해야 한다.

(4) 위 제3항에 불구하고, 제작사가 프로그램의 이용을 방송사업자에게 허락하는 경우, 제작사는 프로그램에 포함된 '가수'의 저작인접권 이용에 따른 사용료를 제2항의 특약을 적용하여 '가수' 또는 '가수'가 속한 저작권 신탁관리단체에게 지급하도록 계약을 체결해야 한다. 이 이용에는 제작사가 방송사업자에게 프로그램을 위탁하여 방송사업자가 이용을 허락하고 제작사와 수익을 배분하는 경우도 포함한다.

(5) '방송사 또는 제작사'는 본 프로그램을 수정·편집하여 변형된 형태로 활용하기 위해서는 '가수'의 동의를 얻어야 하며, 이 경우 '방송사 또는 제작사'는 이러한 이용에 따른 상당한 사용료를 '가수'와 합의하여 지급하여야 한다.

(6) 본 계약서에 정하지 않은 사항은 저작권법에 따른다.

제7조 (프로그램 내용의 변경)
프로그램의 제작이 완료된 후 그 전부 또는 일부의 내용을 변경하고자 할 경우에는 '방송사 또는 제작사'와 '가수'는 상호 협조하여야 한다.

제8조 (비밀유지)
당사자는 상대방의 동의 없이 본 계약 내용 및 본 프로그램 제작과정에서 알게 된 정보를 제3자에게 누설해서는 안 된다.

제9조 (계약 해제 및 손해배상)
(1) 당사자는 천재지변, 전쟁, 기타 객관적으로 통제할 수 없는 불가항력적인 여건으로 인하여 계약을 유지할 수 없는 경우에 본 계약을 해제할 수 있다.

(2) 당사자가 정당한 이유 없이 본 계약을 위반하는 경우, 15일간의 유예기간을 정하여 위반사항을 시정할 것을 먼저 요구하고, 그 기간 내에 위반사항이 시정되지 아

니하는 경우에 계약을 해제할 수 있다. 단, 계약을 더 이상 유지하기 어려운 중대한 계약 위반이거나 시정에 필요한 기간이 충분하지 않은 경우에는 시정 요구 없이 계약을 해제할 수 있다.

(3) 당사자는 계약의 불이행으로 상대방에게 발생한 모든 손해를 배상할 책임이 있다.

제10조 (위임 등의 금지)
당사자는 본 계약상 권리나 의무 또는 지위의 전부 또는 일부를 상대방의 사전 서면 동의 없이 제3자에게 양도, 이전, 위임, 위탁할 수 없다.

제11조 (책임면책 및 보험)
(1) '방송사 또는 제작사'는 본 프로그램의 촬영 기타 제작과 관련하여 '가수'에게 발생할 수 있는 위험에 대비할 목적으로 상해보험을 가입해야 하며, '가수'와 '매니지먼트사'는 이러한 사고로 인한 본 건 프로그램의 제작지연 등의 책임을 지지 않는다.

(2) 프로그램의 제작 중에 고의 또는 과실로 상대방에게 손해를 가한 자는 그 손해를 배상할 책임이 있다.

제12조 (분쟁 해결)
(1) 이 계약에서 발생하는 모든 분쟁은 '방송사 또는 제작사'와 '가수'가 자율적으로 해결하도록 노력한다.

(2) 제1항에 따라 해결되지 않을 때에는 다음과 같은 방법 중의 하나로 해결한다.
① 당사자들이 속한 관련 단체로 구성된 분쟁해결기구 및 저작권위원회 등을 통해서 해결할 수 있다. 분쟁해결기구에는 변호사 등 법률 전문가를 포함시켜야 한다.
② 민사소송법 등에 따른 법원에서의 소송(訴訟)

제13조 (기타 부속 합의)
(1) '방송사 또는 제작사'와 '가수'는 이 계약의 내용을 보충하거나, 이 계약에서 정하지 아니한 사항을 규정하기 위하여 부속 합의서를 작성할 수 있다.

(2) 계약 내용의 변경 및 제1항에 따른 부속 합의는 이 계약의 내용과 배치되거나 위반하지 않는 범위로 한정한다.

제14조 (이행의 보증)

(1) '가수' 및 '매니지먼트사'는 본 계약서에 규정된 의무 등 제반 사항을 상호 연대하여 준수하기로 한다.

(2) '매니지먼트사'는 '가수'의 매니지먼트 및 에이전시 회사로서 본 계약상의 '가수'의 법률행위에 대한 위임권을 적법하게 보유하고 있음을 보증한다.

아래의 계약 당사자는 상기의 조건을 포함하는 첨부 계약내용에 대해 합의하고 본 계약을 체결하며, 이를 증명하기 위하여 계약서 3통을 작성하여 '방송사 또는 제작사'와 '가수' 및 '매니지먼트사'가 각 1통씩 보관한다.

년   월   일

'방송사 또는 제작사' 상호 :
사업자번호 :
소재지 :
대표 이사 :

'가수' 성명 :
주민등록번호 :
주소 :

'매니지먼트사' 상호 :
사업자번호 :
소재지 :
대표자 :

대중문화예술인 방송출연표준계약서(배우) 제정안

영상물 등 제작업을 영위하는 ㈜_____(이하 '방송사 또는 제작사'라고 한다)와 _____(이하 '배우'라고 한다) 및 '배우'의 소속사 ㈜_____(이하 '매니지먼트사'라고 한다. 단 '배우'의 소속사가 없는 경우는 해당 없음)는 '방송사 또는 제작사'가 제작하는 영상물 _____(가제)(이하 '프로그램'이라 한다)에 대한 출연계약을 다음과 같이 체결한다.

프로그램	제 목	○○○○○ (가제)	
	장르 및 횟수	(○○○○○○○), 총○○회, ○○분/회당	
	방송사/제작사		
	방송예정일	○○○○년 ○○월 ○○일부터 주 ○회 방송	
	출연횟수	회 (예정)	
지급내역	출 연 료	자유계약	1회당 금 원(부가세 별도)
		등급계약	1회당 ○○등급에 준하는 계약(부가세 별도)
	지급방법	방송 익월 15일 이내에 지급	
	* 출연횟수는 방송기준으로 하되, 편집과정에서 누락된 기 촬영분은 지급한다. * 상기 출연료는 자유계약의 경우 일체의 수당이 포함된 금액이다. * 등급계약의 경우 상기 출연료와 야외비, 교통비, 숙박비, 식비를 노동조합 등과의 단체협약에 의거하여 지급한다. * 출연료 지급방법은 노동조합 등과의 단체협약을 통하여 그 지급시한을 변경할 수 있다. * 방송사 자체제작 및 외주제작물을 막론하고 출연료 미지급이 발생하는 경우에는 방송사에서 직접 출연자에게 지급토록 한다.		

제1조 (계약의 목적)

본 계약은 '방송사 또는 제작사'가 제작하는 프로그램에 '배우'가 출연하기로 합의하고 이에 필요한 당사자 간의 권리와 의무를 정함을 목적으로 한다.

제2조 (계약기간)

본 계약은 체결일로부터 효력을 발생하며, 본 계약에 따른 '배우'의 모든 서비스의 제공이 완결될 때 종료된다.

제3조 (계약의 대상)
본 계약의 대상이 되는 프로그램의 제목과 내용은 다음과 같다.
1. 프로그램명 : "   "(가제)
2. 제작 형식 : ○○○○○○○○, 총○○회, ○○분/회당
3. 방송 일정 : ○○○○년 ○○월 ○○일 ~ ○○○○년 ○○월 ○○일까지(예정)

제4조 ('방송사 또는 제작사'의 의무)
(1) '방송사 또는 제작사'는 본 계약에서 정하는 바에 따라 '배우'에게 출연료를 지급한다.

(2) '방송사 또는 제작사'는 출연료의 원활한 집행을 담보하기 위해 노동조합 등과의 단체협약으로 정한 금액을 보험가로 하는 '지급보증보험'에 가입하여 촬영 시작 전에 '배우'에게 보험증권을 제출하여야 한다. 단, 지상파방송 자체제작 프로그램일 경우는 제외한다.

(3) 위 제2항에도 불구하고 지상파방송사가 제작사에 의뢰하는 외주제작에 한해, 제작사가 지상파방송사와 체결한 방송프로그램 제작 계약서에 '정지조건부 외주제작비 채무'(제작사가 지상파 방송사에 지급보증보험증권을 제출하지 않을 경우, 제작사가 모든 출연자에 대해 출연료를 지급할 것을 정지조건으로 함)를 설정할 경우, 해당 제작사는 '지급보증보험' 가입의무를 면한다.

(4) 출연료 지급방식은 '배우'와 '매니지먼트사'가 합의하여 '배우'가 지정하는 다음 계좌에 입금하는 형식으로 한다. '방송사 또는 제작사'는 '배우'의 요청이 있는 경우에 출연료의 내역을 제공하여야 한다.
　계좌번호 :

(5) '방송사 또는 제작사'는 '배우'가 자신의 능력을 발휘할 수 있는 환경을 제공하기 위하여 최선을 다해야 한다. 이를 위하여 '방송사 또는 제작사'는 '배우'에게 프로그램의 촬영에 필요한 대본을 촬영일 2일 전까지 제공하여 '배우'가 프로그램의 내용을 숙지하고 촬영에 임할 수 있도록 한다. 1일 최대 촬영시간은 대기시간 및 촬영을 위한 이동시간을 포함하여 18시간을 초과할 수 없으며, 1일 최대 촬영시간을 3일을 초

과하여 지속할 수 없다. 단, 촬영일 2일 전까지 대본 제공 의무는 작가 표준계약서 시행 이후부터 적용한다.

(6) '방송사 또는 제작사'가 예정한 스케줄 이내에 촬영을 완료하지 못하여 추가 촬영을 하여야 하는 경우, '방송사 또는 제작사'는 '배우'의 다른 일정에 방해가 되지 않도록 추가촬영 일정을 신속히 협의하여야 하며, 이로 인해 발생하는 제비용(야외비 및 제수당)을 지급하여야 한다.

(7) 동일한 장소에서 장기간에 걸쳐 고정적으로 촬영하는 경우, '방송사 또는 제작사'는 '배우'가 촬영장에서 충분히 휴식을 취할 수 있는 시설(대기실, 화장실, 식사 공간 등의 편의시설)을 제공하여야 한다.

(8) '방송사 또는 제작사'는 '배우'가 '방송사 또는 제작사'의 연출이나 연출에 필요한 일반적인 지시에 따른 행위 중에 사고를 당하는 경우(무리한 촬영일정 등에 의한 이동시간 중에 발생한 사고를 포함한다) 이에 필요한 조치를 적극적으로 취해야 하며, 이를 위해 상당한 가액의 상해보험에 가입하여야 한다.

(9) '방송사 또는 제작사'는 '배우'가 미성년자인 경우에 '배우'의 신체적, 정신적 건강 및 학습권, 수면권 등이 침해되지 않도록 하여야 하며, '배우'가 폭력적인 장면이나 선정적인 장면에 출연하거나 노출되지 않도록 최선을 다하여야 한다.

(10) 해외 촬영이 있는 경우, '방송사 또는 제작사'는 촬영 내용, 체류 기간, 제반 비용, 촬영에 필요한 필수인원, 여행보험 및 안전 등에 대해 '배우'와 별도로 협의해야 한다.

(11) '방송사 또는 제작사'가 본 계약에 정해진 방송(촬영) 일정을 변경하는 경우는 부득이한 경우로 한하며, 이로 인하여 '배우'의 다른 스케줄이나 업무가 방해되지 않도록 사전에 협의하고 조율하여야 한다.

(12) '방송사 또는 제작사'는 본 프로그램의 제작 방영과 관련하여 사회적 물의(약물, 도박 등 법령위반과 이에 준하는 물의)를 일으키거나 대중문화예술인의 품위를 손상시키는 행위를 하지 않아야 한다.

(13) '방송사 또는 제작사'는 본 계약에서 정하지 않은 부분에 대하여 '배우'가 자신의 권리 보호를 위하여 '배우'가 속한 노동조합 등을 통하여 협의를 요청하는 경우, 이에 성실하게 임해야 한다.

제5조 ('배우' 및 '매니지먼트사'의 의무)

(1) '배우'는 대중문화예술인으로서 필요한 재능과 역량을 최대한 발휘하여 본 프로그램의 제작에 필요한 모든 서비스를 성실히 제공하여야 한다. 또한 '매니지먼트사'는 '배우'의 서비스 제공이 원활하게 이루어질 수 있도록 소속사로서의 주의를 게을리하여서는 아니 된다.

1) 촬영 전
① '배우'와 '매니지먼트사'는 신체적, 정신적으로 최선의 상태로 촬영에 임할 수 있도록 준비하여야 한다.
② '배우'는 '방송사 또는 제작사'(방송사 또는 제작사가 지정하는 자를 포함한다. 이하 같다)의 요청에 따라 본 프로그램의 작품분석, 작품협의, 리허설, 워크숍, 국내외 제작발표회 및 홍보활동 등과 관련한 용역을 성실하게 제공한다. '방송사 또는 제작사'는 위와 같은 활동에 필요한 일정이나 비용부담 등에 대하여 사전에 '배우'와 협의하여야 한다.

2) 촬영기간 중
① '배우'는 '방송사 또는 제작사'의 본 프로그램 제작과 관련한 정당한 지시나 요청에 대해 거부하여서는 아니 된다. 촬영 개시일로부터 촬영 종료일까지 본 프로그램에만 출연하는 것을 원칙으로 하되, 만일 다른 영상물이나 광고 등 대중문화예술인으로서의 활동을 하는 경우에는 사전에 '방송사 또는 제작사'와 일정에 대해 협의함으로써 '방송사 또는 제작사'의 프로그램 제작에 지장이 없도록 최선의 노력을 다하여야 한다.
② '배우'는 '방송사 또는 제작사'가 제작하는 프로그램에 대한 모든 연출적 상황(연기, 의상, 분장, 미용, 코디네이션 등)에 대해 연출자와 상의하에 최선의 협조를 다하여야 한다.
③ '배우'는 '방송사 또는 제작사'가 제시하는 촬영 조건(촬영대기 시간엄수, 연출자의 관리 통제 이행, 해당 드라마와 연기에 충실할 의무 등)을 충실히 수행해야 한다. '배우'의 계약 불이행으로 인해 '방송사 또는 제작사'는 물론 다른 출연자들이 피해를 입지 않도록 하여야 하며, 이로 인해 '방송사 또는 제

작사'에게 손해가 발생하는 경우는 '배우'는 이에 대한 보상의 책임을 진다.

3) 촬영 종료 후
① '배우'는 '방송사 또는 제작사'가 보충촬영, 재촬영, 사후녹음 등의 서비스의 제공을 요청하는 경우에 이에 협조하여야 한다.
② 제①항의 경우, 전체 촬영 기간이 7일을 초과할 수 없으며, '방송사 또는 제작사'는 그 기간 동안 발생하는 제비용(야외비 및 제수당)을 지급하여야 한다. 7일을 초과하는 경우는 별도의 합의에 따라 정한 비용을 지급하도록 한다. 단, 다음과 같은 경우는 적용하지 아니한다.
1. '배우'의 귀책사유로 인한 경우
2. 천재지변과 같은 불가항력의 경우

(2) '배우'는 본 프로그램의 홍보와 관련된 '방송사 또는 제작사'의 요청에 적극 협조하여야 한다. '배우'는 프로그램의 홍보활동(포스터 촬영, 예고편 제작, 홍보 인터뷰 등)에 최대한 협조하며, '방송사 또는 제작사'는 홍보활동에 필요한 일정이나 비용부담 등에 대하여 사전에 '배우'와 협의하여야 한다.
① 다만, '방송사 또는 제작사'는 '배우'의 품격과 이미지를 훼손하거나 침해하지 않도록 주의하여야 한다.
② 또한 '방송사 또는 제작사'는 본 프로그램과 관계없이 '배우'의 초상 및 실연 등을 사용하여서는 아니 된다.

(3) 제작에 참여하는 자는 본 프로그램의 제작 방영과 관련하여 사회적 물의(약물, 도박 등 법령위반과 이에 준하는 물의)를 일으키거나 대중문화예술인으로서의 품위를 손상시키는 행위를 하지 않아야 한다.

제6조 (권리의 귀속)
(1) 제3조에 명시한 프로그램에 포함된 '배우'의 저작인접권은 동조 제2항 내지 제6항에 따른다.

(2) 방송사업자는 저작권 신탁관리단체와 특약을 체결하여 프로그램에 포함된 '배우'의 저작인접권 이용에 따른 사용료를 지급해야 한다. '배우'는 특별한 사유가 없는 한 이에 따라야 하며, '배우'가 저작권 신탁관리단체에 속하지 않은 경우에는 저작권법에 따른다.

(3) 제작사는 프로그램에 포함된 '배우'의 저작인접권 이용에 따른 사용료를 제2항의 특약을 준용하여 '배우' 또는 '배우'가 속한 저작권 신탁관리단체에 지급해야 한다.

(4) 위 제3항에 불구하고, 제작사가 프로그램의 이용을 방송사업자에게 허락하는 경우, 제작사는 프로그램에 포함된 '배우'의 저작인접권 이용에 따른 사용료를 제2항의 특약을 적용하여 '배우' 또는 '배우'가 속한 저작권 신탁관리단체에게 지급하도록 계약을 체결해야 한다. 이 이용에는 제작사가 방송사업자에게 프로그램을 위탁하여 방송사업자가 이용을 허락하고 제작사와 수익을 배분하는 경우도 포함한다.

(5) '방송사 또는 제작사'는 본 프로그램을 수정·편집하여 변형된 형태로 활용하기 위해서는 '배우'의 동의를 얻어야 하며, 이 경우 '방송사 또는 제작사'는 이러한 이용에 따른 상당한 사용료를 '배우'와 합의하여 지급하여야 한다.

(6) 본 계약서에 정하지 않은 사항은 저작권법에 따른다.

제7조 (계약의 불이행 및 촬영의 중단)
(1) 본 계약서는 촬영 개시 2주 이전에 체결하는 것을 원칙으로 하며, 계약서에 서명한 이후부터 즉시 효력을 지닌다.

(2) 본 계약을 근거로 '배우'가 출연을 결정하고 정당한 이유 없이 '방송사 또는 제작사'가 본 계약을 해지하는 경우에는, '방송사 또는 제작사'는 본 계약서에서 정한 출연횟수의 100%에 해당하는 출연료의 10% 이상을 '배우'에게 지급한다.

(3) 본 계약을 근거로 '방송사 또는 제작사'가 출연을 결정하고 정당한 이유 없이 '배우'가 본 계약을 해지하는 경우에는, '배우'는 본 계약서에서 정한 출연횟수의 100%에 해당하는 출연료의 10%이상을 '방송사 또는 제작사'에 지급한다.

제8조 (프로그램 출연 회차 증감 및 내용의 변경)
(1) '방송사 또는 제작사'가 프로그램을 연장하거나 감축하여 출연횟수에 변동이 생기는 경우에는 사전에 '배우'와 서면으로 합의하여야 한다. 특히 연장의 경우는 연장 촬영분 개시 2주전에 협의를 완료하는 것을 원칙으로 한다.

(2) 프로그램을 연장하는 경우, '방송사 또는 제작사'는 '배우'의 동의를 구해야 하

며 '방송사 또는 제작사'와 '배우'는 출연료 등 계약 조건에 대하여 별도로 합의하여야 한다. 단, 기존 출연료에 준하고 최대 150%를 넘을 수 없다.

(3) '방송사 또는 제작사'는 프로그램을 조기종영 하고자 하는 경우, 본 계약서에서 정한 출연료를 기준으로 하여 촬영분의 100%를 지급하고, 잔여 횟수에 대하여는 상당금액을 지급하되, 구체적 요율은 단체협약 등에 따른다. 다만, '배우'가 속한 노동조합 등과의 협약이 있는 경우는 그 정한 바를 따르기로 한다.

(4) 대본의 내용에 의거하여 촬영했으나 편집 과정에서 삭제되어 방송되지 못하는 경우, '방송사 또는 제작사'는 '배우'에게 본 계약서에서 합의한 출연료 및 제반 비용을 지급하여야 한다.

(5) 대본에서 정하지 않은 내용이라도 촬영하여 방송하는 경우, 이미 방송된 내용을 재편집하여 회상 장면과 같이 다른 회수에 방영하는 경우 등과 같이 본 계약에서 정하지 않은 내용이 발생하는 경우는 별도로 정한다. 단, '배우'가 속한 노동조합 등과의 협약이 있는 경우는 그 정한 바를 따르기로 한다.

제9조 (비밀유지)
당사자는 상대방의 동의 없이 본 계약 내용 및 본 프로그램 제작과정에서 알게 된 정보를 제3자에게 누설해서는 안 된다.

제10조 (계약 해제 및 손해배상)
(1) 당사자는 천재지변, 전쟁, 기타 객관적으로 통제할 수 없는 불가항력적인 여건으로 인하여 계약을 유지할 수 없는 경우에 본 계약을 해제할 수 있다.

(2) 당사자는 천재지변 등 불가항력적인 이유로 인해 본 프로그램의 계속적 출연이 불가능할 경우에 그 사실을 즉시 상대방에게 통보하여야 하며, 이 경우에 이미 지급 받은 출연료 중에서 촬영이 종료되지 않은 부분의 출연료를 반환한다.

(3) 당사자가 정당한 이유 없이 본 계약을 위반하는 경우에 15일의 기간을 정하여 그 시정을 요구할 수 있으며, 그 기간이 지나도록 시정되지 않는 경우에는 계약을 해제할 수 있다.

(4) 당사자는 계약의 불이행으로 상대방에게 발생한 모든 손해를 배상할 책임이 있다.

(5) 만일 '방송사 또는 제작사'가 출연료 지급의무 이행을 지체하는 경우에, '배우'는 지급의무이행이 완료될 때까지 잔여 프로그램의 출연을 거부할 수 있다. 또한 이로 인하여 프로그램의 방송에 지장이 초래됨으로써 '배우'에게 손해가 발생하는 경우, '방송사 또는 제작사'는 '방송사 또는 제작사'의 비용으로 이를 보상하여야 한다.

제11조 (위임 등의 금지)
당사자는 본 계약상 권리나 의무 또는 지위의 전부 또는 일부를 상대방의 사전 서면 동의 없이 제3자에게 양도, 이전, 위임, 위탁할 수 없다.

제12조 (책임면책 및 보험)
(1) '방송사 또는 제작사'는 본 프로그램의 촬영 기타 제작과 관련하여 '배우'에게 발생할 수 있는 위험에 대비할 목적으로 상당한 가액의 상해보험을 가입해야 하며, 이러한 사고로 인한 본 건 프로그램의 제작지연 등의 책임에서 '배우' 또는 '매니지먼트사'는 책임을 지지 않는다.

(2) 프로그램의 제작 중에 고의 또는 과실로 상대방에게 손해를 가한 자는 그 손해를 배상할 책임이 있다.

제13조 (분쟁 해결)
(1) 이 계약에서 발생하는 모든 분쟁은 '방송사 또는 제작사'와 '배우'가 자율적으로 해결하도록 노력한다.

(2) 제1항에 따라 해결되지 않을 때에는 다음 중의 하나로 해결할 수 있다.
① 당사자들이 속한 노조나 관련 단체로 구성된 분쟁해결기구 및 저작권위원회 등을 통해서 해결할 수 있다. 분쟁해결기구에는 변호사 등 법률 전문가를 포함시켜야 한다.
② 민사소송법 등에 따른 법원에서의 소송(訴訟)

제14조 (기타 부속 합의)
(1) '방송사 또는 제작사'와 '배우'는 이 계약의 내용을 보충하거나, 이 계약에서 정

하지 아니한 사항을 규정하기 위하여 부속 합의서를 작성할 수 있다.

(2) 계약 내용의 변경 및 제1항에 따른 부속 합의는 이 계약의 내용과 배치되거나 위반하지 않는 범위로 한정한다.

제15조 (이행의 보증)
(1) '배우' 및 '매니지먼트사'는 본 계약서에 규정된 의무 등 제반 사항을 상호 연대하여 준수하기로 한다.

(2) '매니지먼트사'는 '배우'의 매니지먼트 및 에이전시 회사로서 본 계약상의 '배우'의 법률행위에 대한 위임권을 적법하게 보유하고 있음을 보증한다.

아래의 계약 당사자는 상기의 조건을 포함하는 첨부 계약내용에 대해 합의하고 본 계약을 체결하며, 이를 증명하기 위하여 계약서 3통을 작성하여 '방송사 또는 제작사'와 '배우' 및'매니지먼트사'가 각 1통씩 보관한다.

년   월   일

'방송사 또는 제작사' 상호 :
사업자번호 :
소재지 :
대표 이사 :

'배우' 성명 :
주민등록번호 :
주소 :

'매니지먼트사' 상호 :
사업자번호 :
소재지 :
대표자 :

쳤으나 편집 과정에서 누락된 부분에 대해서도 출연료를 지급하도록 했다. 일명 '쪽대본'과 '회치기 대본' 등의 문제를 개선하기 위해 프로그램 대본은 촬영일 2일 전까지 제공하도록 했으며 1일 최대 촬영시간을 18시간 이내로 제한했다. 촬영 2일 전 대본 제공 의무의 이행은 앞으로 제정되어 발표될 '작가 집필 표준계약서' 시행 이후부터 적용하도록 했다.

출연 계약 후 제작사나 방송사가 일방적으로 계약을 해지한 경우에는 계약서에서 정한 전체 출연 횟수(100%) 출연료의 10% 이상을 지급하도록 했다. 촬영 종료 후 보충 촬영, 재촬영 등의 서비스 제공은 최대 7일을 초과할 수 없으며, 초과하는 경우는 별도의 합의에 따라 비용을 지급하도록 했다. 장기 촬영의 경우 촬영장에 휴식시설을 제공해야 하며 촬영 중 사고를 당하는 경우에 대비해 상당한 가액의 상해보험 가입 등 적극적인 조치를 취하도록 명시했다. 방송사 또는 제작사는 저작권신탁관리단체와 특약을 체결해 배우나 가수 등에게 저작인접권 이용에 따른 사용료를 지급하도록 규정했다. 원형 프로그램을 변형된 형태로 활용하기 위해서는 대중문화예술인의 동의를 얻어야 하며, 상당한 사용료를 합의해 지급해야 한다. 기타 권리귀속 관계의 처리는 저작권법에 따르도록 했다.

(2) 방송프로그램 제작권 · 방영권 구매 표준 계약서

'방송프로그램 제작 표준계약서'는 드라마, 시트콤, 예능, 교양 프로그램 등을 제작해 납품하는 제작사와 방송사의 관계와 의무를 규정하는데, 프로그램 출연자의 출연료 지급에 관한 사항이 포함되어 있어 배우나 가수 등 엔터테이너들도 상세히 살펴봐야 할 내용이다. 방송사와 제작사 간의 방송프로그램에 대한 이용 권리와 수익배분 등을 합리적으로 규정해 방송 콘텐츠의 제작과 유통을 활성화하고 방송영상 산업의 공정거래 환경을 조성하기 위해 제정했다. 이 계약서는 제작사의 저작권 확대에 초점

〈계약서 양식 4〉 방송프로그램 제작권 · 방영권 구매 표준계약서

방송프로그램 제작 표준계약서

○○○ 방송사(이하 "방송사"라 한다)와 ○○○ 제작사(이하 "제작사"라 한다)가 방송편성을 전제로 "방송프로그램 등의 편성에 관한 고시" 제9조2의 "외주제작 방송프로그램의 인정기준"의 요건을 갖추고 제작하는 방송프로그램의 제작 및 납품에 관하여 다음과 같이 계약을 체결한다.

제1조 (목적)
이 계약서는 방송프로그램(이하 "프로그램"이라 한다)의 외주제작 및 납품 계약(이하 "계약"이라 한다)에 관하여 방송사와 제작사의 권리관계를 합리적으로 정하고 공정한 계약이 이루어지도록 하는 것을 목적으로 한다.

제2조 (준수사항)
① 방송사와 제작사는 사전에 충분한 협의를 거쳤으며 이 계약의 내용을 신의성실의 원칙에 따라 이행하여야 한다.

② 방송사와 제작사는 계약의 이행에 있어서 방송법, 문화산업진흥기본법, 콘텐츠산업진흥법, 저작권법 및 방송통신위원회 심의규정 및 하도급거래 공정화에 관한 법률 등의 관련 규정을 준수한다.

제3조 (제작원칙)
① 방송사 또는 제작사가 계약 시 정한 제4조 각 호의 사항을 변경하고자 할 경우에는 상호 합의하여야 한다. 다만, 제4조 각 호의 사항 중 프로그램의 편성과 관련한 사항은 방송사의 부득이한 사정에 의해 변경될 수 있다. 이 경우 방송사는 변경된 편성 내용을 제작사에게 통보하여야 한다.

② 제작사는 프로그램을 제작함에 있어서 방송 관련 제반 법규와 방송사의 방송제작 가이드라인을 준수하여 완성도 높은 프로그램을 제작하여야 한다.

③ 프로그램의 기획 및 제작과 관련된 제반 사항들은 상호 협의를 통해 결정하여야 한다.

④ 방송사는 제작사의 제작과정에 입회하여 '프로그램'의 제작상황을 확인하고 의견을 제시할 수 있다. 방송사의 입회로 인해 별도로 소요되는 비용은 방송사가 부담한다.

⑤ 제작사는 프로그램 제작 전반에 걸쳐 제작진 및 제작진 이외의 제3자 등의 신체, 재산 등에 손해가 가지 않도록 현장의 관리 감독과 안전 주의에 만전을 기해야 한다. 제작사는 실연자 및 제작진의 사고 대비를 위하여 상해보험에 가입하여야 한다.

⑥ 제작사는 방송사에게 대본, 큐시트, 촬영원본, 편집원본(M/E 분리된 Clean Picture), 음악·문예물·영상자료의 사용내역 및 방송사가 지급하는 제작비에 구입 비용이 포함된 영상자료 및 방송소재 등을 제출함을 원칙으로 한다.

제4조 (프로그램)
제작사가 제작하여 납품하여야 하는 프로그램은 다음 각 호를 포함한다.
1. 프로그램명 :
2. 제작 형식 :
3. 프로그램 주요내용 :
4. 제작 편수 :   회 (비드라마의 경우 계약기간 :   ~   )
5. 방송일시 :   년 월 일 ( )요일 시 분~ 시 분
6. 길이 : 매 편당   분(편성시간 기준)
7. 주요 제작 스태프 및 실연자
　-연출자 :
　-작가 :
　-주요 출연 :
8. 기타 :

제5조 (제작비)
① 제작비는 프로그램의 분량, 장르, 제작 기여도, 저작권 귀속, 인건비, 관리비, 적정 수익 등을 고려하여 합리적으로 방송사와 제작사가 협의하여 정한다.

② 방송사는 제작사가 납품한 프로그램의 시청률에 따라 상호 협의하에 연동 인센티브를 지급할 수 있다.

③ 방송사는 제작사에게 제작을 위한 제작비용으로 (총액   원/회당   원)을 지급한다.

④ 방송사는 전항의 제작비용을 방송 후 (익월 15일) 이내에 방송횟수에 따라 제작사에게 지급한다.

⑤ 제작사는 출연료, 원고료, 스태프 비용, 임차용역비 등 모든 제작비의 지급을 완료하고 제작비 지급자료를 (2일) 내에 방송사에 제출하여야 한다.

⑥ 방송사는 편성이 확정된 프로그램에 대해 제작사의 요청에 의하여 선급금을 지급할 수 있으며, 그 금액과 지급 시기는 방송사와 제작사가 협의하여 정할 수 있다. 다만, 선급금은 계약 이행의 용도로만 사용되어야 한다. 방송사는 제작사에게 선급금을 제작용도로 사용했음을 증빙하는 서류 제출 또는 선급금에 대한 보증증권 제출을 요구할 수 있다.
1. 선급금   [프로그램 제작비의 (20%)/1회성 프로그램 제작비의 (50%)]
2. 지급시기   년   월   일

⑦ 계약기간 중 동조 제1항에서 정한 제작비에 변경사유가 발생한 때에는 방송사 또는 제작사는 상대방에게 제작비 조정신청을 할 수 있으며, 이 경우 신청일로부터 10일 이내에 제작비 조정을 위한 협의를 개시해야 하며, 30일 이내에 상호 협의하여 다시 정할 수 있다.

⑧ 제작비 세부내역은 부록〈서식 1〉과 같다.

⑨ 프로그램의 일부 또는 전부를 제작하여 납품했으나 방송사의 편성사정에 따라 증감될 경우 방송사는 (1개월) 이전에 제작사와 협의해야 한다. 증감된 경우 제작비는 본 계약상의 회당 제작비에 따라 증감된다. 다만, 제작사가 납품한 프로그램 완성분에 대해서는 제작비를 지급하여야 한다.

⑩ 방송사가 제작사에게 제작비 집행 실적을 요구할 경우 제작사는 30일 이내에

결과를 서면으로 방송사에게 제출한다.

제6조 (계약이행보증)

① 방송사는 본 계약의 이행을 보증하기 위하여 계약 총액(선급금에 대한 보증 대상 금액은 제외한다)의 (5%) 금액에 대한 계약이행보증보험증권을 계약 체결 시 제작사에게 요구할 수 있다. 보증 기간은 방송 시작일부터 방송 종료일까지로 한다.

② 방송사가 제1항에 따라 제작사에게 계약이행보증을 요구한 경우, 방송사는 제작사에게 계약총액금액에 대한 대금지급을 보증하여야 한다.

제7조 (원고료 · 출연료 등 지급 보증)

① 방송사는 본 프로그램 원고료 · 출연료 등의 원활한 집행을 담보하기 위하여 제작사에게 지급보증보험에 가입하여 계약 직후 15일 이내에 방송사에게 제출하도록 요구할 수 있다. 이때 지급보증보험상의 지급보증대상 채권은 제작사의 프로그램에 참여한 작가의 원고료와 실연자의 출연료와 스태프의 임금 채권을 대상으로 하고 피보험자를 방송사로 하여야 하며 보증기간은 본방송 개시일로부터 본방송 종료일 3개월 이후까지로 한다. 다만, 지급보험증권 가입 기준액은 관련 노동조합 등과의 단체협약 등이 체결되어 있을 경우 단체협약의 체결 내용에 따른다.

〈방송사 - 실연자 출연료 지급보증 단체협약 내용〉
ㅇ 60분물 이상 편성 드라마 : 일금 오억 원정(₩500,000,000)
ㅇ 40분물 이하 아침 및 일일연속극 : 일금 삼억 원정(₩300,000,000)
ㅇ 10부작 이하 특집극 및 단막극 : 총 계약금액의 50%와 3억 원 중 작은 금액

② '정지조건부 외주제작비 채무'는 방송사가 제작사에게 지급하기로 한 총 외주제작비 중 제1항 기준에 따른 금액으로 하며 제작사가 지급보증보험증권을 제출하는 경우 또는 지급보증보험증권 미제출 시 제작사가 실연자에 대한 출연료와 스태프의 임금, 작가의 원고료 등을 지급하는 경우를 정지조건으로 하여 발생한다. 다만, 제작사가 제1항 금액에 미달하는 지급보증보험을 제출하는 경우 해당 보험금 한도에서만 정지조건이 성취된 것으로 본다.

③ 제작사의 외주제작비 청구 당시 정지조건이 성취되지 않은 경우, 회당 외주제작비를 청구에 따라 지급하되 총 외주제작비 중 정지조건부 외주제작비를 제외한 금

액을 한도로 한다.

④ 방송사는 원고료·출연료 등의 미지급 문제가 발생할 경우 제1항의 지급보증보험 또는 제2항의 정지조건부 외주제작비의 범위 안에서 작가 및 실연자 등이 청구하는 원고료·출연료 등을 직접 지급할 수 있다.

제8조 (추가비용)

방송사의 귀책사유로 추가비용이 발생한 경우 방송사가, 제작사의 귀책사유로 추가 비용이 발생한 경우 제작사가 추가 비용을 부담한다. 기타 추가비용이 발생한 경우에는 상호 합의하여 추가 비용을 부담한다.

제9조 (프로그램에 대한 저작재산권)

① 프로그램에 대한 저작권법상 저작재산권은 방송사와 제작사의 각각의 제작 기여도에 따라 인정되며, 프로그램의 원활한 유통활성화를 위해 어느 일방에 이용허락 창구를 단일화할 수 있다.

② 방송사와 제작사는 제1항과 관련하여 〈별지1〉과 같이 기여도에 따라 권리배분 계약을 체결하거나, 권리를 귀속하고 그에 대한 수익배분 계약 또는 적절한 대가 지급계약을 체결한다.

제10조 (프로그램의 유통·이용)

① 방송사와 제작사 간 권리·수익배분의 범위·기간 등은 〈별지1〉을 사용하여 정하는 것을 원칙으로 하되 상호 합의를 통해 수정 변경하여 정할 수 있다.

② 프로그램의 유통·이용으로부터 발생하는 수입은 수수료와 해외원천세, 저작권사용료 등의 필요비용을 차감한 후 〈별지1〉에 따라 분배한다. 수입의 배분과정은 투명해야 하며 그와 관련된 자료를 상호 요구할 수 있다.

③ 작가 및 실연자 등에 대한 저작권사용료는 수익배분의 편의를 위하여 프로그램을 유통·이용하는 자가 지급하는 것으로 한다.

④ 방송사 또는 제작사는 실연자 및 작가 등 제작에 협력할 것을 약정한 자의 권리를 담보할 수 있는 내용이 포함된 특약을 체결하여 계약조항대로 이행하여야 한다.

⑤ 프로그램 제작 과정에서 발생한 촬영 원본은 방송사에 제출함을 원칙으로 한다. 다만 방송사와 제작사의 창작활동이 활성화 되도록 상호 적극 협조하되 세부 조건은 상호 협의하여 정할 수 있다.

⑥ 방송사와 제작사는 본 프로그램의 홍보와 관련하여 상호 적극 협조하여야 한다.

제11조 (프로그램의 권리 보증)

① 제작사는 프로그램을 제작함에 있어 방송사가 본 계약상의 권리를 행사하는 데 필요한 권리를 확보하는 데 협조해야 하며, 제3자의 어떠한 권리도 침해하지 않음과 방송관계법령과 방송심의규정 등 제반 규정을 준수했음을 보증한다.

② 방송사와 제작사는 프로그램, 각본, 배경음악의 저작권 등 프로그램 관련 권리나 내용 등에 대한 이의 또는 분쟁이 발생하지 않도록 노력한다. 분쟁이 발생하는 경우, 귀책사유에 따라 각자의 책임과 비용(변호사 비용 포함)으로 신속히 처리해야 하며, 피해 당사자에 대한 손해를 배상해야 한다.

제12조 (거래 제한 및 이중제작의 금지)

① 방송사는 제작사로 하여금 자신(자신의 계열회사와 자회사를 포함한다. 이하 이 조에서 같다)의 경쟁사업자와 거래하지 못하도록 하여서는 아니 된다.

② 방송사와 제작사는 본 계약을 통해 제작 중이거나 제작·납품하여 방송 중인 프로그램과 동일하거나 유사한 프로그램을 제작하여서는 아니 된다. 다만, 제작사의 계약 불이행 또는 제작비 미지급 등으로 프로그램 납품이 불가능하게 될 경우에는 그러하지 아니하다.

제13조 (방송자료 등의 지원)

① 방송사는 프로그램의 제작에 필요한 경우 제작사에게 방송사가 권리를 가지고 있는 방송자료, 시설, 장비, 인력 등 〈서식 1〉의 사항(이하 "방송자료 등"이라 한다)을 사용하게 할 수 있다. 다만, 방송사는 제작사에게 방송자료 등의 사용을 강제하여서는 아니 된다.

② 제작사는 방송사의 방송자료 등을 본 계약에 따른 프로그램 제작 이외의 목적으로 사용하여서는 아니 된다.

③ 〈서식 1〉의 세부사항은 상호 협의를 통해 조정할 수 있다.

제14조 (편집 등)

① 방송사는 프로그램의 성질이나 그 이용의 목적 및 형태 등에 비추어 부득이하다고 인정되는 범위 안에서 프로그램을 편집할 수 있다. 다만, 부득이하다고 인정되는 범위 외의 수정, 삭제, 그 밖의 방법으로 편집을 하고자 하는 경우에는 제작사와 합의하여야 한다.

② 방송사의 필요에 의해 재방송 프로그램을 편집하는 경우 발생하는 제반 비용은 방송사가 부담한다.

제15조 (제작협찬)

① 제작사는 프로그램의 협찬내용 및 협찬조건에 대해 사전에 방송사와 합의하여야 하며, 방송사가 협찬에 관한 자료 공개를 요구한 경우 제작사는 그 내용을 서면으로 제출하여야 한다.

② 제작사는 협찬사 고지의 위치, 크기, 내용 및 방법 등은 방송 관련 규정을 따라야 한다.

③ 제작사는 방송통신심의위원회 방송심의에 관한 규정에 위반되는 협찬을 유치할 수 없으며, 방송통신심의위원회의 위반 결정 시 방송사가 임의로 삭제할 수 있다.

④ 방송사는 제작사에게 무리한 협찬을 강요하여서는 아니 되며, 계약 후 제작사의 협찬유치에 대해 방송사는 추후에 기 책정된 제작비를 감액하여서는 아니 된다.

⑤ 제작사는 무리한 협찬을 받아 프로그램의 질을 저하시키는 행위를 하여서는 아니 된다.

제16조 (간접광고)

간접광고를 하는 경우 방송사와 제작사는 사전에 합의하여야 하며, 상호 합의하여 그 수입을 배분한다.

제17조 (부당감액의 금지)

① 방송사는 제작사의 귀책사유가 없는 경우 제5조의 제작비를 부당하게 감액하여서는 아니 된다.

② 다음 각 호의 어느 하나에 해당하는 방송사의 행위는 부당감액으로 본다.
1. 계약서에 제작비를 감액할 조건 등을 명시하지 아니하고 계약 후 협조요청 또는 거래 상대방으로부터의 발주 취소, 경제상황의 변동, 경영적자 등 불합리한 이유를 들어 제작비를 감액하는 행위
2. 제작비를 현금으로 지급기일 이전에 지급하는 것을 이유로 제작비를 감액하는 행위
3. 방송사에게 발생한 손해에 실질적인 영향을 미치지 아니하는 이유로 일방적으로 제작비를 감액하는 행위

제18조 (납품 및 검사)

① 제작사가 납품을 한 프로그램에 대한 검사의 기준 및 방법은 방송사와 제작사가 합의하여 정한다.

② 제작사는 최종 방송본 프로그램 테이프 1개 등 상호 합의된 프로그램 관련 자료를 방송 예정일 3일 전을 기본으로 하되 방송사와 협의하여 정한 납품기일에 본 계약에 따른 프로그램을 납품하여야 한다.

③ 완성된 프로그램 또는 완성 전의 성취된 부분에 문제가 있는 때에는 방송사는 제작사에 대하여 기간을 정하여 문제 부분의 수정을 요구할 수 있다. 다만, 프로그램의 문제가 방송사가 제공한 요소 또는 방송사의 지시에 기인한 때에는 그러하지 아니하다.

④ 전 항에 따른 문제의 수정, 손해배상의 청구는 방송사가 프로그램을 납품받아 검사를 완료한 날로부터 (7일) 이내에 하여야 한다.

⑤ 방송사는 정당한 사유가 있는 경우를 제외하고는 프로그램 수령일 (7일) 이내에 검사결과를 제작사에게 통지하여야 하며 이 기간 내에 통지하지 않은 경우에는 검사에 합격한 것으로 본다.

제19조 (책임의 귀속)

① 방송사와 제작사는 프로그램의 제작과정 및 방송 후 프로그램과 관련하여 자신의 귀책사유로 발생하는 모든 문제(각종 안전사고, 초상권 훼손, 저작권 분쟁 등 포함)에 대하여 각각 민사, 형사상의 책임을 진다.

② 제18조에 따라 납품 및 검사가 완료된 프로그램에 대하여 방송통신위원회 또는 외부 심의기관으로부터 방송으로 인한 제재 사항이 접수되어 과태료 또는 과징금 등이 발생한 경우 제재금은 방송사가 납부한다. 다만, 제작사의 귀책사유로 제재금이 발생한 경우 방송사는 제작사에게 구상권을 행사할 수 있다.

제20조 (재위탁)

① 제작사가 프로그램 제작을 제3자에게 재 위탁할 수 없다. 부득이 하게 필요한 경우에는 계약내용을 승계하는 조건으로 방송사의 사전 승인을 얻어야 한다.

② 재 위탁으로 인하여 발생한 손해는 제작사가 부담한다. 다만 방송사의 귀책사유로 인하여 발생한 손해는 그러하지 아니한다.

제21조 (명칭 등 사용)

① 제작사가 프로그램의 홍보를 위하여 방송사의 명칭(한글, 한자, 영문 포함)이나 그 밖에 방송사와 관련된 사항(이하 "명칭 등"이라 한다.)을 사용할 필요가 있는 경우에 방송사의 승인을 얻어야 한다. 방송사는 특별한 사정이 없는 한 이를 허용하여야 한다.

② 제작사는 프로그램 제작과정이나 그 이외 제작 활동을 함에 있어 방송사의 사전 동의 없이 카메라 등 제작장비, 명함, 차량 등에 방송사의 로고를 부착·사용해서는 아니 되며, 기타 방송사의 임·직원의 행위로 오인될 수 있는 행위를 하여서는 아니 된다.

③ 명칭 등의 사용방법과 기준은 양 당사자가 협의하여 정한다.

제22조 (계약의 변경)

합리적이고 객관적인 사유가 발생하여 부득이하게 계약의 변경이 필요한 경우 방송사와 제작사는 상호 합의하여 기명·날인한 서면에 의하여 계약을 변경할 수 있다.

제23조 (부당한 계약취소 및 부당반품의 금지)

① 방송사는 제작사의 책임으로 돌릴 사유가 없음에도 불구하고 다음 각 호의 어느 하나에 해당하는 행위를 하여서는 아니 된다.

1. 본 계약내용을 임의로 취소하거나 변경하는 행위
2. 프로그램의 수령을 거부하거나 지연하는 행위

② 방송사는 제작사로부터 프로그램을 납품받은 때에는 제작사에게 책임을 돌릴 사유가 없을 경우에는 납품 완료된 프로그램을 제작사에게 반품하여서는 아니 되며, 다음 각 호의 1에 해당하는 방송사의 행위는 부당반품으로 본다.

1. 시청률 저조 또는 편성변경 등을 이유로 반품하는 행위
2. 검사의 기준 및 방법을 불명확하게 정함으로써 프로그램을 부당하게 불합격으로 판정하여 이를 반품하는 행위

제24조 (계약의 해제 혹은 해지)

① 방송사 또는 제작사는 다음 각 호의 1에 해당하는 사유가 발생한 경우 본 계약 또는 개별 계약에 대하여 그 전부 또는 일부를 해제·해지할 수 있다. 이 경우 상대방에게 지체 없이 서면으로 통지하여야 하며, 7일 이내에 서면으로(전자서면을 포함한다) 이의제기가 없을 경우 계약이 해제·해지된 것으로 본다.

1. 방송사 또는 제작사가 해산, 영업의 양도 또는 타 회사로의 합병을 결의한 경우
2. 방송사 또는 제작사가 실연자 선정 등과 관련한 금품수수, 출연료 등 임금 미지급, 표절 등의 문제를 일으킨 경우
3. 프로그램이 제18조 제1항의 검사규정에 부합하지 아니하여 방송사가 수정을 요청했으나, 제작사가 그 요구에 정당한 사유 없이 불응하는 경우
4. 방송사 또는 제작사가 재해 또는 기타 사유로 인하여 본 계약의 내용을 이행하기 곤란하다고 쌍방이 인정한 경우
5. 방송사 또는 제작사가 본 계약을 이행하지 않거나 본 계약의 중요한 내용을 위반한 경우
6. 방송사가 정당한 사유 없이 제작사의 프로그램 제작에 필요한 사항의 이행을 지연하여 제작사의 프로그램 제작에 지장을 초래한 경우
7. 제작사가 정당한 사유 없이 납품을 거부하는 경우
8. 방송사 또는 제작사가 제3자로부터 압류, 가압류, 가처분 등의 강제집행, 채권양도, 부도, 파산, 화의신청 등 신용에 심각한 위험을 주는 사유가 발생하는 경우

② 동조 제1항에 의하여 계약이 해제·해지된 때에는 각 당사자의 상대방에 대한 일체의 채무는 기한의 이익을 상실하며 지체 없이 이를 변제하여야 한다.

제25조 (손해배상)

① 방송사와 제작사는 자신의 귀책사유로 인하여 본 계약 또는 개별계약의 전부 또는 일부가 해제·해지됨으로써 발생한 상대방의 손해를 배상하여야 한다. 다만 천재지변, 전쟁, 폭동, 테러 기타 합리적인 지배범위 밖의 사유로 인하여 상대방 및 제3자에게 발생시킨 손해에 대해서는 상호 면책한다.

② 방송사의 귀책사유로 인해 계약이 해지된 경우에는 제작사에게 실제 발생한 손해(이미 제작된 횟수의 제작비와 프로그램과 관련된 고정비용을 포함한다)를 제작사에게 배상하여야 한다.

③ 방송사가 본 계약에서 합의된 사항을 이행하지 않거나 방송사의 행위가 제23조의 사유에 해당되어 제작사에게 손해가 발생한 경우 실제 발생한 손해(이미 제작된 횟수의 제작비와 프로그램과 관련된 고정비용을 포함한다)를 제작사에게 배상하여야 한다.

④ 제작사가 본 계약에서 합의된 사항을 이행하지 않거나 제작사의 귀책사유로 인해 발생한 다음 각 호 1의 손해에 대해서는 방송사에게 실제 발생한 손해를 배상하여야 한다.
1. 납품의 지연으로 인한 손해
2. 납품을 하지 않아 결방으로 인한 손해
3. 프로그램 작가 및 제작 스태프 등의 책임과 의무 수행 문제로 결방되거나 계약의 해지로 인한 손해
4. 제18조 제1항에 합의된 사항을 이행하지 않아 발생하는 손해
5. 제5조 제10항의 자료가 허위일 경우 발생하는 손해

⑤ 방송사는 다음 각 호의 1에 해당되어 프로그램 납품이 지체되었다고 인정할 때에는 손해배상 청구를 하지 아니한다.
1. 불가항력의 사유에 의한 경우
2. 방송사의 책임으로 프로그램 제작의 착수가 지연되거나 중단된 경우
3. 기타 제작사의 책임에 속하지 않는 사유로 인하여 지체된 경우

⑥ 방송사와 제작사는 상호 협의하여 손해배상액을 예정할 수 있다.

제26조 (프로그램 출품 및 수상)

① 방송사와 제작사는 프로그램을 국내외 대회 또는 콘테스트 등에 출품할 수 있다.

② 프로그램 수상의 주체는 방송사와 제작사가 협의하여 정할 수 있다.

제27조 (채권양도의 금지)

제작사는 본 계약과 관련하여 발생하는 모든 채권을 제3자에게 양도할 수 없다. 다만, 방송사의 사전 승인을 득한 경우에는 그러하지 아니하다.

제28조 (비밀 유지)

① 방송사와 제작사는 본 계약 또는 개별계약으로 알게 된 상대방의 다른 프로그램에 대한 기획안, 플롯 등 업무상·기술상 비밀을 상대방의 승인이 없는 한 계약의 목적과 달리 부당하게 이를 이용하거나 제3자에게 누설하여서는 아니 된다.

② 방송사와 제작사는 계약기간의 만료 또는 계약의 해제·해지 후에도 동조 제1항에서 정한 의무가 있으며, 이에 위반하여 상대방에게 손해를 입힌 경우에는 이를 배상한다.

제29조 (이의 및 분쟁의 해결)

① 방송사와 제작사는 본 계약 또는 개별계약에 관하여 이견이 있을 경우에는 상관습에 따르거나 상호 협의하여 해결한다.

② 제1항의 규정에도 불구하고 법률상 분쟁이 해결되지 않을 때에는 콘텐츠산업진흥법에 따른 콘텐츠분쟁조정위원회의 조정, 저작권법에 따른 한국저작권위원회의 조정, 법원에서의 소송 등에 따라 분쟁을 해결한다.

제30조 (관할법원)

상호 원만히 합의가 이루어지지 아니할 경우 법령에 정한 절차에 따른 법원을 관할법원으로 한다.

제31조 (변경신고)

① 제작사는 인수합병, 영업양도 등 경영권 양도 사유가 발생할 경우 사전에 서면으로 방송사에게 통보하여야 한다.

② 제작사는 제1항의 경영권 양도를 사유로 해당 프로그램의 제작진, 실연자, 대표자 등을 교체하는 경우 사전에 서면으로 방송사의 동의를 받아야 한다.

제32조 (효력의 발생)

본 계약의 효력은 계약 체결일로부터 발생한다.

본 계약을 증명하기 위하여 계약서 2부를 작성하여 방송사와 제작사가 서명 날인한 후 각각 1부씩 보관한다.

20 년 월 일

방송사 주소 :
상호 :
대표자 :　　　　㊞

제작사 주소 :
상호 :
대표자 :　　　　㊞

〈서식1〉 편당 제작비용 및 방송사 제작지원 세부 내역

구분		산출근거	금액(천원)	방송사 지원내용**	비고
연출료(감독, 연출부 포함)					
원고료					
출연료*	주연				
	조연				
	보조출연				
세트비					
미술비					
촬영					
특수촬영					
조명					
편집					
동시녹음					
제작장비					
소도구(소품포함)					
오에스티(OST)					
국내출장비					
진행비					
기타					
합계					

* 출연료 산정 시 최저임금법을 준수해야 한다.
** 구분 항목과 관련되는 지원내용에 대해서는 병기하여 작성하고 그 외의 지원내용은 기타 항목에 기입한다.

〈예시〉

구분	산출근거	금액(천원)	방송사 지원내용**	비고
편집			편집실, 편집스태프	
기타			스튜디오	

〈별지 1〉

방송프로그램 권리 합의서

권리 및 사업권		방송사	제작사	방송사와 제작사의 권리 합의 사항 (보유기간/ 수익배분 방법/ 대가지급 등)
방송권	국내			
	해외			
전송권	국내			
	해외			
공연권	국내			
	해외			
전시권	국내			
	해외			
복제 · 배포권	국내			
	해외			
판매권	국내 외 다른 방송사업자 (CATV 및 IPTV, 위성방송 등 포함)			
	OST음반 제작 · 판매 등			
자료이용권	촬영 원본 및 구매 영상자료 등			
2차적 저작물 및 편집저작물 등의 작성권				
기타 권리 및 사업권				

방송프로그램 방영권 구매계약서

○○○ 방송사(이하 "방송사"라 한다)와 ○○○ 제작사(이하 "제작사"라 한다)가 방송편성을 전제로 "방송프로그램 등의 편성에 관한 고시" 제9조 2의 "외주제작 방송프로그램의 인정기준"의 요건을 갖추고 제작한 방송프로그램의 방영권 구매에 관하여 다음과 같이 계약을 체결한다.

제1조 (목적)
이 계약서는 외주제작 방송프로그램(이하 "프로그램"이라 한다)의 구매 계약(이하 "계약"이라 한다)에 관하여 방송사와 제작사의 권리관계를 합리적으로 정하고 공정한 계약이 이루어지도록 하는 것을 목적으로 한다.

제2조 (준수사항)
① 방송사와 제작사는 이 계약의 내용을 신의성실의 원칙에 따라 이행하여야 한다.

② 방송사와 제작사는 계약의 이행에 있어서 방송법, 문화산업진흥기본법, 콘텐츠산업진흥법, 저작권법 및 방송통신위원회 심의규정 등의 관련 규정을 준수한다.

제3조 (제작 원칙)
① 프로그램의 제작과 관련된 제반 사항들은 방송사와 제작사의 합의를 통해 결정하고, 상호 합의 미이행에 따른 책임을 진다.

② 제작사는 본 계약의 조건에 따라 제작한 프로그램을 약정한 기일까지 납품하여야 한다.

③ 제작사는 방송 관련 제반 법규와 방송사의 방송제작 가이드라인을 준수하고 사전제작 등을 통해 완성도 높은 프로그램을 제작 및 공급하는 것을 원칙으로 한다.

④ 방송사 또는 제작사가 계약 시 정한 제4조 각 호의 사항을 변경하고자 할 경우에는 상호 합의하여야 한다. 다만, 제4조 각 호의 사항 중 프로그램의 편성과 관련한 사항은 방송사의 부득이한 사정에 의해 변경될 수 있다. 이 경우 방송사는 변경된 편성 내용을 제작사에게 통보하여야 한다.

제4조 (프로그램 구매 내용)

방송사가 제작사에게 구매하는 프로그램의 내용은 다음 각 호를 포함한다.

1. 프로그램 이름 :

2. 프로그램 주요 내용:

3. 장르 구분 :

4. 방송 일시 :

5. 제작 편수 : 편당 (   ) 분물 (   ) 편

6. 연출 및 작가 : 연출 (   ), 작가 (   )

7. 주요 출연 :

제5조 (구매금액의 산정 및 지급)

① 프로그램의 제작에 필요한 연기자, 작가, 스태프, 제작시설 등 일체의 제작비는 제작사가 조달하고 관리한다.

② 방송사가 동 계약으로 제작사에게 지급하는 프로그램의 구매 금액은 (총액   원/회당   원)(부가세 별도)로 한다.

③ 방송사는 프로그램의 납품이 완료된 후 제작사의 청구에 의해 제2항에서 정한 금액을 방송사의 지급기준에 의거 제작사의 지정 계좌에 현금으로 지급한다.

④ 방송사는 본 계약과 관련하여 제작사가 지급해야 하는 원고료, 출연료, 임금 등의 미지급이 발생할 경우 구매금액의 지급을 유예할 수 있다.

제6조 (편성시간 및 제작 편수 증감)

① 편성시간의 증감에 따른 별도의 비용은 방송사와 제작사가 협의하여 정한다.

② 본 계약상의 제작 편수는 프로그램의 품질과 방송사의 편성 사정에 따라 증감될 수 있으며 이 경우 방송사는 (1개월) 이전에 제작사와 협의해야 한다. 증감된 경우, 제작비는 본 계약상의 회당 제작비에 따라 증감된다.

제7조 (계약이행보증)

① 방송사는 본 계약의 이행을 보증하기 위하여 계약 총액의 (5%) 금액에 대한 계약이행보증보험증권을 계약 체결 시 제작사에게 요구할 수 있다. 보증 기간은 방송

시작 일부터 방송 종료일까지로 한다.

② 방송사가 제1항에 따라 제작사에게 계약이행보증을 요구한 경우, 방송사는 제작사에게 계약총액금액에 대한 대금지급을 보증하여야 한다.

제8조 (프로그램에 대한 저작재산권)
① 프로그램에 대한 저작권법상 저작재산권은 방송사와 제작사의 각각의 제작 기여도에 따라 인정되며, 프로그램의 원활한 유통활성화를 위해 어느 일방에 이용허락 창구를 단일화할 수 있다.

② 방송사와 제작사는 제1항과 관련하여 기여도에 따라 필요한 경우 권리의 처리 또는 이용허락에 관한 사항을 별도로 정할 수 있다.

③ 제2항에 따라 별도의 계약을 하는 경우 프로그램의 유통·이용으로부터 발생하는 수입은 수수료와 해외원천세, 저작권사용료 등의 필요비용을 차감한 후 분배한다. 수입의 배분과정은 투명해야 하며 그와 관련된 자료를 상호 요구할 수 있다.

④ 제2항에 따라 별도의 계약을 하는 경우 작가 및 실연자 등에 대한 저작권사용료는 수익배분의 편의를 위하여 프로그램을 유통·이용하는 자가 지급하는 것으로 한다.

⑤ 방송사 또는 제작사는 실연자 및 작가 등 제작에 협력할 것을 약정한 자의 권리를 담보할 수 있는 내용이 포함된 특약을 체결하여 계약조항대로 이행하여야 한다.

제9조 (프로그램의 이용)
① 방송사는 제작사에게 방영권료를 지급한 경우 방송을 할 수 있는 권리를 가진다. 이 경우 방송의 횟수는 (3회)로 한다. 방송사는 제작사에게 계약을 초과하는 방송에 대한 금액을 별도로 지급해야 한다.

② 제1항의 계약에 따른 방송의 경우 작가 및 실연자 등에 대한 저작권사용료는 수익배분의 편의를 위하여 방송사가 지급하는 것으로 한다.

③ 방송사와 제작사는 본 프로그램의 홍보와 관련하여 상호 적극 협조하여야 한다.

제10조 (프로그램의 권리 보증)

① 제작사는 프로그램을 제작함에 있어 방송사가 본 계약상의 권리를 행사하는 데 필요한 권리를 확보해야 하며, 제3자의 어떠한 권리도 침해하지 않음과 방송관계법령과 방송심의규정 등 제반 규정을 준수했음을 보증한다.

② 제작사는 프로그램, 각본, 배경음악의 저작권 등 프로그램 관련 권리나 내용 등에 대한 이의 또는 분쟁이 발생하지 않도록 하여야 한다.

③ 제작사는 자신의 귀책사유로 인해 방송사가 제8조의 권리를 포함하여 본 계약상의 권리를 완전하게 행사할 수 없게 되는 경우, 방송사에게 발생하는 모든 손해를 배상하여야 한다.

제11조 (편집 등)

① 방송사는 프로그램의 성질이나 그 이용의 목적 및 형태 등에 비추어 부득이하다고 인정되는 범위 안에서 프로그램을 편집할 수 있다. 다만, 부득이하다고 인정되는 범위 외의 수정, 삭제, 그 밖의 방법으로 편집을 하고자 하는 경우에는 제작사와 합의하여야 한다.

② 방송사의 필요에 의해 재방송 프로그램을 편집하는 경우 발생하는 제반 비용은 방송사가 부담한다.

제12조 (인도 및 시사 평가)

① 제작사는 100% 제작이 완료된 최종 방송본 프로그램 테이프 1개 등 상호 합의된 프로그램 자료를 방송 예정일 3일 전 업무 시간 내(09:00~18:00)까지 방송사에게 인도하여야 한다. 단, 방송사가 인정하는 특별한 사정이 있는 경우에는 인도 일정을 조정할 수 있다.

② 제작사가 제작하여 인도한 프로그램을 방송사가 시사 · 평가하여 수정 또는 보완을 요구할 경우 제작사는 이를 이행하여야 한다.

제13조 (납품)

제12조 제2항과 관련하여 방송사의 수정 또는 보완 요구가 방송 예정일 2일 전 업무 시간 내까지 없을 경우 프로그램의 납품이 완료된 것으로 본다. 단, 수정 보완의

요구가 있는 경우의 납품은 방송 예정일 1일 전 업무 시간 내(09:00~18:00)까지 이행해야 한다.

제14조 (명칭 사용 등)

① 제작사가 프로그램의 홍보 등을 위하여 방송사의 명칭(한글, 한자, 영문 포함)이나 그 밖에 방송사와 관련된 사항(이하 "명칭 등"이라 한다.)을 사용할 필요가 있는 경우에 방송사의 승인을 얻어야 한다. 방송사는 특별한 사정이 없는 한 이를 허용하여야 한다.

② 제작사는 프로그램 제작과정이나 그 이외 제작 활동을 함에 있어 방송사의 사전 동의 없이 카메라 등 제작장비, 명함, 차량 등에 방송사의 로고를 부착·사용해서는 아니 되며, 기타 방송사의 임·직원의 행위로 오인될 수 있는 어떠한 행위도 하여서는 아니 된다.

③ 명칭 등의 사용방법과 기준은 양 당사자가 협의하여 정한다.

제15조 (계약의 해제 혹은 해지)

① 방송사 또는 제작사는 다음 각 호의 1에 해당하는 사유가 발생한 경우 본 계약 또는 개별 계약에 대하여 그 전부 또는 일부를 해제·해지할 수 있다. 이 경우 상대방에게 지체 없이 서면으로 통지하여야 하며, 7일 이내에 서면으로(전자서면을 포함한다) 이의제기가 없을 경우 계약이 해제·해지된 것으로 본다.
1. 방송사 또는 제작사가 해산, 영업의 양도 또는 타 회사로의 합병을 결의한 경우
2. 방송사 또는 제작사가 실연자 선정 등과 관련한 금품수수, 출연료 등 임금 미지급, 표절 등의 문제를 일으킨 경우
3. 제작사가 제12조 제2항의 수정 보완 요구에 정당한 사유 없이 불응하는 경우
4. 방송사 또는 제작사가 재해 또는 기타 사유로 인하여 본 계약의 내용을 이행하기 곤란하다고 쌍방이 인정한 경우
5. 방송사 또는 제작사가 본 계약을 이행하지 않거나 본 계약의 중요한 내용을 위반한 경우
6. 방송사가 정당한 사유 없이 제작사의 프로그램 제작에 필요한 사항의 이행을 지연하여 제작사의 프로그램 제작에 지장을 초래한 경우
7. 제작사가 정당한 사유 없이 납품을 거부하는 경우
8. 방송사 또는 제작사가 제3자로부터 압류, 가압류, 가처분 등의 강제집행, 채

권양도, 부도, 파산, 화의신청 등 신용에 심각한 위험을 주는 사유가 발생하는 경우

② 동조 제1항에 의하여 계약이 해제 · 해지된 때에는 각 당사자의 상대방에 대한 일체의 채무는 기한의 이익을 상실하며 지체 없이 이를 변제하여야 한다.

제16조 (손해배상)

① 방송사와 제작사는 자신의 귀책사유로 인하여 본 계약 또는 개별계약의 전부 또는 일부가 해제 · 해지됨으로써 발생한 상대방의 손해를 배상하여야 한다. 다만 천재지변, 전쟁, 폭동, 테러 기타 합리적인 지배범위 밖의 사유로 인하여 상대방 및 제3자에게 발생시킨 손해에 대해서는 상호 면책한다.

② 방송사가 본 계약에서 합의된 사항을 이행하지 않거나 방송사의 귀책사유로 인해 계약이 해지된 경우에는 제작사에게 실제 발생한 손해(이미 제작된 횟수의 제작비와 프로그램과 관련된 고정비용을 포함한다) 제작사에게 배상하여야 한다.

③ 제작사가 본 계약에서 합의된 사항을 이행하지 않거나 제작사의 귀책사유로 인해 발생한 다음 각 호 1의 손해에 대해서는 방송사에게 실제 발생한 손해를 배상하여야 한다.
1. 납품의 지연으로 인한 손해
2. 납품을 하지 않아 결방으로 인한 손해
3. 프로그램 작가 및 제작 스태프 등의 책임과 의무 수행 문제로 결방되거나 계약의 해지로 인한 손해

④ 방송사는 다음 각 호의 1에 해당되어 프로그램 납품이 지체되었다고 인정할 때에는 손해배상 청구를 하지 아니한다.
1. 불가항력의 사유에 의한 경우
2. 기타 제작사의 책임에 속하지 않는 사유로 인하여 지체된 경우

⑤ 방송사와 제작사는 상호 협의하여 손해배상액을 예정할 수 있다.

제17조 (책임의 귀속 및 제작 책임)

① 방송사와 제작사는 프로그램의 제작과정 및 방송 후 프로그램과 관련하여 자신

의 귀책사유로 발생하는 모든 문제(각종 안전사고, 초상권 훼손, 저작권 분쟁 등 포함)에 대하여 각각 민사, 형사상의 책임을 진다.

② 제13조에 따라 납품이 완료된 프로그램에 대하여 방송통신위원회 또는 외부 심의기관으로부터 방송으로 인한 제재 사항이 접수되어 과태료 또는 과징금 등이 발생한 경우 제재금은 방송사가 납부한다. 다만, 제작사의 귀책사유로 제재금이 발생한 경우 방송사는 제작사에게 구상권을 행사할 수 있다.

③ 제작사는 방송 후 (익월 15일) 이내에 출연료, 원고료, 스태프 비용, 임차용역비 등 모든 제작비의 지급을 완료해야 한다.

제18조 (프로그램 출품 및 수상)
① 방송사와 제작사는 프로그램을 국내외 대회 또는 콘테스트 등에 출품할 수 있다.

② 프로그램 수상의 주체는 방송사와 제작사가 협의하여 정할 수 있다.

제19조 (이의 및 분쟁의 해결)
① 방송사와 제작사는 본 계약 또는 개별계약에 관하여 이견이 있을 경우에는 상관습에 따르거나 상호 협의하여 해결한다.

② 제1항의 규정에도 불구하고 법률상 분쟁이 해결되지 않을 때에는 콘텐츠산업진흥법에 따른 콘텐츠분쟁조정위원회의 조정, 저작권법에 따른 한국저작권위원회의 조정, 법원에서의 소송 등에 따라 분쟁을 해결한다.

제20조 (관할 법원)
상호 원만히 합의가 이루어지지 아니할 경우 법령에 정한 절차에 따른 법원을 관할법원으로 한다.

제21조 (변경 신고)
① 제작사는 인수합병, 영업양도 등 경영권 양도 사유가 발생할 경우 사전에 서면으로 방송사에게 통보하여야 한다.

② 제작사는 제1항의 경영권 양도를 사유로 해당 프로그램의 제작진, 실연자, 대표

자 등을 교체하는 경우 사전에 서면으로 방송사의 동의를 받아야 한다.

제22조 (효력의 발생)
본 계약의 효력은 계약 체결일로부터 발생한다.

본 계약을 증명하기 위하여 계약서 2부를 작성하여 방송사와 제작사가 서명 날인한 후 각각 1부씩 보관한다.

20 년 월 일

방송사 주소 :
상호 :
대표자 :　　　　　㊞

제작사 주소 :
상호 :
대표자 :　　　　　㊞

을 맞췄다. 외주제작 인정기준의 요건을 갖추고 방송사와 외주제작사가 공동으로 제작하는 방송프로그램을 대상으로 하며 외주제작사가 기획 등 제작의 대부분을 수행하고 방송사가 방영권만 구매하는 경우에 사용할 수 있는 '방송프로그램 방영권 구매 계약서'도 함께 제정했다.

방송프로그램에 대한 지적재산권은 방송사와 제작사의 기여도에 따라 상호 합의해 결정하되 권리별 이용 기간과 수익배분을 명시하도록 했다. 제작비가 투명하게 지급되도록 방송사와 제작사가 부담하는 제작비 세부 내역을 명시하게끔 했으며 프로그램을 제작해 납품한 뒤 방송사의 사정으로 방송이 되지 않더라도 방송사는 제작사에 완성분에 대한 제작비를 지급하도록 했다. 출연료 미지급 사태를 방지하기 위해 제작사는 지급보증보험에 들어 지급보증보험증권을 방송사에 제출하거나 출연료 등을 지급할 때까지 방송사가 제작비 지급을 정지할 수 있도록 했다. 계약의 내용을 위반하거나 계약 해지 등에 따른 손해배상은 이미 제작된 횟수의 제작비를 포함해 상대방에게 발생한 실제 손해를 배상해야 하도록 했다.

4) 장르별 계약의 특성과 출연료

배우 등 연기예술 분야의 아티스트는 인지도, 인기도, 이미지, 시청률 등 그간 작품에서 거둔 성과 등에 따라 가치가 매겨져 출연료가 결정된다. 여기에는 '희소성(scarcity)'의 원리가 작동한다. 스타는 현대 엔터테인먼트 산업에서 시청자, 관객 등 수용자 동원과 투자 유치의 핵심적인 수단이 되기 때문에 스타의 인기는 스타에 대한 시장 수요만큼 가격 결정의 중요한 변수로 작용한다(김호석, 1998). 배우가 출연하는 장르는 드라마와 예능, 라디오, 영화, 광고 등이 있는데 출연료 책정과 계약 방식이 각각 조금씩 다르다. 출연료 책정은 드라마나 영화의 경우 방송사나 제작사, 투자사가 주도권을 가지고 있지만 광고(CF)의 경우 광고주나 광고주의 권한을 위임받은 광고대행사가 주도권을 지니고 있다.

그러나 매니지먼트 사업과 프로그램 제작업의 겸영 규제가 없는 현재의 산업 환경에서는 특정 배우가 소속사를 두고 있을 경우 출연료 책정 과정에서 해당 엔터테인먼트사의 영향력이 적지 않게 작용되고 있다. 2000년부터 이어진 한류열풍과 엔터테인먼트 산업의 성장은 출연료 상승 현상을 더욱 부채질했다. 이런 이유 등으로 스타급 배우들은 출연료가 계속 상승하는 반면 무명의 단역 배우들은 빈약한 출연료에서 벗어나지 못하고 있다. 일부 제작사에서는 스타급 배우들의 출연료를 보전하기 위해 원래 대본에 있던 덜 중요한 배역을 생략하는 일까지 벌어지고 있다.

출연료 체계에서 고착되는 배우들의 '부익부 빈익빈(富益富貧益貧)' 현상은 문화예술계에서 심각한 문제로 받아들여지고 있다.

드라마의 경우 2001년 강수연(SBS 사극 〈여인천하〉 회당 700만 원)을 시작으로 고액 출연료 시대가 열려 2004년 김현주가 회당 1,000만 원(SBS 드라마 〈토지〉), 2006년 하지원이 회당 2,000만 원(KBS 사극 〈황진이〉) 시대를 열었으며, 급기야 2007년에는 배용준(MBC 사극 〈태왕사신기〉)이 회당 1억 원을 돌파했다(김정섭, 2007). 영화 출연료는 2003년까지만 해도 남자 톱스타(주연)의 경우 최고 3억 원대, 여자 톱스타(주연)의 경우 최고 2억 원대였지만, 2004년부터 최민식(영화 〈꽃피는 봄이 오면〉 4억 5,000만 원)과 하지원(영화 〈신부수업〉 4억 원)을 시작으로 각각 4억 원대 이상으로 치솟았다(김정섭, 2007). 광고 출연료의 경우 2000년대 중반부터 배우 김태희가 10억 원(화장품 브랜드 '헤라'), 고현정이 15억 원(건설사 '영조건설')을 계약금으로 받는 등 1년 가전속(假專屬)을 기준으로 톱스타의 범주인 특A급은 10억 원, 스타급인 A급은 5억 원을 이미 돌파했다(김정섭, 2007).

문화체육관광부와 한국문화관광연구원이 문화·예술 영역의 10개 분야 종사자 2,000명을 대상으로 실시한 '2012 문화예술인 실태조사'에 따르면 월수입이 100만 원 이하인 응답자가 전체 조사 대상자의 66.5%로 나타났다. 월수입이 50만 원 미만인 응답자는 전체 응답자의 25%, 수입이 없다는 응답자도 전체 응답자의 26.2%나 되는 것으로 조사되었다. 월수입 100만 원 이하 문화예술인의 비율은 문학(91.5%), 미술(79%), 사진(79%), 연극(74%), 영화(71%), 국악(67%), 무용(64%), 음악(60%), 대중예술(43.5%), 건축(34%) 순으로 분석되었다. 문화부 산하 영화진흥위원회가 2013년 4~6월 보조 출연자 400명을 대상으로 실시한 연소득 조사에서는 전체 응답자의 약 70%가 600만 원 이하로 나타났다. 한국방송연기자노조에 가입한 탤런트, 개그맨, 성우, 연극인, 무술연기자 등 5,000여 명 가운데 70% 이상이 연간 수입 1,000만 원 미만의 생계형 배우들이라고 조합은 공개했다.

(1) TV(드라마, 예능)와 영화

연기자는 스타급인 경우 매니저와 제작사 또는 방송사의 교섭에 따라 출연료가 확정된다. 톱스타는 드라마 출연 시 회당 1억 원의 출연료를 받기까지 한다. 이처럼 우리나라 연기자 가운데 톱스타를 비롯한 상위 5~10% 정도는 자신의 가치를 최고 수준으로 인정받아 고액 출연료의 수혜를 누리고 있다. 스타급의 경우 드라마, 영화, 예능 등의 캐스팅 섭외 과정에서 소속사가 먼저 제작사나 방송사에 희망 액수를 제시하면 제작사와 방송사는 대부분 요구 액수를 수용해 캐스팅을 확정한다.

제작비가 충분하지 않을 경우 제작사나 방송사는 배우의 요구액을 모두 반영하기 어렵다며 사정을 설명하기도 하는데, 이 경우 관행상 요구 금액의 -10% 범위 내에서 조정해 출연료를 확정짓는다. 이처럼 톱스타의 캐스팅과 출연료 확정 과정에서는 '시장의 원리'가 원칙적으로 적용되지만 업계에 형성된 관행도 상당한 영향을 미친다. 신인이나 조연급의 경우는 스타급과 상황이 다르다. 이들은 '출연 기회' 확대가 더욱 중요하기 때문에 대부분 제작사나 방송사가 제시하는 금액을 그대로 수용한다.

출연료 교섭은 일반적으로 연예기획사의 스케줄 매니저와 제작사나 방송사의 조연출(PD 가운데 AD) 간에 이뤄지는데, 교섭이 원활하지 않을 경우 그 상위 레벨에서 협의를 통해 결정한다. 어떤 톱스타 배우의 경우 드라마국장이나 제작본부장의 단계를 넘어 방송사 사장이, 영화 프로듀서의 단계를 넘어 영화제작사를 거느린 대기업 대표나 오너가 직접 나서는 경우도 있다. 배우에 대한 출연료 교섭의 파트너는 방송사가 직접 제작하는 작품일 경우 방송사의 PD가, 외주제작 작품일 경우에는 외주제작사의 PD가 된다. 외주제작물일 경우 방송사는 외주사에 제작비를 지급하고 외주사는 이를 받아 그 가운데 출연료에 해당하는 부분을 배우들에게 각각 지급한다.

연예기획사나 배우의 입장에서 기획사는 일단 소속 배우의 출연료 총액에서 부가가치세를 먼저 징수한 후 제작사나 방송사로부터 수령한다. 그 뒤 배우에 대한 캐스팅 교섭 등 마케팅 활동과 의상비, 분장비, 미용비, 차량운행비, 식사비 등 촬영 지원에 소요된 제반 비용을 모두 공제한 후 계약서에 명시된 수익배분율에 따라 배분하는데, 이때 사업소득자에 해당하는 세금 3.3%(소득세 3% + 사업소득세에 대한 주민세 0.3%)을 원천징수한다. 배우의 출연료 지급 시기는 매우 다양하며 출연료 계약 시 출연료는 '부가세 포함'인지 '부가세 별도'인지를 명시하게 된다.

출연료 지급 방식 가운데 톱스타들에게는 '선불제'를 많이 적용하고 있으며, 조연급이나 신인급은 일반적으로 '후불제'를 채택하고 있다. 톱스타의 경우 '계약금'이란 명목으로 출연 계약과 동시에 회당 액수로 계산된 출연료의 50%를 먼저 지급한다. 그 뒤 촬영에 착수해 전체 분량의 10%가 방송되었을 때 나머지 50%를 지급한다. 톱스타는 구간별로 나눠 출연료를 지급하는 것이다. 조연급이나 신인급의 출연료 지급은 빠를 경우 촬영한 그 다음 달에 이뤄진다. 10월에 촬영한 작품이면 11월에 지급한다.

전업 연기자들 가운데 소속사를 활용하지 않거나 작은 규모의 소속사에 있는 조연급, 단역급 연기자들은 방송사에서 설정한 '등급표'에 따라 출연료가 결정된다. 국내의 대표적인 지상파 방송사에서는 배우의 등급을 작게는 6등급에서 많게는 18등급으로 나눠 등급표를 매겨놓고 있다. 1~5등급은 존재하지만 실제로는 전업배우에 적용되지 않고 있다.

모 방송사의 경우 2011년 1월을 기준으로 10분당 출연료 단가를 등급별로 3만 4,650원(6등급), 4만 470원(7등급), 4만 7,140원(8등급), 5만 5,320원

(9등급), 6만 2,970원(10등급), 7만 460원(11등급), 8만 5,840원(12등급), 9만 4,170원(13등급), 10만 7,770원(14등급), 11만 3,880원(15등급), 12만 3,020원 (16등급), 13만 8,160원(17등급), 14만 6,770원(18등급)으로 각각 책정해 배우 들에게 적용하고 있다. 출연료 기본단가는 최저임금과 물가인상률 등을 고려해 매년 조금씩 오른다.

이 같은 기본단가에 드라마의 포맷과 방영시간에 따른 가산율을 최저 15%에서 최대 80%까지 적용한다. 일일극 35~40분물의 경우 15%, 주간 드 라마와 단막극 50~65분물의 경우 60%, 주말극과 주간 드라마 70분물은 65%, 미니 시리즈와 스페셜 드라마 60~100분물은 80%를 적용한다. 교통 비의 경우 촬영 지역의 거리에 따라 차등 지급하는데, 2011년 기준 모 방 송사에서 책정된 금액(일일)은 경기 지역 3만 원, 충청도 3만 8,000원, 강 원도 4만 5,000원, 경북과 전북은 6만 3,000원, 경남과 전남은 7만 원이다. 최저 등급의 성인 연기자일 경우 이론적으로 한 달 가운데 20일을 드라마 에 출연하면 1년에 약 830만 원(식비·차비 포함)의 수입이 발생한다. 그러 니 부업을 하지 않으면 경제적으로 정상적인 삶이 불가능한 단역이나 보 조출연자가 많은 것이다.

(2) 라디오

라디오는 매체의 특성상 음악방송이나 토크쇼, 대담 프로그램이 아티 스트들이 출연할 수 있는 프로그램의 범주에 속한다. 라디오도 출연 교섭 과 출연료 협의 과정은 TV나 영화와 같다. 그러나 매체의 특성과 방송사 의 예산으로 책정된 제작비 수준, 라디오 매체의 낮은 영향력 등을 고려 해 출연료가 TV보다 현저하게 낮게 책정되어 있다. 라디오 프로그램을 고정으로 맡아 진행하는 진행자나 음악 프로그램 디스크자키(DJ)의 경우 2013~2014년 현재 지상파 3사의 현황을 분석했을 때 최고 수준의 예우가 회당 50만 원 정도이다.

물론 이 수준을 넘는 출연자도 더러 있지만 이런 대우를 받는 경우는 청취율을 획기적으로 높이기 위해 삼고초려해 인기도가 매우 높은 특별한 진행자를 모시는 것처럼 지극히 예외적인 경우라 할 수 있다. 게스트로 출연하면 10만 원 수준의 출연료를 받는다. 그러나 무료로 출연하는 경우도 많다. 특히 신인 가수나 신인 아이돌 그룹처럼 인지도를 높이기 위한 목적으로 출연을 하고자 한다면 출연 기회의 확대가 무엇보다도 중요하기 때문에 무료 봉사를 자처하는 경우가 많다. 라디오 프로그램의 출연료 지급은 방송사의 특성에 따라 선불제, 출연 직후 지불제, 한 달 후 후불제 등 다양한 방식이 적용되고 있다.

(3) 광고와 행사

광고 모델의 경우 계약방식은 기간 및 활동의 개방성에 따라 '단발계약(單發契約)'과 '전속계약(專屬契約)'으로 나뉜다. 단발계약은 특정 기업 또는 단체와 계약을 맺고 단 한 편의 광고에만 나오기로 하는 것을 조건으로 짧은 기간에 한정해 계약하는 방식을 말한다. 광고업계에서 통용되는 단발계약의 기간은 보통 6개월이다.

전속계약은 가전속(假專屬)과 완전전속(完全專屬) 계약으로 구분된다. '가전속'이란 모델 당사자가 같은 업종의 다른 광고에는 출연할 수 없도록 보통 1년을 기간으로 계약하는 것을 말한다. '완전전속'이란 계약한 기업의 광고 외에는 다른 어떤 기업이나 제품의 광고에도 못 나오도록 폐쇄적으로 계약하는 것을 뜻한다. 국내에서는 매우 드문 사례로 배우 김혜자와 조미료를 생산하는 CJ(제일제당)가 20년간에 걸쳐 완전전속계약을 맺은 것으로 알려져 있다. 그러나 완전전속계약은 배우의 활동을 지나치게 구속하기 때문에 특별한 우대조건이 아닌 이상 이런 방식의 계약은 거의 체결하지 않고 있다.

광고 모델 출연 섭외는 광고주로부터 직접 들어오는 경우가 더러 있지만 대부분 모델 에이전시를 통해 제의가 들어온다. 일단 출연 의사 타진을 요청하면 소속사는 배우와 함께 내용은 구체적으로 어떠한지, 조건은 무엇인지, 출연하는 것이 적절한지, 현재의 계약 내용에 비춰 이익충돌이 발생하는 부분이 없는지 면밀하게 검토한다. 이 과정에서 전화나 미팅을 통해 에이전시와 활발한 질의, 응답 과정을 거치게 된다.

톱스타의 경우 소속사나 배우 측이 요구하는 제시 금액이 대부분 수용된다. 광고주나 광고주의 업무를 대행하는 에이전시도 광고업계에 통용되는 해당 배우의 몸값을 알고 있기 때문이다. 특히 광고주가 미리 결정해 캐스팅을 긴요하게 요구하는 경우라면 배우가 제시한 금액을 그대로 수용한다. 신인이나 조연급의 경우 교섭을 통해 결정되지만, 활동을 보다 활발하게 하여 얼굴을 알려야 하는 처지에 있기 때문에 때에 따라 '무료봉사'도 자처한다.

톱스타의 경우 계약금에서 에이전시가 공제하는 소개비는 업계의 관례상 계약금의 5~10% 수준이다. 톱스타일수록 광고 모델 계약금 규모가 5~6억 원으로 큰데, 연예기획사나 배우 입장에서는 총액이 많을수록 공제해야 할 소개비의 총액도 커지기 때문에 우월하고 유리한 지위를 이용해 소개비 비율을 줄이게 된다. 반대로 신인의 경우 에이전시가 공제하는 소개비는 업계의 관례상 최고 30% 수준이다. 소개비가 수치상 30%로 매우 커 보이지만 실제로는 이들의 출연료 총액이 적은 수준이기 때문에 소개비의 액수도 많지 않다.

영리성이나 상업성을 띠는 국내외 기업과 단체의 행사, 지방자치단체의 축제, 리조트나 엔터테인먼트 사업체의 공연 등 행사의 경우 전속모델 계약 내용에 행사 출연이 명시되었다면 개별 행사 때마다 거마비(교통비)

수준의 수고비를 받고 출연하며 그런 내용이 없을 경우 스타의 지위에 따라 출연료가 달라진다. 가수의 경우 가수의 지명도와 인기도에 따라 행사출연료가 행사당 억 원대부터 수십만 원까지 수준이 다양하다.

2. 언론매체의 활용과 이미지 관리

1) 언론매체 및 연예저널리즘의 본질과 특성

배우 등 아티스트들은 언론은 물론 연예저널리즘의 특성을 잘 알고 대응해야 자신의 이미지를 더욱 좋게 하거나 유지하면서 리스크를 줄이고 생명력을 이어갈 수 있다. 언론은 「헌법」에 보장된 '언론의 자유'에 근거해 본질적으로 권력과 사회감시, 정보전달, 사회통합, 문화전수, 동원 등의 기능을 수행한다. 이와 함께 매체의 영향력과 브랜드 가치를 부각시키고 광고 수입을 흡인해 경영적인 안정과 성장을 도모한다. 각 언론사에 속한 기자들은 이런 메커니즘을 원활하게 작동시키기 위해 파급력이 높은 기삿거리를 탐색하고자 매일 치열하게 경쟁한다. 이러한 경쟁은 방송사, 종합일간지, 경제일간지, 스포츠 연예지 등 매체의 전 분야에서 예외 없이 펼쳐지고 있다.

언론은 취재와 편집 및 보도 과정에서 '뉴스 밸류(news value)'를 측정한다. 이렇게 무엇이 뉴스인지를 취사선택하는 과정을 '게이트키핑(gate keeping)'이라 한다. 무엇이 뉴스인지를 두고 일선의 취재기자와 현장 팀장, 데스크, 편집담당자, 편집국장 등 이른바 '게이트키핑 라인' 간에는 연일 치열한 토론과 논쟁이 벌어진다. 현장 기자가 기초 취재한 아이템을 본격적인 취재 전 단계부터 수합해 논의하고, 여기에서 기사 가치가 높은 것을 우선적으로 선택해 본격적인 취재에 들어간다. 취재를 통해 기사가 송고되면 기사 내용을 입체적으로 검토하며 기사 원고를 다듬는 데스킹 (desking)과 편집 과정을 거쳐 헤드라인을 장식하는 톱(top) 기사(꼭지), 사이드 톱(side top), 서브 톱(sub-top), 단신 등으로 비중이 가려져 방송과 신문 지면을 통해 수용자들에게 전달된다.

일반적으로 언론에서 판단하는 좋은 기사 또는 매력적인 기사는 특정 기사의 소재가 '영향성(impact)', '근접성(proximity)', '저명성(prominence)', '참신성(novelty)', '갈등성(conflict)', '시의성(timeliness)', '기이성(unusualness)', '부정성(negativity)', '이슈 관련성(issue relevance)' 등을 갖춘 것인 경우이다 (The Missouri group, 2005; 임현수 · 이준웅 2011; 이종혁 외, 2013; 박상건, 2013; 오정국, 2013). 배우 등 아티스트들이 흔히 궁금증을 갖는 '무엇이 기사인가?' 또는 '무엇이 기사가 되는가?'에 대해 해답이 되는 요소들이다. 기사의 소재가 되는 사안이나 인물이 이처럼 아홉 가지 요소를 모두 갖출 수는 없기 때문에 이 가운데 가급적 여러 가지 요소를 갖춘 것이 선택될 가능성이 높다.

'영향성'은 수용자들에게 얼마나 큰 영향을 미치느냐에 관한 척도이다. 인기나 인지도, 팬덤이 약한 배우보다 높은 인기도, 팬덤, 인지도를 가진 배우의 이야기가 더 중요한 뉴스로 선택된다는 의미이다. '근접성'은 수용자들과 시간적 · 공간적으로 얼마나 가까운가를 평가하는 것이다. 일반적으로 외국의 배우보다 국내의 배우, 특정 지역에서만 활동하는 배우보다 전국을 무대로 활동하는 배우에 대한 이야기가 더 뉴스밸류가 있다는 뜻이다. '저명성'은 얼마나 유명한 사람이나 사안에 관련된 것인가인데, 무명 배우보다 유명 배우나 톱스타에 대한 이야기가 더 뉴스밸류가 높다는 뜻이다.

'참신성'은 얼마나 희귀한 일인가의 여부인데 그간 일어나지 않았던 일이 발생할 경우 뉴스밸류가 크다는 의미이다. '갈등성'은 분쟁, 다툼, 싸움, 시비, 논쟁, 공방, 공수(攻守) 등과 관련된 일인가의 여부를 말한다. 예를 들면 스타들이 평화롭고 사이좋게 잘 살아가는 이야기보다 싸움이나 이혼, 법정 소송 등과 연루된 경우 더 미디어가 주목한다는 뜻이다. '시의성'은 수용자가 뉴스를 접하는 시간을 기준으로 그 시간에 가장 가까운 사안인가의 여부다. 뉴스는 말 그대로 '과거의 사안(olds)'이 아닌 '현재의 사안(news)'을 다루기 때문에 방금 발생한 사안이 더욱 뉴스밸류가 높다는 의미이다.

'기이성'은 흔하게 일어나지 않는 진기하고 새롭고 색다른 것이냐의 여부인데, 이미지가 좋은 연예인이나 영화감독이 물건을 훔치는 범죄나 강도 행각을 저질러 입건되었을 때 바로 뉴스가 되는 원리를 잘 설명해준다. '부정성'은 우리 사회를 규율하는 보편적 가치나 상식 체계, 윤리, 도덕 그리고 법과 도덕에 어긋나는 것이냐의 여부이다. 연예인이 음주운전, 과속, 마약, 도박, 절도 스캔들에 연루될 때 미디어가 더욱 주목하는 이유를 설명해준다. '이슈 관련성'은 최근에 사회적으로 이슈가 되고 있는 일과 관련이 되었느냐의 여부이다. 특정 경제인과 정치인에 대한 수사 과정이나 마약 및 도박사건 수사에서 이와 연루된 연예인이 나타나거나 특정인의 자살에 따른 연예인의 모방 자살이 발생했을 경우 뉴스밸류가 높아 보도될 가능성이 높아진다.

2) 아티스트 인터뷰와 언론매체 대응 기법

배우 등 아티스트에게 인터뷰는 수용자들과의 사이에서 매개역할을 하는 언론과 공적으로 만나며 소통하는 자리이다. 기자처럼 인터뷰하는 사람을 '인터뷰어(interviewer)', 배우, 가수, 연주가, 개그맨 등 아티스트,

MC, 스포츠 스타처럼 인터뷰에 응하는 사람을 '인터뷰이(interviewee)'라 하는데, 배우로서 인터뷰이가 된다는 것은 자신이 언론을 비롯한 세간의 인정과 주목을 받고 있다는 상징적인 현상이므로 매우 행복한 일이다. 언론의 인터뷰 요청은 아티스트에게 자신을 알릴 절호의 기회이며 궁극적으로 자신에 대한 발전과 성장의 발판으로 작용하는 경우가 많다. 이러한 인터뷰는 무턱대고 하는 것이 아니라 철저한 대응 전략을 마련한 뒤 사전 준비를 거쳐 실행해야 한다. 그래야 아티스트로서 자신의 장점을 부각시키며 리스크를 관리할 수 있다.

첫째, 아티스트는 언론과의 인터뷰에 앞서 매체의 특성을 정확하게 파악해야 한다. 단독 인터뷰인 경우 특히 그러하다. 신문이라면 종합일간지인지 경제지인지, 스포츠 연예지인지, 온라인 신문인지에 따라, 방송이라면 일반 보도인지 가십성 연예정보 프로그램인지에 따라 인터뷰 내용의 초점이 달라지기 때문이다. 일반적으로 종합일간지나 경제지, 방송사의 보도는 작품이나 배우에 대해 정연한 문화적 접근을 시도하지만 스포츠 연예지, 방송사의 가십성 연예정보 프로그램, 온라인 매체는 정보전달과 함께 오락성 강화를 목표로 하는 매체의 특성상 인터뷰 내용이 배우자체에 대한 신상, 신변잡기를 비롯해 가장 화제가 되는 것에 집중되는 경우가 많다. 특히 일부 온라인 매체의 선정적 게이트키핑은 문제가 심각한 상황이다. 여러 매체가 함께 참여하는 공동 인터뷰를 하는 경우에는 참여하는 매체에 대해 폭넓게 특성을 파악하면 된다.

둘째, 인터뷰를 요청한 언론사의 기자를 상대로 먼저 어떤 취지의 인터뷰인지를 정확하게 파악해야 한다. 최근 시작하는 드라마나 개봉하는 영화에 관한 내용인지, 개인 신상에 관한 것인지, 자신과 연루된 사회적 이슈와 관련된 사안인지의 여부에 따라 수락 여부, 대응 강도, 발언 태도와 수위 등이 크게 달라질 수 있기 때문이다. 아티스트들은 인터뷰의 성격을 미리 파악해 본인의 이미지를 떨어뜨리는 내용이거나 본인에게 위협 요소가 된다고 생각하면 양해를 구하고 인터뷰를 수락하지 않거나 도중에 취소할 수 있다. 취소할 경우 커뮤니케이션 에티켓을 지키며 그 사유를 진솔하게 설명해야 한다.

셋째, 배우 등 인터뷰이는 언론과의 인터뷰에 앞서 인터뷰 현장에서 어떤 질문이 나올지 충분히 예상하고 이에 대해 무슨 말을 어떻게, 어떤 순서대로 해야 할지 철저히 준비하는 것이 필요하다. 첫 인터뷰에서 언론인들이 받은 첫인상은 매우 중요하다. 언론인들은 배우의 이미지를 기사에 그대로 투영하여 수용자들에게 전달하는 경우가 보통이다. 이러한 아티스트들의 이미지는 팬들에게 전달되어 고정되기 마련이며, 잘 바뀌지 않고 계속 유지된다는 점에서 인터뷰 준비는 매우 중요한 과정이라 할 수 있다.

넷째, 드라마 제작 발표회나 영화의 언론 시사회 인터뷰일 경우에는 가급적 작품에 집중해 말하는 자세가 필요하다. 특히 배우라면 적어도 자신이 참여한 작품과 맡은 역할 등에 대해 정확하게 설명할 줄 알아야 한다. 그것이 아티스트의 당연한 자세이다. 영화 시사회라면 이미 영화를 모두 촬영하고 후반 작업까지 끝내 개봉 직전인 상황이므로 작품 자체나 자신과 주변 인물들의 역할 등에 대해 충분히 학습되어 있지만, 드라마 제작 발표회의 경우 사정이 다르다. 드라마 제작발표회는 보통 1~3회 분량의 방송분을 찍고 하거나 아예 촬영 전에 하는 경우가 허다하기 때문에 작품에 대한 학습이 완벽하지 않을 수 있다. 즉, 원작과 대본, 자신이 맡은 역할, 주변 인물들과의 관계 등에 대해 정확한 이해나 설명이 어려운 경우가 있다. 이런 내용에 대해 기자의 질문이 쏟아질 것이란 예상을 하고 충분하고도 매끄럽게 답할 수 있도록 사전에 충분히 준비를 해야 한다.

다섯째, 아티스트로서 자신의 예술철학을 반드시 피력해야 한다. 배우의 예술철학은 배우의 품격에 관한 문제인데다 과거와 달리 요즘에는 팬들을 비롯한 수용자들의 수준이 매우 높아져서 그것에 관한 답변에 많은 주목을 하기 때문이다. 만약 기자가 작품에 관해 질문한다면 먼저 작품이나 배역 등을 설명하고 이에 덧붙여 자신의 예술철학을 직접 또는 간접적으로 말해야 한다. 작품에 임하는 자세, 배우가 되려고 했을 때 자신의 초심, 배우로서의 좌우명, 배우로서 현재 나의 모습, 존경하거나 닮고자 하는 배우, 앞으로 나아갈 방향과 자세 등이 예술철학의 범주에 속하는 내용이다. 이러한 설명을 할 때는 매우 진정성이 있는 자세가 수반되어야 한다.

여섯째, 인터뷰 과정에서는 아티스트다운 센스와 에티켓을 발휘해야 한다. 인터뷰에서는 여러 가지 질문과 답변을 통해 아티스트의 모든 것이 드러나기 마련이다. 직관과 이해심이 깊고 넓은 '큰 그릇'을 가진 배우인지 소심하고 민감한 '작은 그릇'을 지닌 배우인지가 금방 나타난다. 질문은 긍정적인 것도 있지만 부정적인 것도 있다. 고기가 물을 만난 듯 원했던 내용으로서 술술 답할 수 있는 신 나는 질문도 있지만, 파멸이나 함정으로 유도하는 듯한 날카롭고 공격적인 질문도 있다. 인터뷰이는 인터뷰 과정에서 예의를 지키고 발언, 제스처, 어조, 눈빛 교환, 감정 관리 등의 측면에서 격조 높은 태도를 유지해야 한다. 부정적이고 공격적인 질문이 던져져도 신경질을 내거나 거칠게 반응해서는 안 된다. 긍정적인 질문에는 가급적 상세히 답하고 부정적인 질문에는 에둘러 표현하는 센스가 필요하다. '솔직하다'는 점을 앞세워 무조건 다 상세히 답변하면 그것이 '덫'이 되어 아티스트로의 활동에 종지부를 찍을 수도 있다.

일곱째, 소통의 기술을 발휘해 언론과 친해져야 한다. 배우 등 아티스트는 인터뷰 전, 도중, 후의 모든 과정에서 정확히 표현하고 인터뷰어와 친숙해지려고 노력해야 한다. 특히 언론에 비친 자신에 관한 기존의 이미

〈표 5-1〉 배우의 언론 인터뷰 및 취재 응대 요령

1	인터뷰에 앞서 매체의 특성을 정확히 파악해라	종합일간지/경제지/스포츠, 연예지/온라인 신문, 일반 보도프로그램/연예정보 프로그램에 따라 인터뷰 내용의 초점이 다르다.
2	사전 협의를 통해 인터뷰의 목적과 성격을 파악해라	작품, 개인 신상, 이슈와 관련된 사안인가 여부에 따라 수락 여부, 답변 태도를 달리해야 한다.
3	어떤 질문이 나올지 예상하고 이에 철저히 대비해라	언론인들이 받은 첫인상이 기사에 투영되고 그 기사는 배우의 고정적 이미지를 설정한다.
4	아티스트는 작품으로 말하는 자세가 필요하다	자신이 출연한 작품의 원작, 대본, 배역, 주변 인물 등에 대해 정확하게 설명할 줄 알아야 한다.
5	자신의 예술철학을 반드시 피력해라	작품에 임하는 자세, 배우로서의 초심과 좌우명, 나아갈 방향 등을 직접 또는 간접적으로 표현한다.
6	아티스트다운 센스와 에티켓을 발휘해야 한다	예의를 지키고 발언, 어조, 눈빛, 감정 관리 등의 측면에서 격조 높은 태도를 유지한다.
7	인터뷰 과정에서 소통의 기술을 발휘해 언론과 친해져라	인터뷰 전, 도중, 후의 모든 과정에서 정확히 표현하고 인터뷰어와 친해지려는 노력을 해야 한다.

지가 마음에 들지 않았다면 가장 최근의 인터뷰가 기회인 만큼, 이를 통해 이미지를 새롭게 구축하거나 업그레이드하려고 노력해야 한다. 사람이 하는 일은 상대와의 소통 정도에 따라 일의 진척과 반응 정도가 달라지기 때문에 아티스트들은 진정성을 바탕으로 기자들과 이른 시간에 친해지는 친화력을 발휘해야 한다.

그러나 상대의 특성에 따라 '불가근불가원'을 유지해야 하는 경우도 있다. 불가근불가원은 언론인과 '너무 가까이해서도 안 되고 너무 멀어서도 안 된다'는 뜻이다. 구체적으로 인터뷰에 응하는 아티스트들은 답변 과정에서 기자가 제대로 이해하지 못했다는 느낌을 받았다면 다시 한 번 부연 설명을 해주는 센스가 필요하다. 발언의 취지가 정확하게 전달되지 않아 생기는 피해를 예방하기 위한 조처이다. 기자의 질문이 너무 난감한 내용이라면 정중하게 이해를 구하고 답변을 피하거나 간단히 답변하고 넘어가야 한다. 취재 응대나 인터뷰 과정에서 결례를 범했다면 즉석에서 사과해 감정적 '앙금'이 남지 않도록 해야 한다. 인터뷰 후 체크한 기사에서 문제점이 발견되었다면 즉시 수정을 요구해 바르게 보도되도록 해야 한다.

3) 소셜 미디어의 활용과 관리

배우를 비롯한 아티스트들은 이미지를 구축하고 인기도와 인지도를 높임으로써 가치를 인정받는 직업군이기 때문에 자신에 대한 홍보가 항상 절실하다. 배우 지망생이나 신인의 경우 특히 그러하다. 신문, 잡지, 방송 등 전통적 미디어는 알리고 싶은 내용에 대한 취사선택권을 매체 스스로 갖고 있다. 이 같은 전통미디어와 달리 새롭게 등장한 '소셜 미디어 (social media)'는 상호작용성과 몰입감, 그리고 실재감이라는 특성을 지니고 있다(나은영, 2010). 아울러 아티스트 자신이나 자신이 속한 회사가 운영자이기 때문에 자신의 의도와 의지를 마음껏 반영해 원하는 내용을 충분히 알릴 수 있는 매체이다.

소셜 미디어란 '개방, 공유, 참여를 특징으로 하는 웹 2.0 기술에 기반을 두고 온라인을 통해 구축되어 사람들 간에 소통을 활발하게 하고 사회적 관계망을 확대하는 서비스'를 말한다. 일반적으로 카카오톡, 트위터, 페이스북, 싸이월드, 라인, 밴드 등과 같은 소셜 네트워킹 서비스(social net-working service: SNS)를 포함하는 포괄적인 개념이다. 미국에서는 'TGIF', 즉 트위터, 구글, 아이폰, 페이스북을 대표적 소셜 미디어로 인식하고 있다. 다시 말하면 소셜 미디어란 '이용자 간 네트워크인 사회적 관계망을 통해 이용자가 적극적으로 참여하여 정보와 지식을 생산, 공유, 소비하는 서비스'라 정의할 수 있다. 그러나 소셜 미디어는 기술 발전과 연동성을 갖고 있기 때문에 그 개념은 확정되거나 고정된 것이 아니라 웹과 디지털 기술의 발달과 함께 계속 진화하고 있다.

아티스트들은 개인 홈페이지 외에 트위터, 페이스북 등을 이용해 자신을 알리고 수용자들과 소통하는 경우가 많다. 이 같은 소셜 미디어는 상호작용성, 개인성, 속보성, 현장성, 검색 가능성, 무제한 저장성 등의 특징을 지니고 있어 소통은 물론 홍보와 마케팅에 폭넓게 활용할 수 있다 (최재용 외, 2013). 굳이 기존의 전통적 매체를 이용할 필요가 없는 경우도 있다. 배우는 자신의 작품 활동, 신상과 이력사항, 최신 뉴스에 관한 사항을 기록하고 일기, 대화, 멘트 등을 소셜 미디어에 올림으로써 다양한 방식으로 팬들과 소통할 수 있다. 온라인 포털의 경우 아티스트가 요청하면 확인을 거쳐 커리어 내용을 등록해주거나 업그레이드해준다.

온라인 매체들은 배우 개인의 홈페이지는 물론 페이스북, 트위터까지 파고들어 의미가 있거나 흥미로운 내용을 퍼나르고 기사화해 이슈나 담론으로 확대 재생산한다. 배우의 입장에서는 자신이 알리고 싶은 내용을 명확하게 선별해 게시하는 지혜가 필요하며 수용자들과 소통하고자 할 경우 공감이 가는 이슈를 중심으로 대화를 전개하는 것이 필요하다. 소셜 미디어를 활용해 자신을 홍보하고자 할 경우에는 원하는 내용을 효과적으로 알리는 데 초점을 맞춰야 한다. 잘 관리되는 소셜 미디어는 그 내용이 자주 보도되어 배우의 가치 상승에 크게 기여한다. 진정성 있는 언행과 태도로 항상 팬들을 존중하며 때로는 아티스트라 할지라도 수용자와 같은 인간임을 부각할 필요가 있다.

그러나 다른 측면에서 보면 위에서 언급한 온라인 매체의 특성 때문에 잘 관리되지 않은 아티스트의 소셜 미디어는 오히려 독(毒)이 될 수 있다. 따라서 아티스트들이 개인의 홈페이지나 페이스북 등 소셜 미디어를 활용할 때는 여러 가지 사항에 유의해야 한다. 먼저, 자신의 이미지를 훼손하는 사생활과 신변잡기를 비롯한 불필요한 정보를 드러내지 말아야 한다. 특히 미디어나 팬들에게 이미 설정된 자신의 이미지와 상반되거나 그 이미지를 훼손하는 사진 등의 내용물을 게시하거나 트위터 등에 무분별한 발언을 늘어놓을 경우 부정적인 반응이 확대되어 '파문'으로 비화되는 경우가 많다. 자칫하면 방송사나 제작자들이 캐스팅을 기피하는 상황에까지 이르러 아티스트의 생명이 단축되거나 끊길 수 있다.

둘째, 여러 가지 사안이나 이슈에 대한 상황을 잘못 파악해 사회적 통념을 벗어나는 일탈적 발언이나 부적절한 언행을 함으로써 설화(舌禍)에 휘말리지 않아야 한다. 예술가로서 사회에 참여적인 것은 예술인의 철학과 소임을 고려할 때 바람직하다. 그러나 정제되지 않거나 충분히 준비되지 않은 어설픈 언행은 오히려 안 하는 것보다 좋지 않은 결과를 야기한다.

셋째, 소셜 미디어를 통한 지나친 홍보는 부작용이 크기 때문에 경계해야 한다. 아티스트들은 소셜 미디어를 통해 홍보할 경우 수용자들을 고려해 역지사지(易地思之)함으로써 항상 보편적이고 자연스러운 느낌이 전달되도록 해야 한다. 일부 연예인 지망생이나 신인의 경우 소셜 미디어를 통해 자신을 부각시키기 위한 과욕에서 노출 전략을 동원하거나 부정적인 뉴스를 일부러 퍼뜨리는 경우가 있다. 일종의 '노이즈 마케팅(noise marketing)'이다. 이런 방식에 대한 선택은 개인의 몫이지만 기회와 위험을 동반한다는 사실을 잘 알아야 한다. 인터넷 포털의 '검색어 상위'에 올라 자신을 순식간에 알릴 수 있는 장점이 있지만, 노출이나 부정적 이미지가 고정되어 향후 캐스팅에 제약이 따르는 경우가 많다.

4) 이미지의 구축과 관리

배우를 비롯한 아티스트들에게 이미지는 매우 중요하고 민감한 요소이다. 아티스트의 이미지는 그의 품격과 가치, 호감도, 나아가 총체적 의미의 경쟁력 또는 생명력을 상징하기 때문이다. 자신의 이미지를 자신의 희망대로 또는 팬들이 원하는 대로 구축하고 관리하는 것이 쉽지 않다는 까닭도 있다. 아티스트에 대한 이미지는 아티스트 주변의 상황과 맥락, 시간, 공간 등에 따라 시시각각 변하고 관객, 시청자, 평론가, 연출가, 제작자 등 해석자에 따라 달라지는 가변성(可變性)과 다중성(多重性)을 지니고 있다. 신문, 잡지, 라디오, TV, 인터넷, 스마트폰 등 매체의 발달 과정에도 큰 영향을 받는다. 따라서 오늘날 대중매체를 통해 예술활동을 하는 아티스트들에게 이미지 메이킹(image making)과 관리는 배우의 자기경영에서 빼놓을 수 없는 요소로 자리 잡고 있다.

이미지를 잘 구축하고 관리하기 위해서는 먼저 이미지의 정의와 특성을 살펴봐야 한다. 이미지란 사전적으로는 '어떤 사람이나 사물로부터 받는 느낌' 또는 '감각에 의해 획득한 현상이 마음속에서 재생된 것'을 뜻한다. 미학적으로는 흔히 '어떤 행위의 연속성에 놓여 있는 상상력에 의해 존재하고 기능하는 그 어떤 것' 또는 '특정 대상의 외적 형태에 대한 인위적인 모방이나 재현'으로 풀이된다. 이미지의 어원은 '표상'이나 '모방'을 뜻하는 라틴어 '이마고(imago)'와 '모방하다' 또는 '재생하다'란 뜻을 지닌 '이미토르(imitor)'와 관련되어 있다. 이 같은 개념을 예술세계에 적용할 경우 아티스트의 이미지는 '연속적인 상황이나 상상의 단계에서 아티스트로부터 받은 느낌'으로 규정할 수 있다.

전통 철학의 관점에서 이미지는 언제나 '실재'라는 개념과 대조되어 허구적인 것이라고 인식되어왔으며, 이로 인해 '실재'보다 열등하고 진실이나 진리를 은폐하는 역할을 하는 것으로 격하되었다. 기호학적인 관점에서 하나의 기호(sign)는 이미지, 사운드, 단어를 의미하는 '기표(signifier)'와 의미를 나타내는 '기의(signified)'로 구성된다. 배우 안성기에서 '안성기'란 이름이 기표이고 '커피 하면 생각나는 가정적인 남성상'이 기의인 것이다. 그러나 이미지라는 것은 실재에 비해 어떤 것이 빠져 있다기보다 기표와 기의 또는 실재와 추상성이란 두 가지 속성이 결합된 측면이 강하다. 이미지는 능동적인 주체인 동시에 수동적인 대상이며, 정신(물질화된 정신)인 동시에 물질(정신화된 물질)이며 추상적인 것(구체화된 추상물)도 있고 구체적(추상화된 구체물)인 것도 있으며 내용인 동시에 형식이다(송종인 · 박치완. 2012).

이미지는 사회, 정치, 문화적 맥락 등 주변 환경에 의해 재해석되며 그 영향력이 달라질 수 있다. 프랑스의 기호학자 롤랑 바르트(Roland Barthes)에 따르면 이미지는 문자 그대로 기술적인 의미인 외연적(denotative) 의미와 문화적, 역사적 맥락에 따라 특별한 의미로 해석되는 내포적(connotative) 의미를 지닌다. 따라서 이미지는 그 자체만으로는 가치를 지니지 않는다. 즉 정치적 · 사회적 · 경제적 · 문화적 · 역사적 맥락에서 의미를 지닐 때 그것의 가치를 찾을 수 있다(Sturken and Cartwright, 2001). 결국 이미지는 사실(fact)과 가치(value)를 포함하며 시각적인 것뿐만이 아니라 언어적 · 지각적 · 광학적 · 정신적인 것을 포함해 행동으로 연결될 수 있다(김준희 · 이영화, 2004). 이러한 이미지들이 쌓이면 사회적, 문화적 맥락에서 담론(discourse)을 형성한다. '담론'이란 무엇인가에 대해 이야기할 수 있는 것을 정의하고 규정짓는 지식체계를 말한다. 이러한 이미지를 사용해 TV, 영화, 사진 등의 매개수단을 동원해 주변의 세계에 의미를 부여하는 것을 '재현(representation)'이라 한다.

배우와 같은 아티스트들이 이미지 메이킹과 관리를 잘하려면 먼저 좋은 작품을 만나고 자신이 원하는 배역이나 퍼포먼스를 소화해야 한다. 작품을 준비하고 연기하는 태도도 매우 중요하다. 작품과 배역, 퍼포먼스에 임하는 태도는 관객, 평론가 등 배우 이외의 사람들에게 특정 배우의 이미지가 해석되는 주변적 맥락으로 작용하기 때문이다. 특히 아티스트로서의 첫 작품이나 첫 성공작은 이미지 고착에 결정적인 요인으로 작용한다. 아울러 자신의 성격적, 신체적 특징과 신체기관 전체를 통해 나타나는 커뮤니케이션에 유의해야 한다(이미영, 2004). 이러한 커뮤니케이션에는 아티스트로서 자신의 신체적 매력을 어떻게 어필하는가, 의상과 분장은 어떤 스타일을 추구하는가, 어떤 화법과 제스처를 구사하는가, 언론 또는 수용자들과 말할 때 주로 어떤 주장과 메시지를 전달하는가, 어떤 매너와 에티켓을 구사하는가 등 아티스트의 일거수일투족이 포함된다.

많은 유명 배우도 이런 요소가 복합적으로 작용되어 형성된 상징적인 이미지를 갖고 있다. 미국 배우 마릴린 먼로는 '섹스 심벌'이란 이미지가 있다. 벨기에 출신의 오드리 헵번(Audrey Hepburn, 1929~1993)은 우아하고 고급스러운 이미지를 지닌 여배우의 대명사로 팬들의 기억 속에 남아 있다. 그는 영화 〈로마의 휴일〉(1955), 〈티파니에서 아침을〉(1961) 등에 출연하면서 이러한 이미지를 구축했다. 미국 배우 로버트 드 니로는 '최고의 연기파 배우'로 각인되었다. 캐나다 출신의 배우 짐 캐리(Jim Carry, 1962~)와 미국 출신의 배우 겸 감독인 벤 스틸러(Ben Stiller, 1965~), 그리고 〈미스터 빈〉(1989)으로 유명해진 영국 배우 로완 앳킨슨(Rowan Atkinson, 1955~)은 '웃음 제조기'란 이미지를 갖고 있다. 우리나라에서도 '국민아빠', '국민엄마', '국민여동생'이란 별칭을 가진 배우들이 있다. 신체적 매력이나 연기능력 등을 고려해 '연기파배우', '육체파배우' 등의 표현을 하기도 한다.

오늘날에는 대중문화를 향유하는 관객, 시청자 등 수용자들이 더욱 명민해지고 소비를 주도하는 경제 권력으로서도 힘이 매우 커졌다. 이런 변화에 따라 자신들이 향유하거나 소비하는 배우 등 아티스트의 실재와 이미지가 차이가 나는 것에 대한 반감이 커지고 있다. 그래서 아티스트들에게 더욱 요구되는 덕목이 바로 '진정성'이다. 이 말은 '거짓 없이 참되고 진실한 마음이 담겨 있는 것, 즉 '진심'을 의미한다. 수용자들은 특정 배우가 진정성이 없이 자신의 실제 모습과 다른 이미지를 구축하려 하거나 결과적으로 그렇게 한 상황을 나중에 알게 된 경우 실망하거나 분노해 해당 배우를 외면하는 일이 허다하다. 많은 배우가 소속사의 정교한 관리를 통해 자신들이 추구하고자 하는 이미지를 형성하고 있지만, 그것이 진정성에 배치될 경우 이미지 메이킹 전략이 실패할 가능성이 높다. 배우들에게도 겉과 속이 다른 것, 즉 '표리부동(表裏不同)'을 용인하지 않는 것이다.

사람들이 좋아하는 '긍정적인 이미지'의 수준이 인식 속에 축적되어 최고조에 달하거나 극대화된 경우가 바로 스타이다. 스타는 아티스트라면 누구나 되고 싶은 선망의 경지이다. 스타에 대한 이미지는 그들을 바라보는 다양한 관점을 지닌 수용자들에 의해 결정된다. 그러한 관점에는 첫째, 외모 등 외적인 기준으로 판단하는 유형, 둘째, 자신의 내면에 두고 있는 이상형을 기준으로 판단하는 유형, 셋째, 끼와 능력이 출중한가를 기준으로 판단하는 유형, 넷째, 공인의 위치에서 자신의 이미지 관리를 잘하고 있는가를 기준으로 판단하는 유형, 다섯째, 스타와 자신의 동일성을 기준으로 판단하는 유형으로 나뉜다(김준희 · 이영화, 2004).

배우 등 아티스트들이 이미지 구축과 관리를 잘하려면 먼저 자신의 현재 이미지를 냉정하게 입체적으로 진단해야 한다. 그 뒤 이를 토대로 자신이 추구하는 이미지를 정교하게 설정해 지속적이고 일관된 언행으로 작품과 언론 인터뷰, 팬미팅 등에 임해야 한다. 배우는 자신이 출연하는 영화, 드라마, 연극, 뮤지컬, 광고, 뮤직비디오, 사진 등의 작품에 따라 이미지가 달라진다는 사실을 알고 작품을 잘 선택해야 한다. 특히 각각의 작품에는 작가, 제작자, 연출자의 의도가 정교하게 깔렸기 때문에 이를 잘 간파해야 한다. 이들이 설정하려는 이미지와 배우가 추구하는 이미지가 상반되거나 다를 수 있기 때문이다.

언론을 상대로 인터뷰를 할 경우에는 본질적으로 언론이 작품 활동과 관련해 자신이 추구하는 특정 이미지를 어필하고 구축하기에 가장 좋은 수단이라는 점을 인식하고 있어야 한다. 언론매체는 수용자들과 배우를 직접적이고 효과적으로 이어주면서 배우의 이미지를 생산하고 재생산 또는 변화시키기도 한다. 언론의 이런 기능을 고려해 아티스트는 자신의 의도에 따라 실제와 같은 이미지 또는 전략상 추구하는 이미지를 선택적으로 어필할 수 있다. 따라서 인터뷰를 할 때는 기자나 평론가 등의 질문에 지혜롭게 대처해야 한다. 이런 전략이 잘 실행되면 이미지 구축과 업그레이드를 할 수 있다. 반대로 실패하면 부정적인 이미지로 바뀌어 활동에 어려움을 겪고 심리적으로도 적지 않은 스트레스를 받게 된다.

3. 배우의 수양과 네트워크 자원의 관리

1) 배우의 능력 배양과 지덕체의 수양

배우는 신체, 연기, 매력, 인성이 조화를 이루도록 부단히 수양해야 한다. 이 책 제1장에서 배우가 갖춰야 할 조건으로 제시된 미학적으로 아름다운 신체조건, 뛰어난 감각과 연기능력, 연기자로서의 매력, 조화로운 인성이 바로 그것이다. 한마디로 쉽지는 않지만 '지덕체(智德體)'를 두루 갖추려고 노력해야 한다는 뜻이다. 배우는 정기적인 관리를 통해 신체가 건강하고 아름답도록 가꾸어야 한다. 한 단계 더 나아가 뮤지컬, 드라마, 영화, 연극 등 각 연기 장르의 특성에 잘 조화되도록 단련해야 한다. 뮤지컬 배우라면 기본적인 댄스에서 가능한 곡예적 요소가 가미된 아크로바틱(acrobatic) 댄스까지 소화해야 한다. 연극배우도 액션이 가미되거나 비언어극인 '넌버벌(non-verbal) 퍼포먼스'와 같은 성격이 있는 작품에 출연할 수 있으므로 사전에 충분한 동작 훈련이 필요하다. 드라마나 영화에서 춤추는 배역이나 무사 역을 맡았을 경우에는 촬영에 앞서 춤과 무술 및 스턴트 훈련을 받아야 한다. 이런 분야는 관련 분야 전문가나 안무가를 통해 수련하는 것이 적절하다.

연기력 훈련은 기본기부터 철저히 닦아야 한다. 그렇지 않을 경우 시간이 훌쩍 흐르면 나중에 연기에 큰 부담을 느끼게 된다. 먼저 유명해진 다음 연기에 뛰어든 아이돌 스타나 모델, 가수 등 비배우 출신의 연기자들이 연기적 능력이나 발전 정도가 부족하다는 부정적인 평가를 받는 것도 연기적 자질과 끼가 충분하지 않은 상태에서 기본기 훈련 과정을 제대로 거치지 않았기 때문이다. 연기 훈련은 먼저 호흡, 발성, 움직임 등 기초적인 단계를 거치고 점차 연극, 영화, 드라마 등 장르적 훈련 단계로 돌입해야 한다. 그런 다음 실전에 투입되어 가급적 많은 작품 경험을 쌓아야 한다.

아울러 평소에도 소설, 만화, 에세이, 시집 등을 읽는 것을 습관화해 문학적 감수성과 정서를 배양함과 동시에 원작을 깊이 이해하고 대본을 받았을 경우 이를 제대로 소화하는 감각을 길러야 한다. 작품의 주제, 구성(기승전결), 문체를 파악하는 것은 물론 대본의 대사, 해설, 지문을 통해 인물, 사건, 배경을 완전히 이해해야 한다. 좀 더 섬세하게 접근하려면 아리스토텔레스가 주창한 희곡의 6요소인 플롯(구성), 인물(성격), 사상(주제), 언어(대사), 음악, 스펙터클을 모두 살펴봐야 한다. 가령 소설 작품을 대한다면 소설의 3요소인 주제(theme), 구성(plot), 문체(style)를 제대로 파악하고 소설 구성의 3요소인 인물(character), 사건(action), 배경(setting)을 정확하게 분석해야 한다. 대본을 읽는다면 연극의 4요소 희곡, 배우, 관객, 무대를 상상하면서 희곡의 3요소인 대사(대화, 독백, 방백), 해설, 지문을 분석하고 이해해야 한다.

배우의 매력은 신체적인 아름다움과 정신적이고 정서적인 충만감, 세련된 표현력이 복합적으로 작용해 형성된다. '매력적인 배우'라는 말에는 이렇게 많은 요소가 함축되어 있다. 따라서 배우가 매력을 극대화하려면 자신의 신체, 성정과 개성, 연기능력의 장단점을 정확하게 파악한 다음, 이 가운데 특화할 수 있는 부분이 무엇인지 결론을 이끌어내 그 부분에 집중해야 한다. 자신이 중요하게 여겼던 요소가 팬들에게는 무의미하게 받아들여질 수 있고, 반대로 자신이 중요시하지 않았던 요소가 팬들에게는 매력이 될 수도 있다. 그렇기 때문에 자신에 대한 분석에 앞서서 팬들과 수용자들이 나의 무엇을 좋아하는지, 또는 나에 대해 어떤 특징과 매력이 발산되길 원하는지 제대로 파악해야 한다.

인성은 제작진, 스태프, 동료 배우, 평단 등과 좋은 관계를 유지하는 데 필수적인 요소이다. 일반적으로 배우에게 요구되는 '좋은 인성'이란 진정성이 있으며, 이해심과 배려심이 깊고, 화합과 조화, 협업을 추구하는 성격을 의미한다. 예부터 좋은 인성은 타고난다는 말이 있지만, 인성이 부족하다면 노력을 통해 상당 부분 좋은 방향으로 업그레이드할 수 있다. 그러기 위해서는 먼저 나에 대해서나 스스로 또는 타인이 나를 어떻게 생각하는지 정확히 파악하고 그다음 자신에게 맞는 적절한 수양법을 택해야 한다.

수양의 방법은 독서, 성찰 및 힐링 여행, 명상, 종교, 운동, 존경하는 선배와의 대화와 교류를 통한 깨달음 등 다양하게 선택할 수 있다. 인간은 본래 자신감이 충만하고 정신적 또는 물질적으로 여유가 있을 때 배려심이 깊어지고 조화로운 심성을 표출한다. 배우는 이런 단계에서 한 발 더 나아가 일일 삼성오신(三省吾身) 하는 자세로 자신을 돌아보면서 타인과의 경쟁, 질투, 욕심의 단계를 벗어나 대범하게 생각하고 행동하는 해탈의 단계에 접어들어야 한다. 이런 경지에 도달한 다음 제 일을 사랑하면

서 열정을 다한다면 정말 좋은 인성을 가졌다고 비춰질 수 있으며 주변에
도와주려는 사람이 넘칠 것이다.

2) 스타덤과 팬덤의 본질 이해 및 관리

드라마는 시청점유율(share of audience)이 높아져 인기를 끌면 반드시
스타를 배출시킨다. '시청점유율'은 특정 시간에 텔레비전을 시청하는 모
든 시청자 중에서 특정 채널의 프로그램을 시청한 시청자의 수를 백분율
로 나타낸 것(유세경, 2011; 한진만 외, 2011)인데 특정 프로그램에 대해 신드
롬이 생기면 모든 출연진이 스타로 부상하기도 한다. 영화 역시 관객몰이
에 성공하면 배우나 감독 모두 스타로 등극한다. 배우 등 아티스트들은
인기를 얻게 되면 스타의 지위에 걸맞은 인기와 처우를 누리게 된다. 무
명 시절 생각하지도 못한 꿈같은 세상이 펼쳐지기도 한다.

'스타덤'은 스타가 갖는 지위나 신분을 말한다. 인기 연예인을 뜻하는
명사 'star'와 지역, 나라 등을 뜻하는 접미사 '-dom'을 합성한 말이다. 스타
덤은 특정 아티스트가 지닌 재능과 노력, 전문성, 그리고 운이 곁들여져
비롯된다(허행량, 2002). 스타덤이 과잉 생산, 매스커뮤니케이션의 발전,
광범위한 문화적 영향력, 일과 여가의 엄격한 분리, 지역문화의 쇠퇴와
대중문화의 발전, 영화 산업의 체계화, 상대적인 사회 유동성의 증가와
같은 사회문화적인 환경에서 생성되었다고 보는 견해(Dyer and McDonald,
1998; 김창남, 2010)도 있다.

스타가 되면 그에 따른 사회적 대우와 몸값이 달라져 뚜렷한 신분상승
효과를 체험하게 된다(Morin, 1972; 2005). 팬들의 환호가 커지는 것은 물론
그 환호에 비례하듯 경제적 수입도 늘어난다. 하루아침에 세상이 달라졌
다고 해도 과언이 아닐 것이다. 영국의 낭만파 시인 조지 고든 바이런

(George Gordon Byron)이 표현한 "어느 날 아침에 일어나보니 유명해져 있었다(I awoke one morning and found myself famous)"와 일맥상통하는 상황의 반전이다. 그러나 스타가 되면 누리는 것만큼 유의해야 할 것도 많아진다. 향유하는 무게만큼 조심해야 할 부담이 늘어나는 것이다. 스타가 되면 '노블레스 오블리주(Noblesse Oblige, 높은 사회적 신분에 상응하는 도덕적 의무)'가 작동하는 공인에 준하는 지위가 형성되므로 늘 대중에게 모범을 보여야 한다. 법과 도덕은 물론 사회의 보편적 가치나 상식에 어긋나는 행동을 해서는 안 된다. 스타의 상승곡선은 주가의 상승세보다 가파를 수 있지만, 주가와 달리 한 번 추락하면 회복하기 어려운 특성을 지니고 있다. 따라서 스타라는 지위에 오르면 사생활 관리를 잘하고 신중한 언행을 하는 등 자기관리에 철저해야 한다.

스타덤은 '팬덤(fandom)'과 밀접한 관계를 형성한다. 팬덤은 '특정인을 열광적으로 좋아하는 사람이나 그런 현상'이란 뜻으로 '열광적인 사람'이란 뜻의 'fanatic'과 '지역, 나라' 등을 뜻하는 '-dom'의 합성어이다. 팬은 배우 등 특정인을 열광적으로 좋아하는 사람을 말한다. 스타덤은 팬들에게 높은 만족감과 효용성을 제공하는 콘텐츠이자 상품이며, 팬덤은 스타에게 스타덤을 구축해주며 경제적 이익을 가져다주는 안정적인 지지대 역할을 한다. 따라서 스타는 팬들을 잘 관리해야 한다. 가장 기초적인 방법은 수용자들에게 친숙하고 매력적이며 개성적인 이미지를 각인시켜 팬이 되도록 흡인하는 것이다. 그다음 좋아하는 감정을 넘어 충성도가 높은 열광적인 팬이 되도록 팬클럽(fan club) 미팅 등의 다양한 서비스와 소통을 해야 한다. 팬들과의 소통 과정에서는 진정성을 바탕으로 팬들이 존중받고 있다는 점을 충분히 전달해야 하며 공평하게 대하는 자세가 필요하다.

스타덤은 "스타의 발밑에는 각각의 예배당이 세워진다"는 모랭(모랭, 1992; Morin, 2005)의 표현처럼 신뢰와 숭배가 극단화되어 신화(神話)의 단계로 확산되기도 한다. 이 경우 스타는 우상(偶像)을 넘어서 신적인 존재가 되는 것이다. 스타는 팬들의 환호에 힘입어 대중적 우상이 되는 신격화 과정에 들어가게 되는데, 이미지와 음악을 통해 팬들로 하여금 일상의 삶을 탈출하게 하는 이상과 동기를 제공함으로써 하나의 신화나 종교처럼 자리 잡기 때문이다(Morin, 1972). 미디어에서 '사생팬'이라 지칭하듯이 일부 청소년 팬들은 자신이 좋아하는 스타에 몰입되어 스타의 일거수일투족을 챙기며 극단적인 추종과 소유욕을 드러내기도 한다. 또한 팬클럽이란 이름으로 법규와 사회적 상식에 반하는 행동을 일삼기도 한다(김창남, 2010). 경쟁적인 위치에 있는 스타나 그 스타의 팬클럽을 비난하거나, 평단의 비판적 접근에 대해 집단적이고 폭력적인 대응을 하는 것이다. 따라서 스타는 팬들이 이런 극단의 상황에 빠지지 않도록 충분히 소통하면서 팬들을 이끄는 세련된 리더십을 발휘해야 한다.

3) 동료 예술인과의 친교 및 배우단체의 활용

배우는 협업이 필요한 예술을 하는 직업군이기 때문에 동료 예술인들과의 유대와 친목이 매우 중요하다. 촬영 현장에서는 스타에서 무명 배우까지 남녀노소를 막론한 다양한 배우와 만나 일을 하게 된다. 배우는 자신의 배역을 제대로 소화하는 것은 물론 연관된 배역을 맡은 이들과 조화를 이뤄 작품을 완성해야 한다. 사적으로는 선후배, 형, 누나, 동생 등 다양한 관계가 형성되어 있지만, 촬영을 할 때는 미리 설정된 배역에 충실해야 한다. 촬영 전에 '고사'를 지내고 회식을 하면서 팀워크를 다지고 촬영 후 '종영파티'를 하는 것은 연기자들에게 그만큼 유대와 친목이 중요하기 때문이다. 서로 화합하고 조화롭지 못하면 촬영이 매끄럽게 진행될 수 없고 결국 좋은 작품도 만들어질 수 없다.

배우들은 함께 작업을 하거나 교류를 해온 인연으로 사적 모임을 만들어 친교를 나누고 있지만 더 큰 틀에서 장르별로 각종 협회를 구성해 배우의 지위 향상과 권익보호를 위한 활동과 친목을 도모하기 위한 다양한 커뮤니케이션 활동을 전개하고 있다. 여기에 덧붙여 사회봉사, 인재양성 등 공적 기능도 수행하고 있다. 연극배우를 포함한 연극인들은 사단법인 '한국연극협회'를 통해 연극예술의 창달·발전을 기하는 동시에 연극인 상호 간의 친목과 복리 증진을 꾀하고 있다. 아울러 월간 ≪한국연극≫을 발간하면서 '전국연극제', '전국청소년연극제', '전국어린이연극제', '대한민국 연극인의 밤' 등의 행사를 실시하고 있다.

박웅, 박상규, 최성웅, 최종원, 김금지, 허현호, 강태기, 이종국, 최일화, 권성덕, 반진수, 신혜정 등 연극배우들은 별도로 1991년 '한국연극배우협회'를 결성해 운용하고 있다. 연극배우들의 권익을 확대하고 친목을 도모하며 연기의 실체를 정립시켜 문화예술의 보급을 확대하기 위한 목적이다. 2000년 1월 27일 사단법인으로 허가를 받아 임의단체에서 사단법인으로 재출범했다. 배우 연기력 향상을 위한 교육, 문화 소외계층을 위한 지역 순회공연 및 문화예술의 보급, 문화예술 공연을 통한 관광 상품의 개발과 외국 관광객 유치, 국제배우연맹(International Federation of Actors :FIA)의 가입을 통한 국제 정보수집 및 교환 등이 주요 사업이다.

영화배우들은 2003년 1월 13일 자신들의 권익옹호 및 복리 증진과 회원 상호 간의 친목 도모를 목적으로 사단법인 '한국영화배우협회'를 설립해 노장청의 조화 속에서 운용하고 있다. 회원의 권익옹호 및 복리 증진을 위한 사업, 영화배우의 자질 향상과 신인배우 발굴 및 양성을 위한 사업, 영화배우의 경제적·사회적 지위 향상에 관한 사업 등을 전개하고 있다. 한국영화배우협회에는 신성일, 황정순, 이대근, 안성기, 선우용녀, 이덕화, 황정민, 하지원, 한석규, 이병헌, 박해일, 김하늘, 신현준, 김보연,

김혜선, 정준호, 조형기, 박준규, 이동준, 전영록, 김형일, 박상민, 홍경인, 선우일란 등이 가입했다.

방송 분야 연기자들의 권익보호와 향상을 위해 1988년 결성된 '한국방송연기자노동조합'에는 현재 김영철, 한영수, 현석, 남일우, 배한성, 송기윤, 조형기 등을 비롯한 총 5,000여 명의 연기자가 소속되어 있다. 조직은 탤런트 지부, 코미디언 지부, 성우 지부, 무술연기자 지부, 연극인 지부 등 다섯 개 지부로 구성되어 있다. 여기에는 유명 배우들도 많이 소속되어 있지만 단역 배우가 많이 필요한 드라마 등 방송프로그램의 특성상 전체 조합원의 70% 이상이 연간 1,000만 원도 못 받는 배우들이어서 출연료 문제 등 배우들의 권익보호에 집중하고 있다.

이와 별도로 드라마에 출연하는 탤런트 중심의 방송 연기자들은 1971년 5월 6일 사단법인 '한국방송연기자협회'를 구성해 연기자 세미나 등의 행사를 진행하며 방송 연기자들의 권익보호 및 자질 향상, 연기자 상호 간의 친목, 협력에 노력하고 있다. 결식아동 돕기, 의료봉사 등 사회적 활동에도 참여하고 있다. 현재 이순재, 최불암, 최길호, 박규채, 오현경, 한진희, 이덕화, 노주현, 신충식, 김성환, 서인석, 이효정, 송경철, 고두심, 강부자, 이한위, 유인촌, 김을동, 박원숙, 사미자, 반효정, 전원주, 김갑수, 최상훈, 박상조, 백일섭, 정혜선, 손현주, 손지창, 김영민, 전병옥, 정성모 등 1,600여 명의 방송 연기자들이 가입되어 있다. 부설한 한국방송연기자교육원을 운영하고 있다.

뮤지컬 배우와 제작자, 연출가, 작곡가들을 포함한 뮤지컬인들은 사단법인 '한국뮤지컬협회'를 결성해 뮤지컬의 창달 발전을 기하는 동시에 회원 상호 간의 친목과 복리 증진을 도모하고 있다. 한국뮤지컬협회는 2006년 3월 23일 설립되었다. 협회는 매년 8월 '서울뮤지컬페스티벌'과 '국제뮤지컬워크숍' 등의 행사를 통해 뮤지컬의 보급 및 활성화, 뮤지컬인 및

〈표5-2〉 우리나라 연기예술인 단체 현황

연기예술인 단체	설립 목적과 취지
한국연극협회 (http://www.ktheater.or.kr)	연극예술의 창달·발전을 기하고 연극인 상호 간의 친목과 복리 증진을 도모함 -서울특별시 양천구 목동 923-6 대한민국예술인센터 8층 (도로명주소: 서울특별시 양천구 목동서로 225)
한국연극배우협회 (http://www.kactor.or.kr)	연극배우들의 권익을 확대하고 친목을 도모하며 연기의 실 체를 정립시켜 문화예술의 보급을 확대함 -서울특별시 종로구 동숭동 1-150 탑빌딩 2층 (도로명주소: 서울특별시 종로구 동숭길 41)
한국영화배우협회 (http://www.kfaa.kr)	영화배우의 권익옹호 및 복리 증진과 회원 상호 간의 친목 을 도모함 -서울특별시 중구 충무로2가 50-6 라이온스 빌딩 501호 (도로명주소: 서울특별시 중구 삼일대로4길 9 라이온스빌딩)
한국방송연기자노동조합 (http://www.kbau.co.kr)	방송분야 연기자들의 권익보호와 향상을 도모함 -서울특별시 영등포구 여의도동 44-13 충무빌딩 1101호 (도로명주소: 서울특별시 영등포구 여의대방로69길 7)
한국방송연기자협회 (http://www.koreatv.or.kr)	방송 연기자들의 권익보호 및 자질 향상, 연기자 상호 간의 친목, 협력을 도모함 -서울특별시 영등포구 여의도동 44-13 충무빌딩 1105호 (도로명주소: 서울특별시 영등포구 여의대방로 69길 7)
한국뮤지컬협회 (http://kmusical.kr/)	뮤지컬 창달 발전을 기하는 동시에 회원 상호 간의 친목과 복리 증진을 도모함 -서울특별시 종로구 동숭동 199- 17 객석빌딩 3층 (도로명주소: 서울특별시 종로구 이화장길 66 동진빌딩)

뮤지컬 단체 지도 육성, 뮤지컬의 국제교류 및 출판, 회원 복지사업 및 후
진 양성 등을 전개하고 있다. 매년 10월에 지상파 방송사와 함께 '한국뮤
지컬대상' 시상식을 개최하고 있다.

4) 제작진과의 소통 및 관계 관리

배우 등 아티스트에게 제작진은 매우 중요한 파트너이다. 제작자는 프로듀서나 영화감독 등 연출자로 국한되어 설명되기도 하지만 넓게 보면 프로듀서, 영화감독을 포함해 작가, 투자자 등을 포괄한다. 이들은 작품을 기획하고 이에 합당한 배우를 각각의 배역에 캐스팅하는 데 결정적인 역할을 한다. 과거에는 프로듀서나 영화감독이 캐스팅에 대해 거의 전권을 행사했지만 최근에는 작가나 투자자의 영향력이 점점 커지고 있다.

최근 들어 연예기획사의 영향력이 커지면서 연예기획사들이 캐스팅에 영향을 미치는 일이 빈번해지고 있지만, 그렇다고 해서 연예기획사가 제작진을 무시한다면 성공적인 캐스팅으로 이어질 수 없다. 배우는 일단 신인 시절에는 가급적 많은 작품에 출연할 수 있는 기회를 얻는 데 주력해야 한다. 따라서 오디션이 있을 때마다 도전해 프로듀서, 영화감독, 작가, 투자자 등 모든 제작진에게 자신의 자질과 저력을 충분히 어필하고, 이들과 좋은 인연을 맺어야 한다. 일단 어떤 작품에 캐스팅되었으면 작품에 열정적으로 임하면서 배역을 능숙하게 소화하기 위해 노력해야 한다. 그렇게 해야 제작진과 신뢰가 깊이 쌓이게 된다.

프로듀서는 방송사나 전국 단위의 프로듀서협회, 영화감독은 영화감독조합, 작가는 작가협회 등을 통해 특정 배우에 대한 신뢰도나 평판을 교류하므로 제작진과의 협업과정에서 형성되는 이미지나 평판은 배우의 성장과 생명력을 좌우하는 결정적인 요소로 작용한다. 특정 연출자나 작가, 투자자가 특정 배우를 기피하거나 거부한다면 배우 본인에게 무척 안타까운 일이 아닐 수 없다. 배우는 평소에 제작진과 친밀한 인간관계를 형성해야 하며 나아가 연기력과 인간성, 작품에 대한 열정이 한층 더 진전되는 모습을 보여줘야 한다. 배우가 확장해야 할 인간관계도 아는 사람수보다 그 깊이가 더욱 중요하다. 많은 중년 배우나 원로 배우들은 일생 동안 개인 스스로 작품에 정성을 다하고 열심히 노력하는 자세를 견지하면서 드라마 프로듀서나 영화감독 5명, 작가 5명 정도와만 절친한 관계를 유지해도 작품 활동과 인기를 유지하고 생계를 이어가는 것에 아무런 지장이 없다고 말한다.

이러한 배우들의 경험담과 제작진의 입장을 고려해본다면 배우는 제작진과 교분 및 인간적 신뢰를 쌓으면서 연기력이나 인간미, 또는 열정이 점점 개선되는 모습을 보여줘야 한다. 그럴 경우 캐스팅이 계속 이어질 가능성이 크다. 제작진도 인정에 약한 사람인데다 생활과 연기가 모두 안정된 친근한 배우를 원하기 때문이다. 그러나 그 반대인 경우에는 인연이 한두 작품으로 단절되고 매번 새로운 제작진을 만나 자신을 어필해야 하는 어려움에 직면한다. 특히 사전에 양해나 협의 없이 약속시간이나 촬영시간을 지키지 않거나 현장에 나타나지 않은 경우에는 배우활동을 이어가기 어려울 정도로 치명적인 시련에 부닥친다.

프로듀서는 각 방송사의 부서와 국을 통해 소통하는 동시에 사내 프로듀서협회와 전국 단위의 프로듀서연합회를 통해 정보를 교류한다. 영화감독들은 영화감독조합을 통해 폭넓게 소통하고 교류한다. 이 과정에서 자신이 작품을 제작하며 경험한 특정 배우에 대한 평판과 정보를 서로 교류한다. 어떤 제작진의 경우 함께 작품을 해보지 않은 배우를 캐스팅할 때 미리 대상 배우와 촬영해본 제작진에게 평판을 묻기 때문에 배우에 대한 능력과 신뢰도는 작품 캐스팅에 매우 중요하게 작용한다. 배우들은 이러한 점을 종합적으로 고려해 네트워킹을 효율적으로 해야 한다.

■ ■ ■ 참고문헌

국내문헌

고시면. 2009. 「일부 연예기획사 및 연예인과 관련된 노예계약서, 섹스·자위 비디오 혹은 성상납 등의 문제점과 그 개선방안에 관한 연구: (가칭) '대중문화예술인(연기자 및 가수 등 중심) 표준전속계약서'를 중심으로」. ≪사법행정≫, 50권 9호, 2~38쪽.

김정섭. 2007. 『한국 방송 엔터테인먼트 산업 리포트』. 서울: 커뮤니케이션북스.

김준희·이영화. 2004. 「스타이미지 선호요인에 관한 Q 방법론적 연구」. ≪주관성연구≫, 9, 57~81쪽.

김창남. 2010. 『대중문화의 이해』. 서울: 도서출판 한울.

김호석. 1998. 『스타 시스템』. 서울: 삼인.

나은영. 2010. 『미디어 심리학』. 서울: 한나래.

박상건. 2013. 『독도 저널리즘과 취재방법론』. 서울: 당그래.

송종인·박치완. 2012. 「이미지의 이중성과 복합성: 이미지텔링, 그 이론적 토대 마련을 위한 시론」. ≪글로벌문화콘텐츠≫, 8호, 137~167쪽.

오정국. 2013. 『미디어 글쓰기(현장 취재에서 기사 작성까지)』. 서울: 아시아.

모랭, 에드가(Edgar Morin). 1992. 『스타』. 이상률 옮김. 서울: 문예출판사.

유세경. 2011. 『방송학 원론』. 서울: 이화여자대학교출판부.

이강수. 2001. 『수용자론』. 서울: 도서출판 한울.

이종혁·길우영·강성민·최윤정. 2013. 「다매체 환경에서의 뉴스 가치 판단 기준에 대한 종합적 구조적 접근: 뉴스 가치 구조모델 도출」. ≪한국방송학보≫, 27-1호, 67~212쪽.

이미영. 2004. 『TV 출연을 위한 이미지 메이킹』. 서울: 서울출판미디어.

임현수·이준웅. 2011. 「기사화 과정에서의 영향요인에 관한 연 : 정부 보도자료에 대한 조선일보, 한겨레 기사 분석을 중심으로」. ≪한국언론학보≫, 55권 2호, 5~31쪽.

장규수. 2010. 『연예매니지먼트: 기초에서 실무까지』. 서울: 시대교육.

_____. 2011. 『한류와 스타시스템』. 서울: 스토리하우스.

최재용 · 박광록 · 신광수 · 김상현 · 황용철. 2013. 『(소셜미디어 혁명의 승자가 되기 위한)소셜미디어마케팅』. 서울: 매경출판.

하윤금. 2006. 「한류 지속을 위한 방송연예매니지먼트 산업개선방안」. 한국방송영상산업진흥원. ≪KBI 포커스≫, 6권 17호, 1~43쪽.

하윤금 · 김영덕. 2003. 『방송과 연예 매니지먼트 산업』. 서울: 한국방송영상산업진흥원.

한진만 · 정상윤 · 이진로 · 정회경 · 황성연 · 이정택. 2011. 『방송학 개론』. 서울: 커뮤니케이션북스.

허행량. 2002. 『스타 마케팅』. 서울: 매경출판.

국외 문헌

Allen, Paul. 2007. *Artist Management*. Burlington: Elsevier Inc.

Bloomberg. 2012. "Company Overview of William Morris Endeavor Entertainment, LLC." *Bloomberg Businessweek*, Retrieved May 27.

Brown, A. and B. Mansfield. 2008. *Make Me a Star: Industry Insiders Reveal How to Make It in Music*. Nashville: Thomas Nelson.

Dyer, Richard and Paul McDonald. 1998. *Stars*. London: British Film Institute.

Frascogna, Jr. Xavier M. and H. Lee. Hetherington. 2004. *This Business of Artist Management*(4th edition). New York: Billboard Books.

McDonald, Paul. 2001. *The Star System: Hollywood's Production of Popular Identities* (Short Cuts). London: Wallflower Press.

Morin, Edgar. 1972. *Les Stars*. Paris: Seuil.

_____. 2005. *The Stars*. Foreword by Lorraine Mortimer(Translated by Richard Howard). Minneapolis: University of Minnesota Press.

Sturken, Marita and Lisa Cartwright. 2001. *Practices of Looking: An Introduction to Visual Culture*. New York: Oxford University Press.

The Missouri Group. 2005. *News reporting and writing*(8th edition). Boston, MA: Bedford/St. Martin's.

기타 자료

공정거래위원회 홈페이지. http://www.ftc.go.kr/info/bizinfo/stdContractList.jsp

문화체육관광부 홈페이지. http://www.mcst.go.kr/main.jsp

윌리엄모리스엔더버 엔터테인먼트(WME) 홈페이지. www.wmeentertainment.com

한국뮤지컬협회 홈페이지. http://kmusical.kr/

한국방송연기자노동조합 홈페이지. http://www.kbau.co.kr

한국방송연기자협회 홈페이지. http://www.koreatv.or.kr

한국연극배우협회 홈페이지. http://www.kactor.or.kr

한국연극협회 홈페이지. http://www.ktheater.or.kr

한국영화배우협회 홈페이지. http://www.kfaa.kr

● 용어

【ㄱ】

지은이 김정섭

김정섭은 문화로 삶이 행복하고, 문화로 자부심을 꽃피우는 나라를 꿈꾼다. 현재 성신여자대학교 융합문화예술대학 미디어영상연기학과 겸 문화산업대학원 교수로서 연기전공자 등 융합문화예술 인재들을 교육하고 있다. 아울러 미디어 인재를 육성하는 방송영상저널리즘스쿨 원장을 맡고 있다. 한국외국어대학교에서 영어를 전공한 뒤 ≪경향신문≫에 공채 기자로 입사해 15년간 정치부, 경제부, 사회부, 편집부 등을 거쳐 문화부, 공연문화부, 미디어부에서 활동하면서 문화예술 및 문화산업 전반에 대한 지식과 감각, 네트워크를 축적했으며, 연세대학교에서 문학석사(방송영상학), 한국외국어대학교에서 언론학박사(미디어·엔터테인먼트·아티스트 경영) 학위를 받았다.

이에 앞서 LG그룹의 공개모집에서 'LG글로벌챌린저' 제1기로 선발되어 미국 델라웨어주 주지사의 초청을 받아 미국 델라웨어, 뉴저지, 뉴욕 등지에서 지방자치단체의 경제발전 모델에 관한 탐방연구를 수행했다. 미디어·영상예술 분야 전문기자로 활동하면서 2008년에는 '청와대, KBS 사장 인선 비밀 대책회의' 특종 보도로 한국기자협회와 한국언론진흥재단이 공동으로 선정한 '한국기자상'을 받았다. 저서로는 한류시대 우리나라 미디어영상산업 현황을 수집·분석한 『한국 방송 엔터테인먼트 산업 리포트』(2007)가 있고, 「엔터테인먼트 기업의 사회적 책임(CSR) 활동에 관한 전문가 인식 연구」(2014), 「뮤지컬 스테이지 쿼터제 도입에 관한 정책 제언」(2013), 「엔터테인먼트 기업의 자원과 경영성과 간의 관계」(2013), 「영화계의 굿 다운로더 캠페인에 대한 수용태도 연구」(2012) 등의 논문이 있다.

한울아카데미 1680

케이컬처 시대의 배우 경영학
자기경영의 과학화와 전문화가 가능한 아티스트 완성하기
ⓒ 김정섭, 2014

지은이 ┃ 김정섭
펴낸이 ┃ 김종수
펴낸곳 ┃ 도서출판 한울

편집책임 ┃ 염정원
편집 ┃ 김정현

초판 1쇄 인쇄 ┃ 2014년 4월 23일
초판 1쇄 발행 ┃ 2014년 5월 9일

주소 ┃ 413-756 경기도 파주시 광인사길 153 한울시소빌딩 3층
전화 ┃ 031-955-0655
팩스 ┃ 031-955-0656
홈페이지 ┃ www.hanulbooks.co.kr
등록번호 ┃ 제406-2003-000051호

Printed in Korea.
ISBN (양장)978-89-460-5680-0 93680
    (반양장)978-89-460-4857-7 93680

* 책값은 겉표지에 표시되어 있습니다.
* 이 책은 강의를 위한 학생용 교재를 따로 준비했습니다.
  강의 교재로 사용하실 때에는 본사로 연락해주십시오.